石油高等院校特色规划教材

油气藏开发模拟实验

（富媒体）

刘广峰　编著

石油工业出版社

内 容 提 要

本书主要讲述油气藏开发模拟实验相关的原理、方法、材料、装置，并分析实验结果，主要内容包括储层岩石与流体的物性测试实验、与油气藏开发方式相对应的物理模拟实验，以及核磁共振（NMR）与 X-CT 扫描在岩心实验中的应用。全书配套富媒体学习资源。

本书可作为普通高等院校石油与天然气工程相关专业的教学用书，也可供从事油气田开发工程的人员参考。

图书在版编目（CIP）数据

油气藏开发模拟实验：富媒体／刘广峰编著.
北京：石油工业出版社，2024. 11. -- （石油高等院校特色规划教材）. -- ISBN 978-7-5183-7132-7
Ⅰ. P618. 13-33
中国国家版本馆 CIP 数据核字第 2024S9L454 号

出版发行：石油工业出版社
（北京市朝阳区安华里 2 区 1 号楼　100011）
网　　址：www.petropub.com
编辑部：（010）64523733
图书营销中心：（010）64523633
经　　销：全国新华书店
排　　版：三河市聚拓图文制作有限公司
印　　刷：北京中石油彩色印刷有限责任公司

2024 年 11 月第 1 版　2024 年 11 月第 1 次印刷
787 毫米×1092 毫米　开本：1/16　印张：13
字数：333 千字

定价：33.00 元
（如发现印装质量问题，我社图书营销中心负责调换）
版权所有，翻印必究

前言

油气藏开发物理模拟和油藏数值模拟均为开展油藏工程研究、确定油气藏合理开发方式、制定高效开发方案的重要研究手段。油藏数值模拟是根据达西定律和相关的物理化学定律进行数值计算，研究油藏内流体的流动特征，可以解决油气层各向异性和非均质性、毛管力与黏性力等微观作用力、多相多组分间的相平衡、传热与氧化等物理化学作用等复杂油藏工程问题。油气藏开发物理模拟研究是数值模拟的基础，尤其是微观物理机理尚不明确时，必须通过物理模拟实验探寻内在机理和规律。

油气藏开发模拟实验是油气储层评价、渗流机理研究与油藏工程研究的关键手段，其重要作用体现在三个方面。第一，提供储层评价和油气藏开发所需要的基础数据与资料，例如岩石的粒度组成、矿物组成、胶结物的化学成分和含量，岩石的孔隙度、渗透率、饱和度，岩石的力学性质、压缩性、润湿性，孔隙喉道的大小分布、结构参数、连通性等，油、气、水的化学成分和物理性质。第二，观察与表征各种开发方式下的物理化学现象，探寻物理化学现象的内在控制机理，建立描述这些现象的方程和求解方法，例如模拟各种驱替现象、渗吸现象、流动现象，分析研究潜在机理。第三，制定开发技术政策，研究对比开发方案，预测开发动态，进行方案的筛选和优化。

本书面向石油工程等专业本科生"油层物理"和石油与天然气工程专业研究生"油气藏开发模拟实验"课程物理实验的需求，系统介绍了储层岩石与流体的物性测试实验、与油气藏开发方式相对应的物理模拟实验、核磁共振（NMR）与 X-CT 扫描在岩心实验中的应用等内容。全书共三章，第一章主要介绍岩石孔隙度、渗透率、孔隙喉道结构、原油高压物性、流体界面张力和相对渗透率等物性测试实验；第二章系统介绍油气藏开发物理模拟实验的装置、流程以及液体驱油、泡沫驱油、气驱油、渗吸与吞吐、天然气开采等模拟实验；第三章主要介绍 NMR 与 X-CT 岩心实验的原理与应用。

本书由中国石油大学（北京）刘广峰编著而成，中国石油大学（北京）研究生王连鹤、王一峰、孙仲博、谢帅婷、姜帆、丁亚萍、何文林、马腾、张鑫、乔一卓、鲍静文等参与了部分文字整理工作。

本书参考并大量引用了国内外诸多文献，在此对所有作者表示感谢。

由于水平有限，不当和错误之处在所难免，诚请读者批评指正。

刘广峰
2024 年 8 月

目录

第一章 油气藏物性测试实验 ·· 001
    第一节 岩石孔隙度测定 ·· 001
    第二节 岩石渗透率测定 ·· 005
    第三节 砂岩孔喉分布测试 ··· 012
    第四节 原油高压物性实验 ··· 019
    第五节 高温高压界面张力实验 ··· 028
    第六节 相对渗透率实验 ·· 037

第二章 油气藏开发物理模拟实验 ·· 053
    第一节 实验装置 ··· 053
    第二节 实验的一般流程 ·· 062
    第三节 液体驱油实验 ··· 064
    第四节 泡沫驱油实验 ··· 086
    第五节 气驱油实验 ·· 096
    第六节 渗吸与吞吐实验 ·· 110
    第七节 天然气开采实验 ·· 123

第三章 NMR 与 X-CT 岩心实验 ··· 135
    第一节 NMR 岩心实验原理 ·· 135
    第二节 NMR 岩心实验的应用与案例 ··· 147
    第三节 X-CT 岩心实验原理与应用 ·· 158
    第四节 X-CT 岩心实验案例 ··· 181

参考文献 ··· 196

富媒体资源目录

序号	名称	页码
视频 1	油气藏物性测试实验方法与进展	001
视频 2	油气藏开发物理模拟实验方法与进展	053
彩图 2-7	刻蚀模型实验剩余油分布模式图	059
彩图 2-9	强水湿岩心驱替薄片驱替前油水分布	060
彩图 2-10	弱油湿岩心驱替薄片驱替前油水分布	060
彩图 2-11	强水湿岩心驱替薄片驱替后油水分布	060
彩图 2-12	弱油湿岩心驱替薄片驱替后油水分布	061
彩图 2-20	不同类型溶蚀孔洞储层注采井分布	068
彩图 2-33	不同浓度下插层聚合物在水相和油相中的 AFM 图像	078
彩图 2-41	不同注入速度条件下的微观驱替图像	080
彩图 2-58	$C_{12}E_{23}/T40$ 和 $C_{12}E_{23}$ 稳定的 CO_2 泡沫体系的显微图	092
彩图 2-61	均质微观模型中的水驱和 $C_{12}E_{23}/T40$ 泡沫驱	093
彩图 2-62	非均质微观模型的水驱和 $C_{12}E_{23}/T40$ 泡沫驱	093
彩图 2-74	不同注气阶段剩余油分布状态图	107
彩图 2-75	注气前后不同阶段流体分布规律图	108
彩图 2-76	水驱后天然气驱剩余油分布图	108
彩图 2-78	水驱后天然气驱不同阶段流体分布状态图	109
彩图 2-80	典型致密砂岩样品等时间(5h)内渗吸油滴分布	113
彩图 2-84	样品连通孔隙三维分布	115
彩图 2-91	注 CO_2 后不同焖井时刻模型的压力分布	120
彩图 2-94	不同开发阶段模型的压力分布	121
视频 3	NMR 与 X-CT 岩心实验方法与应用	135
彩图 3-14	D-T_2 二维谱解释图	156
彩图 3-18	岩石三维图像孔隙度分析过程	162
彩图 3-24	岩心三维重建及油水岩石分布区分	167
彩图 3-26	微观剩余油按形态分类	168
彩图 3-28	岩心水驱后剩余油分类结果	169
彩图 3-33	三维提取效果图	172
彩图 3-38	页岩内组分物质的三维分布	175
彩图 3-43	岩样 D 孔隙网络模型提取结果	178
彩图 3-50	不同驱替状态下的油水分布图像	182
彩图 3-51	不同驱替状态下的剩余油分布图像	183

续表

序号	名称	页码
彩图 3-54	岩心 CT 值分布	185
彩图 3-58	交联聚合物驱油不同时刻岩心各断面重建	187
彩图 3-61	两相流动模拟结果	188
彩图 3-62	驱替前缘的形状随驱替过程的变化	189
彩图 3-63	残余气的两种分布	189
彩图 3-64	填砂模型中间扫描切片孔隙分布示意图	190
彩图 3-65	部分时刻的 CT 扫描图	191
彩图 3-70	不同围压下的数字岩心	194
彩图 3-71	岩心不同围压下的孔隙网络模型	195

第一章
油气藏物性测试实验

第一节 岩石孔隙度测定

视频1 油气藏物性测试实验方法与进展

孔隙度是指岩石中孔隙体积（或岩石中未被固体物质充填的空间体积）与岩石总外表体积的比值。它是定量描述岩石孔隙性的参数，反映了岩石中孔隙的发育程度，表征储层储集流体的能力，是计算储量和评价储层的重要指标。

岩石的孔隙度分为绝对孔隙度、有效孔隙度和流动孔隙度。绝对孔隙度指岩石的总孔隙体积与岩石外表体积之比；有效孔隙度指岩石中相互连通的孔隙体积与岩石外表体积之比；流动孔隙度是指流体能在其内流动的孔隙体积与岩石外表体积之比。石油工业中采用有效孔隙度评价储层，一般情况下，有效孔隙度简称为孔隙度。

岩石孔隙度传统测定方法主要有两大类：实验室内直接测定法和以各种测井方法为基础的间接测定法。受多种因素影响，间接测定法通常存在一定的误差，实验室内通过常规岩心分析法可以比较精确地测定岩石的孔隙度。实验室内直接测定法主要是通过各种仪器测定岩石的外表体积、骨架体积或孔隙体积，然后直接计算岩石的孔隙度。测定岩石外表体积的方法通常有尺量法（适用于规则形状的岩石）、排开体积法和浮力测定法；测定岩石骨架体积的方法通常有密度瓶法、沉没浮力法和气体膨胀法（基于气体波义耳定律）；测定岩石孔隙体积的方法通常有气体膨胀法和饱和称重法。

本节介绍气体膨胀法和饱和称重法两种常用测量方法。随着非常规储层开发与测试手段逐渐多样化，用于孔隙度测量的饱和核磁法和 CT 扫描法得到日益广泛的应用，具体内容见第三章。

一、气体膨胀法

1. 实验原理

气体膨胀法的测定原理是气体波义耳定律：当温度为常数时，一定质量的理想气体体积与其绝对压力成反比。

测量岩样孔隙体积的原理图如图 1-1 所示。标准气室为已知体积 V_r 的气室，岩心置于岩心室测定时关闭阀 1，岩样抽真空；另将气体充入标准气室，关闭阀 2，压力平衡后记录压力 p_1。关闭阀 3，打开阀 1 使气体等温膨胀进入岩心孔隙体积，平衡后的体系最终为 p_2。

根据波义耳定律可推得岩石孔隙体积 V_p 计算公式为：

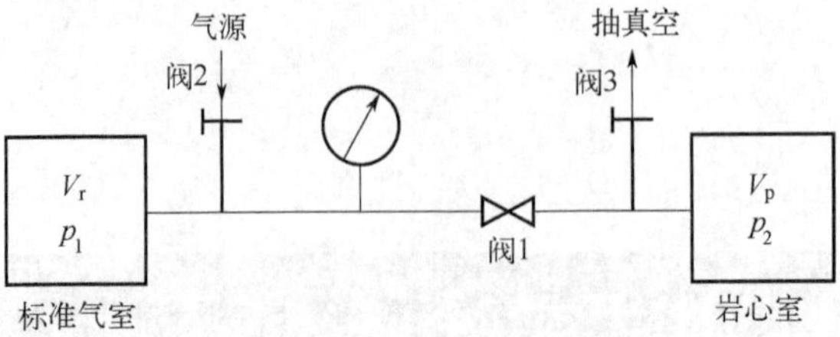

图 1-1 测定岩样孔隙体积的原理图

$$V_r p_1 = p_2(V_p + V_r) \text{ 或 } V_p = \frac{V_r(p_1-p_2)}{p_2} \tag{1-1}$$

气体膨胀法实验气体为氮气或氦气。与氮气相比,氦气分子量低,氦气能进入更小的岩石孔隙中,故对于较为致密的岩样,采用氦气测定岩石孔隙体积比用氮气更准确。

气体膨胀法适用于外表规则的圆柱形岩样、块状样,且岩样表面无溶洞或缺口。此方法结果准确,且可以重复验证。

2. 实验设备

图 1-2 为比较常用的气测孔隙度测试装置示意图,它主要由以下几部分组成:
(1) 氦气瓶,提供高压实验气体;
(2) 压力传感器,显示实验过程中的系统压力;
(3) 样品室,装载岩样;
(4) 参比室,即图 1-1 中的标准气室,为已知体积的腔室;
(5) 控制部分,由三个已知体积的阀或零驱替体积的阀组成。

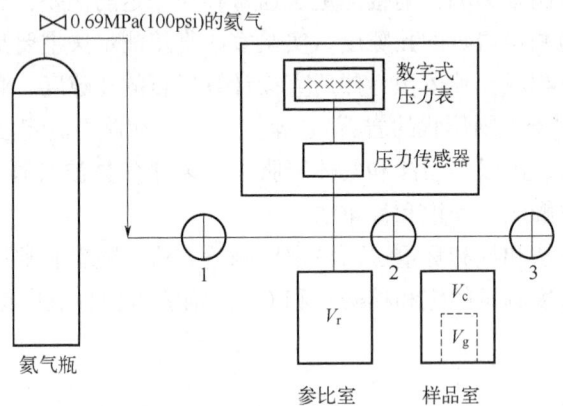

图 1-2 波义耳定律双室孔隙度仪示意图
V_c—样品室体积;V_g—样品的颗粒体积;V_r—参比室体积

为了准确测定,需要在已知体积的参比室和样品室之间装一个零驱替体积的阀(如一个球形阀),或装一个已知驱替体积的阀。球形阀在转为关闭位置前,应总是通向大气的。用这种方式,把阀腔体积加入校准的样品室体积中,这样测定就是准确的。

3. 实验步骤

(1) 校准孔隙度仪,得出参比室体积(V_r)和样品室体积(V_c)。
(2) 用游标卡尺测量岩样的直径和长度。

(3) 将岩心放入样品室的岩心夹持器中，以预先确定的压力（一般为 690~1380kPa），把氦气输入参比室。压力平衡大约 30s，然后读出压力 p_1（由数字传感器读出压力）并记录；

(4) 接着气体膨胀进入样品室，系统达到平衡后测量降低后的压力 p_2。

其中，孔隙度仪的校准步骤介绍如下。需要说明的是，孔隙度仪的校准方法因仪器不同而异，原则上要进行两次或多次测定。

(1) 首先用已知体积的实心不锈钢标准块充满样品室，接着依次取出一个或几个标准块，分别代表样品室体积的 80%、60%、40% 和 20%。校准仪器时，为使准确度达到最高，应取出足够的标准块，使 p_1 降低一半。

(2) 在预定的压力下（通常为 690~1380kPa），把氦气输入参比室。压力平衡后（大约 30s），记录 p_1（即数字传感器的读数）。然后，气体膨胀进入样品室。

(3) 系统达到平衡后（大约 30s）测定降低的压力（p_2）。当阀门体积（V_v）为零、温度恒定时，且样品室中不锈钢标准块的体积 V_g 已知，即可求解得出 V_r 和 V_c。当 V_v 不等于零，或温度发生变化时，求解变得更复杂，但原理相同。

4. 数据处理

岩样视体积为：

$$V_b = \frac{1}{4}\pi D^2 L \tag{1-2}$$

岩心测量时，根据波义耳定律可推得岩石骨架体积 V_g 计算公式：

$$\frac{p_1 V_r}{z_1 T_{1r}} + \frac{p_a(V_c - V_g)}{z_a T_{1c}} = \frac{p_2 V_r}{z_2 T_{2r}} + \frac{p_2(V_c - V_g + V_v)}{z_2 T_{2c}} \tag{1-3}$$

式中 p_1——参比室的初始绝对压力；

p_2——膨胀后的绝对压力；

p_a——样品室的初始绝对压力；

z_1——在 p_1 和 T_1 时的气体偏差因子；

z_2——在 p_2 和 T_2 时的气体偏差因子；

z_a——T_1 和大气压时的气体偏差因子；

T_{1r}——p_1 时参比室的热力学温度；

T_{1c}——p_1 时样品室的热力学温度；

T_{2r}——p_2 稳定后参比室的热力学温度；

T_{2c}——p_2 稳定后样品室的热力学温度；

V_g——颗粒体积；

V_c——样品室体积；

V_r——参比室体积；

V_v——阀的驱替体积（由关闭到打开的位置）。

如果等温条件成立（$T_1 = T_2$），假设 z 值等于 1.0，则式(1-3)可化简为：

$$V_g = V_c - V_r\left(\frac{p_1 - p_2}{p_2 - p_a}\right) + V_v\left(\frac{p}{p_2 - p_a}\right) \tag{1-4}$$

将绝对压力 p_1 和 p_2 以相应的表压表示（即 $p_1 = p_1 + p_a$），并代入式(1-4)，得：

$$V_g = V_c - V_r\left(\frac{p_1}{p_2}-1\right) + V_v\left(1+\frac{p_a}{p_2}\right) \tag{1-5}$$

如果使用驱替体积为零的球形阀，且在关闭前总是通向大气，则样品室体积中包括 V_v，而 $V_v = 0$，式(1-5)进一步简化为：

$$V_g = V_c - V_r\left(\frac{p_1}{p_2}-1\right) \tag{1-6}$$

岩样孔隙度为：

$$\phi = \frac{V_b - V_g}{V_b} \tag{1-7}$$

式中 V_b——胶结岩样的原始总体积。

二、饱和称重法

1. 实验原理

饱和称重法的测定原理是阿基米德定律：放在液体里的物体受到的浮力，等于排开液体的重量。

具体来说，抽真空后的干岩样饱和已知密度的液体后，分别悬挂于液体和空气中进行称重，质量差除以所饱和液体的密度，即为岩样的视体积（外表体积）；饱和液体岩样在空气中的质量与干岩样的质量差，除以所饱和液体的密度，即为岩样的孔隙体积；岩样的孔隙体积除以岩样的视体积即可得到岩样的孔隙度。

饱和称重法适用于外表不规则或规则、渗透性较好（容易饱和）的岩样，饱和液体必须是不使岩样泥质成分膨胀、不溶蚀岩样的液体。该方法中饱和液体多使用煤油。

2. 实验设备

图1-3为常用的饱和称重法孔隙度测量装置示意图，它主要由饱和瓶、球形真空漏斗、稳定瓶、真空泵等组成。为防止在真空下饱和瓶破碎，在瓶外面有纱罩，瓶上部与球形真空漏斗相连，漏斗内装有煤油，在漏斗下面有一个岩心杯吊在饱和瓶内，漏斗由橡皮塞固定在饱和瓶上。

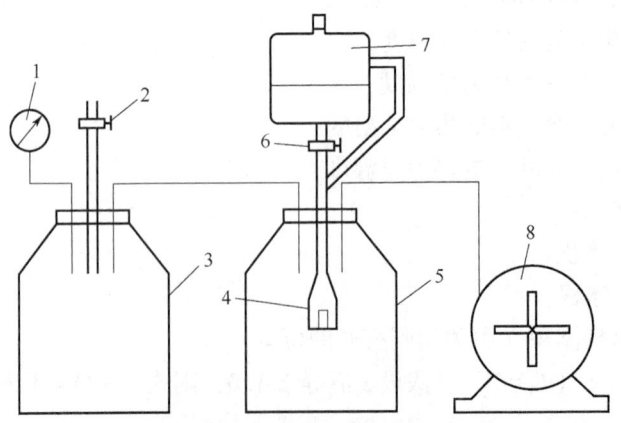

图1-3 饱和称重法孔隙度测量装置示意图
1—真空表；2—放空阀；3—稳定瓶；4—小吊杯；5—饱和瓶；
6—放油阀；7—球形真空漏斗；8—真空泵

3. 实验步骤

（1）将干净的岩样（岩样大小以能放入小吊杯为限）用细铜丝绑好，在空气中称重并记为 W_1。

（2）将称重的岩样放入小吊杯中，并将饱和瓶的橡皮塞塞好，关闭放空阀门。

（3）开动真空泵，将岩样、煤油及整个装置中的空气抽出。此时，若发现装置有漏气的地方，要及时进行封堵；

（4）抽空大约 20min 后，打开放油阀，将煤油慢慢地滴到小吊杯中，以浸没整个岩样为限，然后继续抽空，直到岩样表面无气泡为止。

（5）停止抽真空，慢慢打开放空阀门进行放空，使真空表指针为零。放空过程中不得与大气骤然相通，待真空表完全恢复到零后，可完全打开阀门，使仪器内、外压力平衡。

（6）打开饱和瓶橡皮塞取出岩样，将岩样放在装有煤油的烧杯中，称量饱和煤油后的岩样在煤油中的质量并记为 W_3。

（7）用干净的滤纸轻轻擦掉岩样表面的浮油，然后在空气中称饱和煤油后的岩样质量并记为 W_2。

（8）实验结束。

4. 数据处理

岩样孔隙体积为：

$$V_\mathrm{p} = \frac{W_2 - W_1}{\rho_\text{煤油}} \quad (1-8)$$

岩样视体积为：

$$V_\mathrm{b} = \frac{W_2 - W_3}{\rho_\text{煤油}} \quad (1-9)$$

岩样孔隙度为：

$$\phi = \frac{V_\mathrm{p}}{V_\mathrm{b}} = \frac{W_2 - W_1}{W_2 - W_3} \quad (1-10)$$

第二节 岩石渗透率测定

渗透性是岩石在压力作用下允许流体（油、气、水）通过的性能，直接影响着岩石中流体通过的难易程度和油气田中油气井的产量。渗透率是衡量岩石渗透性高低的定量指标，是油气藏岩石最重要和最常用的渗流特性参数。通过测定流体在岩石中某一方向上的流动参数，可得到该方向的渗透率。

岩石的渗透率分为在单相流体情况下测定的绝对渗透率、气测渗透率，以及在多相流动情况下测定的某一相的相渗透率和相对渗透率。绝对渗透率是指岩石孔隙中只有一种不可压缩流体（单相）存在、流体不与岩石起任何物理和化学反应、流动符合达西渗流定律时所测得的渗透率，是岩石本身的固有特性。气测渗透率是指气体在岩石中的流动符合一维稳定渗流时测得的渗透率。气体滑脱现象对气测渗透率有很大影响。如果平均压力增大，气体滑脱效应逐渐减弱，测得的气测渗透率逐渐减小；如果压力增至无穷大，气体的流动性质已接近于液体的流动性质，气—固之间的作用力增大，管壁上的气膜逐渐趋于稳定，这时渗透率趋于一个常数 K_∞，称为克氏渗透率（或称克林肯伯格渗透率、等效液体渗透率）。

渗透率的测定方法较多，目前较为常用的渗透率测定方法可以归为稳态法和非稳态法两大类。

本节主要介绍稳态法下的绝对（液测）与气测渗透率、非稳态法下的脉冲衰减法气测渗透率的测试方法，相（有效）渗透率和相对渗透率将在本章第六节介绍。

一、绝对（液测）渗透率

1. 实验原理

液测渗透率的测定原理是达西定律：

$$K=\frac{Q\mu L}{A\Delta p} \tag{1-11}$$

式中　　K——岩心的绝对渗透率，D；

　　　　Q——在压差 Δp 下通过岩心的流量，cm^3/s；

　　　　μ——通过岩心的流体黏度，$mPa\cdot s$；

　　　　L——岩心长度，cm；

　　　　A——岩心截面积，cm^2；

　　　　Δp——流体通过岩心前后的压差，$10^{-1}MPa$。

对于特定的岩样，渗透率是固有属性，流量 Q 与压差 Δp 呈线性关系。渗透率的物理意义是：黏度为 $1mPa\cdot s$ 的流体，在压差 1atm 作用下，通过截面积 $1cm^2$、长度 1cm 的多孔介质，其流量为 $1cm^3/s$ 时，则该多孔介质的渗透率就是 1D。

由于液体的密度较高，在测定绝对渗透率时除了水平流动外，一般不能忽视重力影响。考虑到重力影响的液测渗透率的达西表达式为：

$$K=\frac{-v_s C_2 \mu}{C_1\left(\frac{\mathrm{d}p}{\mathrm{d}s}-\frac{\rho g}{C_4}\frac{\mathrm{d}z}{\mathrm{d}s}\right)} \tag{1-12}$$

式中　　v_s——体积流量（单位时间内流体通过单位孔隙介质的体积）；

　　　　s——沿流动方向的距离；

　　　　z——纵坐标（向下递减）；

　　　　ρ——液体的密度；

　　　　C_1，C_2，C_4——使单位一致的常数。

绝对渗透率是岩石本身的固有属性，测定和计算岩石绝对渗透率时必须符合以下条件：(1) 岩石中全部孔隙为单相液体所饱和，液体不可压缩，岩心中的流动是稳态单相流；(2) 通过岩心的渗流为一维直线渗流；(3) 液体性质稳定，不与岩石发生物理、化学作用，比如不能用酸液测定渗透率，不能使用蒸馏水，而应使用地层水（盐水）防止岩石中含有的黏土矿物遇水膨胀而使渗透率降低。

2. 实验设备

实验室经常与渗流模拟实验一起进行液测渗透率测试。连接实验装置后，先抽真空、加压饱和实验流体进行液测渗透率的测试，继而开展后续的流动或驱替实验。较为常用的液测渗透率测试装置包括岩心夹持器、温度计、截止阀、用于液体体积测量的滴定管和压力调节器，上游压力显示在校准过的压力表上。图1-4为常用渗透率仪的原理图，图1-5为常用岩心夹持器的示意图。整体实验系统参见第二章第一节。

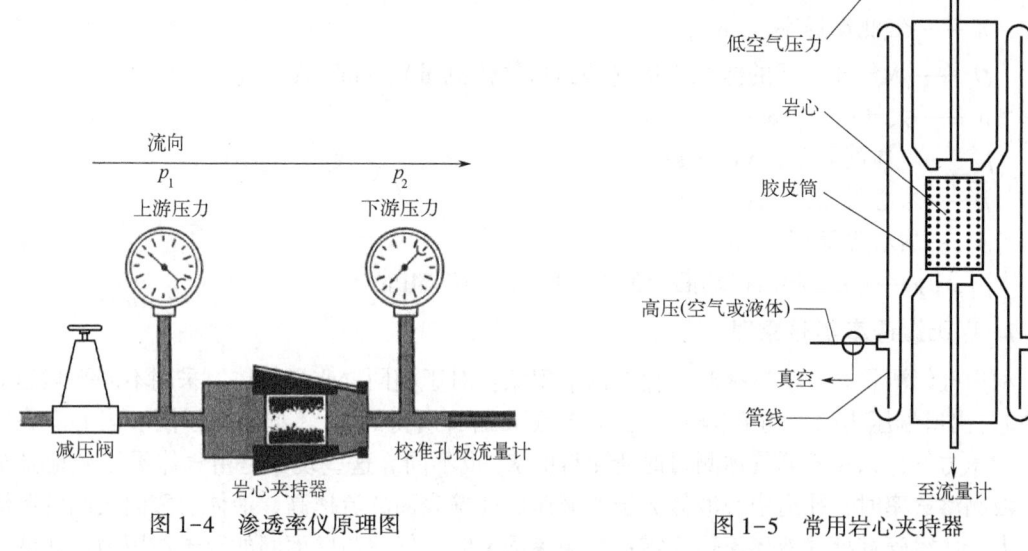

图1-4　渗透率仪原理图　　　　图1-5　常用岩心夹持器

3. 实验步骤

（1）岩心样品被切割到岩心夹持器所要求的特定尺寸，清洗并烘干。

（2）将岩心抽真空并加压饱和，在实验过程中，使用盐溶液（多为模拟地层水）来避免黏土膨胀和颗粒运移。对于非常敏感的岩石，可以使用碳氢化合物溶剂来代替盐溶液。

（3）将岩心置入岩心夹持器中，保证没有气体进入样品中，然后施加设定的静围压。

（4）通过恒压系统或恒流泵（如HPLC泵）来控制流体的注入，安装回压阀（下游），施加少许回压排除液体中的空气，以减小压力和流动的波动。

（5）初始流速应不大于0.2mL/min以防止可能出砂，当至少两倍孔隙体积（PV）的盐水注入后，流量（Q）和压降（p_1-p_2）达到稳定。

（6）根据达西公式计算待测岩心的渗透率。

4. 数据处理

若岩心夹持器水平放置，液体水平流动无垂直分量，可依据式(1-11)计算。其中$Q=V/t$，可得：

$$K=\frac{\mu VL}{A\Delta pt} \tag{1-13}$$

二、气测渗透率与克式渗透率

1. 气测渗透率实验原理

气测渗透率原理与液测渗透率原理相似。但由于气体体积随压力和温度的变化十分明显，气体在流动过程中是逐渐膨胀的。渗流过程中，气体流动方向上存在压力梯度，每一截面上的压力均不相同且逐渐降低，岩心中的气体体积膨胀，体积流量不断增大。在恒温条件下，将波义耳—马略特定律与达西公式结合，得到气测渗透率的基本公式：

$$K_\mathrm{g}=\frac{2Q_\mathrm{o}p_\mathrm{o}\mu L}{A(p_1^2-p_2^2)} \tag{1-14}$$

式中　K_g——气测渗透率，μm^2；

　　　Q_o——大气压力下的体积流量（即出口气体流量），cm^3/s；

　　　p_o——大气压力，atm；

　　　μ——气体的黏度，$mPa \cdot s$；

　　　L——岩心长度，cm；

　　　A——岩心端面积，cm^2；

　　　p_1，p_2——入口和出口端面上的绝对压力，$10^{-1}MPa$。

2. 克氏渗透率实验原理

利用气体测量岩心渗透率时，存在以下现象：对于相同岩心和气体，采用不同平均压力[入口与出口端压力的平均值 $\bar{p}=(p_1+p_2)/2$]测量时，所得的 K_g 不同；对于同一岩心，在同一平均压力下，采用不同气体测量时所测得的 K_g 也不同。这些现象是由气体滑脱效应造成的。液测渗透率时，孔道中心液体分子的流速比孔壁表面的流速高，液体与壁面之间的黏滞阻力大，使得管壁处的液体流速为零；气测渗透率时，气体与壁面间的分子作用力远比液体与壁面间的分子作用力小，因而管壁处气体分子处于运动状态。另外，相邻层的气体分子由动量交换，连同管壁处的气体分子一起沿管壁方向作定向流动，管壁处流速不为零，形成了气体滑脱效应（也称"克式效应"）。气体滑脱效应对气测渗透率有很大影响：（1）同一岩石的气测渗透率值大于液测的岩石渗透率；（2）平均压力越小，所测渗透率值 K_g 越大；（3）不同气体所测的渗透率值不同；（4）岩石不同，气测渗透率值 K_g 与液测渗透率值 K 差值大小不同。

当平均压力增大时，气体密度变大，气体分子间的相互碰撞就越大，气体滑脱效应逐渐消失。如果压力增大至无穷大，气体的流动性质接近于液体的流动性质。考虑气体滑脱效应的气测渗透率表达式为：

$$K_\mathrm{g}=K_\infty\left(1+\frac{b}{\bar{p}}\right) \tag{1-15}$$

式中　K_∞——等效液体渗透率；

　　　b——取决于气体性质和岩石孔隙结构的常数，称为滑脱因子或滑脱系数。

在几种压力下测得气测渗透率，并根据平均压力的倒数绘制曲线，那么这些点就会在一条直线上。当这条线外推到 $1/\bar{p}=0$（无限压力）时，截距代表克氏渗透率。因此，使用气体测量克氏渗透率的方法是在不同的压力梯度下进行多次测量（至少 3 次以上），然后推导出无限压力下的结果。

3. 实验设备

图 1-6 为比较常用的气测渗透率测试装置示意图，该实验装置通常包括：

（1）岩心夹持器，用于固定测试岩心；

（2）压力系统，通常为气瓶，并带有压力传感器；

（3）压力传感器，为岩心夹持器上下两端的压力表，测量岩样上游压力 p_1 和下游压

力 p_2；

（4）气体调节器，包括稳压器、恒流器、过滤器，控制进入岩样气体压力，安装在岩样上端；

（5）气体流量计。

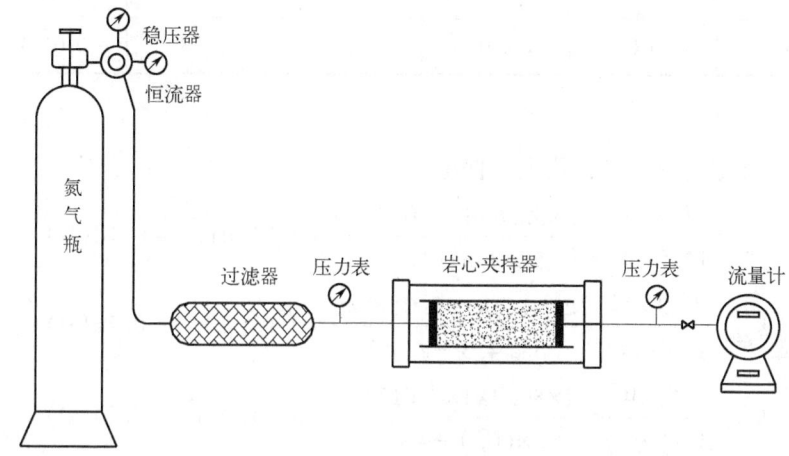

图 1-6　气测渗透率装置示意图

4. 实验步骤

（1）将岩心放入岩心夹持器，施加围压，防止氮气从岩样和橡胶筒之间泄漏。

（2）以恒定的流速或压力注入氮气。对于高渗透率岩心，当出口压力为大气压时的流动更加稳定。如果需要提高注入压力（如使用低渗透率的岩样），围压也要相应增加，以保持净围压（围压与岩样入口压力的差值）不变。对于气体压力或流速的选择没有明确的规定，但通常对于高渗透岩样，最大的流速是 2000mL/min；对于低渗透岩样，压差常设置为 0.25MPa。

（3）当压降和流速达到稳定时，记录流量、压差、温度和大气压力。当不加回压时，出口处的压力（p_2）等于大气压（p_a）；当加回压时，p_2 将大于 p_a。增大回压，可以提高对气体流速的控制，增加岩心两端的压差，有助于在更高平均压力下保持达西流动状态。

（4）如果要求测量克氏渗透率，岩样的平均压力可以通过以下的任何措施提高：增加入口压力（p_1），提高流速，增大回压以增加出口端的压力（p_2）。当压降和流速重新达到稳定时，记录流量、压差、温度和大气压力。增加平均压力，在相同的净围压下重复测量渗透率，直到获得 3 个以上气测渗透率值。

5. 数据处理

气测渗透率可以通过式(1-14)计算。

克氏渗透率可通过做几个不同平均压力 $\bar{p}$ 下的实验，按气测法公式计算出 K_g，并绘制出 K_g 与 $1/\bar{p}$ 关系曲线。从式(1-15)可知 K_g 与 $1/\bar{p}$ 间呈直线关系，通过线性回归确定该直线在 K_g 轴上的截距 K_∞ 值，作为岩石的克氏渗透率。

[例 1-1]　某砂岩岩心，岩心数据及气测渗透率实验数据见表 1-1，请计算岩心克氏渗透率。

表 1-1　岩心及气测渗透率实验数据表

	A, cm^2	p_1, atm	p_2, atm	L, cm	p_0, atm	$\mu, \text{mPa} \cdot \text{s}$	$Q_g, \text{cm}^3/\text{s}$
压力 1	5	3.5	1.5	5	1	0.0171	52.6
压力 2	5	4.3	2.3	5	1	0.0172	61.4
压力 3	5	6.0	4.0	5	1	0.0173	80.9

解：根据气测渗透率公式，代入数据得：

$$K_{g1} = \frac{2Q_o p_o \mu L}{A(p_1^2 - p_2^2)} = \frac{2 \times 52.6 \times 1 \times 0.0171 \times 5}{5 \times (3.5^2 - 1.5^2)} \approx 0.18(\mu m^2) = 0.18(D)$$

$$K_{g2} = \frac{2Q_o p_o \mu L}{A(p_1^2 - p_2^2)} = \frac{2 \times 61.4 \times 1 \times 0.0172 \times 5}{5 \times (4.3^2 - 2.3^2)} \approx 0.16(\mu m^2) = 0.16(D)$$

$$K_{g3} = \frac{2Q_o p_o \mu L}{A(p_1^2 - p_2^2)} = \frac{2 \times 80.9 \times 1 \times 0.0173 \times 5}{5 \times (6.0^2 - 4.0^2)} \approx 0.14(\mu m^2) = 0.14(D)$$

$\bar{p} = (p_1 + p_2)/2$，绘制出 K_g 与 $1/\bar{p}$ 关系曲线如图 1-7 所示，可知 K_g 与 $1/\bar{p}$ 间呈直线关系，该直线在 K_g 轴上的截距即为 K_∞ 值，作为岩石的绝对渗透率，有 $K_\infty = 0.10 \mu m^2 = 0.10D$。

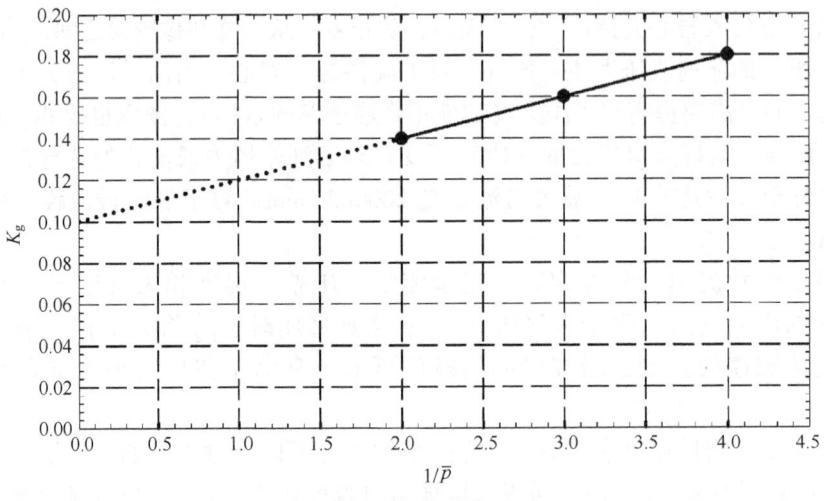

图 1-7　克氏渗透率校正

三、脉冲衰减法气测渗透率

1. 实验原理

脉冲衰减法气测渗透率的测定原理是：测试样两端各有一个封闭的气体室，实验时待上下游气体室和岩样内部压力平衡后，给上游气体室施加一个压力脉冲。由于岩石的渗透性，上游气体室气体将向下游气体室渗流，上游气体室压力逐渐降低，下游气体室压力相应增加，直至气体室内达到新的压力平衡状态。监测岩心两端压力随时间变化情况，通过测定岩样一维非稳态渗流过程中孔隙压力随时间的衰减数据，并结合相应的数学模型，获取岩心的渗透率。脉冲衰减法气测渗透率计算表达式为：

$$K = -\frac{s_1 \mu_g L f_z}{f_1 A p_m \left(\dfrac{1}{V_1} + \dfrac{1}{V_2}\right)} \times 0.98 \times 10^{-11} \quad (1-16)$$

式中　K——脉冲衰减法气测渗透率，mD；
　　　s_1——直线斜率；
　　　μ_g——气体黏度，Pa·s；
　　　L——岩样长度，cm；
　　　f_z——实际气体偏离理想气体的特性值；
　　　f_1——流量校准因子；
　　　A——岩样截面积，cm^2；
　　　p_m——上游室与下游室平均压力，Pa；
　　　V_1——上游室容积，cm^3；
　　　V_2——下游室容积，cm^3。

2. 实验设备

图1-8为比较常用的脉冲衰减法气测渗透率测试装置示意图，主要由岩心夹持器、上游室、下游室、压力传感器和压差传感器等部件组成。

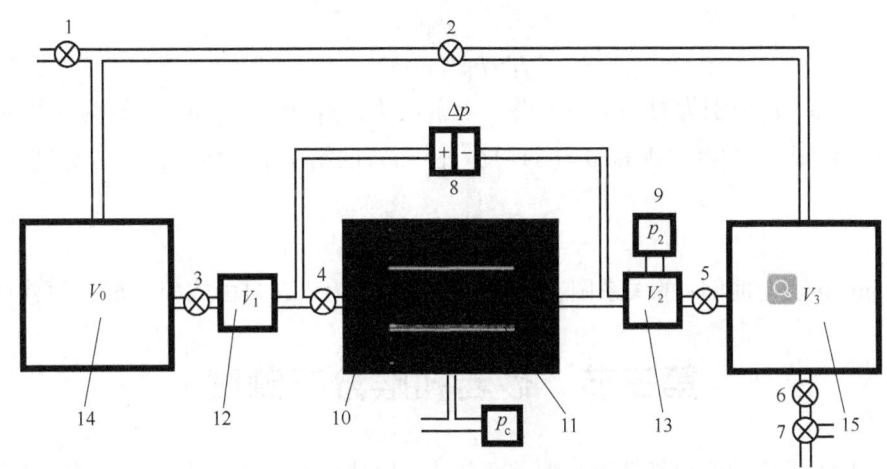

图1-8　脉冲衰减法气测渗透率测试装置示意图
1—进气阀；2—上下游室连接阀；3—上游室进气阀；4—上游室出气阀；5—下游室出气阀；6—排气阀；
7—针型阀；8—压差传感器；9—压力传感器；10—岩心夹持器；11—岩石样品；12—上游室；13—下游室；
14—上游缓冲室；15—下游缓冲室

3. 实验步骤

（1）用游标卡尺测量样品的直径和长度，并记录。如有裂缝，需记录。
（2）将样品装入岩心夹持器中，加载一定围压（推荐为10MPa）。
（3）打开进气阀1、上下游室连接阀2、上游室进气阀3、上游室出气阀4和下游室出气阀5，关闭排气阀6和针型阀7，往测试系统中注入氮气，确保系统内压力（推荐为7MPa）小于围压。

(4) 关闭进气阀 1, 等待岩石样品饱和氮气 (饱和时间不少于 5min), 记录系统内压力, 该压力为孔隙压力。

(5) 关闭上下游室连接阀 2 和上游室进气阀 3, 打开排气阀 6, 缓慢打开针型阀 7, 排出下游室中一定量的气体, 使得上下游的压差达到 0.0689~0.2067MPa 时, 关闭下游室出气阀 5。

(6) 上下游压差每降低 0.00689MPa, 记录下游压力、上下游压差和时间。

(7) 当上下游压差下降至一定值时 (推荐压差小于初始压差的 1/3), 停止测试。

(8) 打开上下游室连接阀 2、上游室进气阀 3 和下游室出气阀 5, 完全打开针型阀 7, 放空系统内气体, 卸载围压, 取出样品。

4. 数据处理

脉冲衰减法气测渗透率测试过程中孔隙压力的变化很小, Δp_D 与时间 t 的关系表示为:

$$\ln(\Delta p_D) = \ln f_0 + s_1 t \tag{1-17}$$

其中

$$\Delta p_D = \frac{p_1[t] - p_2[t]}{p_1[0] - p_2[0]} \tag{1-18}$$

$$s_1 = -\frac{K f_1 A p_m \left(\frac{1}{V_1} + \frac{1}{V_2}\right)}{\mu_g L f_z} \tag{1-19}$$

$$f_1 = \theta_1^2 / (a+b)$$

式中, $p_1[t]$、$p_2[t]$ 分别为时间 t 的上游、下游压力; $p_1[0]$、$p_2[0]$ 分别为初始时刻的上游、下游压力; θ_1 为超越方程 $\tan\theta = (a+b)\theta/(\theta^2 - ab)$ 的第一个正数解, a、b 分别为:

$$a = \frac{V_p}{V_1}, \quad b = \frac{V_p}{V_2} \tag{1-20}$$

拟合 $\ln(\Delta p_D)$ 与时间 t 的关系图, 其拟合直线斜率为 s_1, 再由式 (1-16) 计算渗透率。

第三节 砂岩孔喉分布测试

砂岩基质的储渗空间包括孔隙和喉道两部分, 以残余粒间孔、溶蚀孔等形式存在的孔隙是主要的储油气空间, 其大小分布主要影响岩石孔隙度; 喉道是孔隙间连通的渠道, 其大小分布决定了岩石的渗透率。由于不同地区砂岩岩性、沉积环境及成岩演化不同, 孔喉分布具有明显差异。不同尺度孔隙与喉道相互连通构成的复杂孔喉网络对油气充注、成藏及开发过程中的多相流动有着重要的影响, 是决定油气水复杂赋存关系的重要因素, 是储层评价的重要参考因素。

孔隙大小分布表征为特定孔隙半径所贡献的孔隙体积含量与孔隙半径的关系曲线, 而喉道大小分布一般表示为特定喉道半径所连通的孔隙、喉道总体积与喉道半径的关系曲线。孔喉分布的确定方法一般分为图像型和反演型两大类别, 不同类别所含技术的识别精度见表 1-2。其中, 高压压汞法和核磁共振法是目前孔径分布的主要识别手段。

表 1-2　孔隙与喉道分布识别技术

技术类型与方法		识别效果	识别精度
图像型	铸体薄片法	二维定性	$n \times 10 \mu m \sim n \times mm$
	扫描电子显微镜法	二维定性	$3nm \sim n \times mm$
	场发射扫描电镜法	二维定性	$0.5nm \sim n \times 10 \mu m$
反演型	高压压汞法	一维定量	$1.8nm \sim 950 \mu m$
	恒速压汞法	一维定量	$0.12 \mu m \sim 39 \mu m$
	气体吸附/脱附法	一维定量	$0.3nm \sim 200nm$
	核磁共振法	一维定量	$8nm \sim n \times mm$

本节介绍高压压汞法和恒速压汞法两种常用测量方法。对于孔喉尺度跨度比较大的非常规储层，孔径分布的测量常采用多技术联合测试方法。例如，常用 CO_2、N_2 吸附的方法测量微孔和介孔的孔径分布、比表面积等特征，常用压汞法与核磁共振相结合的方法进行孔喉分布的反演，常用 CT 扫描法测量微米级孔隙、喉道和裂缝的分布特征。

一、高压压汞法

1. 实验原理

高压压汞法又称为控制压力注汞法，原理是，将岩样中复杂的孔喉系统看作一系列相互连通的圆柱形毛细管网络，当汞（非润湿相）的注入压力大于或等于毛细管网络中某一尺寸喉道半径所对应的毛管压力时，汞就会克服毛管阻力进入孔喉系统。根据进汞的孔隙体积分数和对应的注汞压力，就可得到毛管压力与岩样进汞饱和度的关系曲线，称为高压压汞法毛管压力曲线。由于每个进汞压力对应着特定的喉道半径，进而可将毛管压力曲线转化为喉道分布曲线。

高压压汞法的进汞速度较快，整个进汞过程在 1~2h 就可以完成。但较高的注入速度会使弯液面的接触角变小，这时计算的毛管压力就会变大。高压压汞法的实验过程可以看成是从一个静止的状态到另外一个静止的状态，由毛管压力计算出的半径值可以理解为该半径喉道所控制的孔隙与喉道的体积，丢失了很多孔喉结构的信息，无法区分喉道和孔隙。

2. 实验设备

目前常用的高压压汞仪注入压力可高达 60000psi。进汞量的计量通过图 1-9 所示的膨胀计来实现。膨胀计由样品杯和金属包覆的毛细管组成，样品杯盖带有电触头并与毛细管相连，用于监测玻璃毛细管中汞的弯液面的位置。

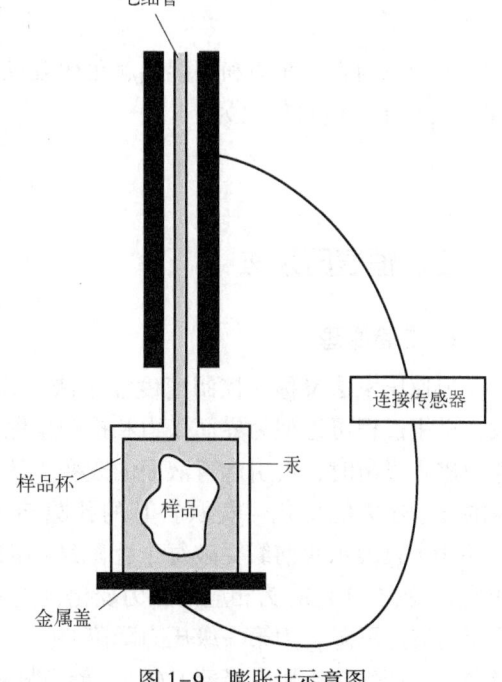

图 1-9　膨胀计示意图

样品放置在样品杯中，随着注汞压力的增加，毛细管中的汞注入样品中，汞的注入体积是通过金属壳和毛细管中的汞之间的电容变化得到的。

3. 实验步骤

（1）汞及样品的处理：对岩心样品洗油和烘干后，若岩心含金属元素并能与汞发生汞齐化反应，则可以通过生成氧化物薄层或用聚合物、硬脂酸盐涂层等方法对样品进行钝化处理。测试前需用酒精、丙酮、高锰酸钾对汞进行清洗，保证汞液中无机械杂质和氧化膜。

（2）膨胀计装样：预处理结束后，将样品放置到清洁、干燥的样品膨胀计中。为了防止样品被二次污染，如水蒸气的再吸附，最好在手套箱中装样，并在氮气保护下完成。最终将膨胀计转移至压汞仪。

（3）抽真空：对装有样品的膨胀计抽真空的目的是去除样品中的水蒸气和气体。在抽真空过程中，若样品为碎屑和细粉末，需选择专为粉末样品设计的膨胀计并控制抽真空的速度，防止样品量的损失。

（4）膨胀计注汞：注汞前，处于真空状态的膨胀计和毛细管杆会回流汞液，至汞液充满膨胀计和毛细管杆，记录初始注汞量和压力。通过液压泵，以分级连续（压力随时间连续增加）、步进方式（压力随时间区间内连续等量增加）或阶段式（压力随时间阶段式增加）向膨胀计增压注汞至膨胀计不再进汞或压汞仪达到最高压力。

（5）退汞：采用分级连续或步进方式减压来测取退汞曲线。

（6）样品及废汞处置：采集注入压力和进汞量数据后，将膨胀计压力降低压力至大气压，取出并清洗膨胀计，妥善处理样本及废汞。

4. 数据处理

每个进汞压力均对应一个相应大小的毛管阻力和喉道半径，根据下面的 Washburn 方程，可完成毛管压力与喉道半径的转化：

$$p_c = \frac{2\sigma\cos\theta}{r_c} \tag{1-21}$$

由于汞的表面张力和润湿接触角比较稳定，一般，在实验室条件下，$\sigma=0.48\text{N/m}$，$\theta=140°$，式(1-21)可转化为：

$$p_c = \frac{0.735}{r_c} \tag{1-22}$$

二、恒速压汞法

1. 实验原理

恒速压汞法又称为控制速度注汞法，其原理是，以恒定不变的极小速率向岩心中注入汞，进汞过程可近似为界面张力和接触角保持不变的准静态过程，汞的前缘从直径较大的孔隙中进入喉道时，会引起弯液面的改变，从而引起毛管压力的变化，通过监测与毛管压力对应的注汞压力的变化，获取岩心的孔隙与喉道结构特征。恒速压汞原理如图 1-10 所示，图 1-10(a)表示汞前缘突破每个孔隙结构的示意图（黑色表示岩石的骨架部分，空白表示孔隙），图 1-10(b)为相应的压力变化，当汞的前缘进入主喉道 1 时，压力逐渐上升，突破后压力突然下降，为第一级压力降落 O(1)，随后汞逐渐将第一个孔隙填满并进入下一个次级喉道，产生次级压力降落 O(2)，最终将主喉道所控制的所有次级孔室填满。直至压力上升到主喉道处的压力值，为一个完整的孔隙单元的注入过程。主喉道半径由突破点的压力确定，孔隙的大小由进汞体积确定。这样通过进汞压力的变化曲线即可区分岩石的孔隙与喉道的分布特征。

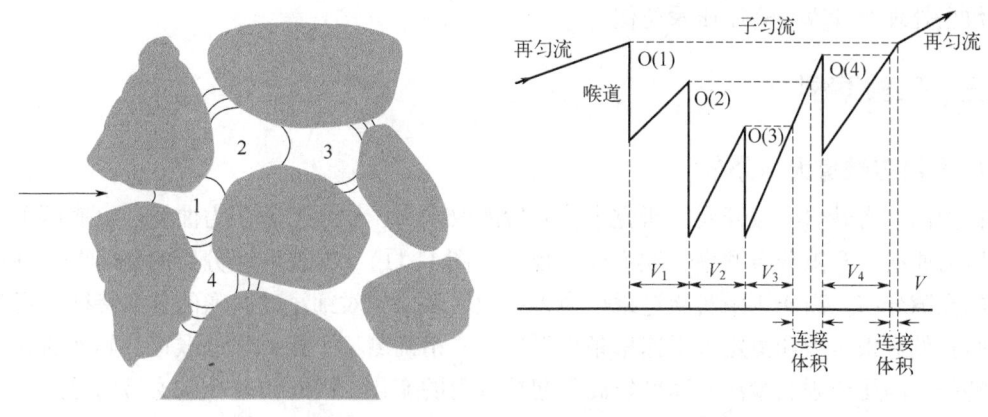

(a) 恒速压汞进汞路线示意图   (b) 恒速压汞进汞过程中压力变化示意图

图 1-10 恒速压汞原理示意图

2. 实验设备

常用的恒速压汞仪注汞压力较低，最大注汞压力约为 2000psi，但进汞速度控制精度较高，一般体积精度不低于 0.01mL。

常用恒速压汞仪的主要部件包括以下部分：
(1) 微量注射泵，在一定压力范围内提供恒定的进汞速度；
(2) 压力传感器，探测并记录实验过程压力波动；
(3) 样品夹持器或压力腔；
(4) 真空泵。

3. 实验步骤

恒速压汞法的岩石样品处理、膨胀剂装样和抽真空过程与上述高压压汞法相似，区别的是恒速压汞法需严格控制汞体积泵的注入速度是低速且恒定的。恒速压汞测试时应注意以下几点：

(1) 样品体积：推荐样品体积为 $1.0 \sim 2.0 cm^3$ 的立方体或薄片体。
(2) 数据采集间隔：数据采集时间间隔 1~4s，推荐 2s 采集一次。
(3) 仪器要求：仪器对电场变化非常敏感，灵敏度非常高，仪器应配有独立的接地线，接地电阻小于 2Ω，仪器应配有不间断电源设备。
(4) 仪器空白校正：仪器应定期做空白样品测试，消除岩心室钢体的压缩性等影响精度的因素，用 0.0001mL/min 和 0.00005mL/min 的速度测试厂商提供的不锈钢块和圆柱薄片，得到压力—体积校准曲线，保留并及时更新仪器空白测试数据文件。
(5) 仪器校准时间：每年至少校准 1~2 次，若更换岩心室密封圈、压力传感器等部件，应再次校准仪器的空白体积。
(6) 温控系统：测试过程中，保持恒温箱内温度恒定，推荐设置温度 25℃。
(7) 数据及报告：应包括喉道大小分布柱状图、孔道大小分布柱状图、孔喉比柱状图、孔道毛管压力曲线、喉道毛管压力曲线、总毛管压力曲线等。

4. 数据处理

根据毛管力方程、压力涨幅以及采集的各个阶段的进汞量等信息，恒速压汞数据处理分析软件可通过生成的毛管压力曲线自动分析并获取孔隙、喉道的分布频率以及孔喉比等特征，数据处理及计算与高压压汞类似。

三、实验案例

1. 孔隙与喉道大小分布

在面向致密砂岩油藏开展的研究中，先后测取了高压压汞毛管压力曲线、恒速压汞实验毛管压力曲线、孔隙分布频率、喉道分布频率（图1-11），并在联合分析的基础上，确定了岩心的孔隙分布。高压压汞实验进汞压力大，能反映出相对细小的孔喉的分布特征。恒速压汞实验在低进汞压力和恒定进汞速率条件下进行，精确测量了相对大的喉道及其连通孔隙的分布特征。高压压汞实验注入速度较高引起接触角的变化，因此恒速压汞实验的总进汞饱和度曲线始终高于相同注入压力下的高压压汞实验。由于恒速压汞实验注入速度为准静态，因此两种曲线重叠部分由恒速压汞进行标定可使孔喉大小分布曲线更为精准。以毛管半径为横坐标，在各测点的孔隙半径数据基础上进行插值，获取累计进汞饱和度与毛管半径关系曲线，再由累计进汞饱和度曲线得到全孔径分布直方图。

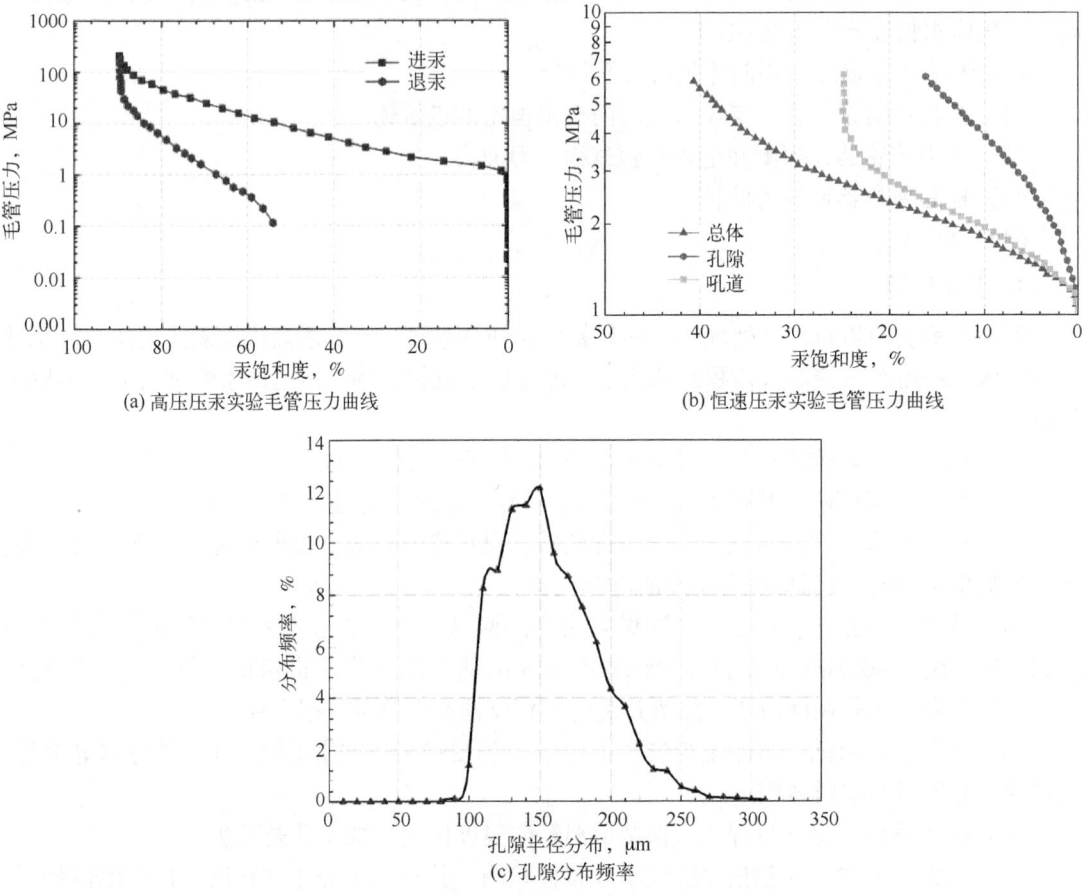

图 1-11 实验结果曲线

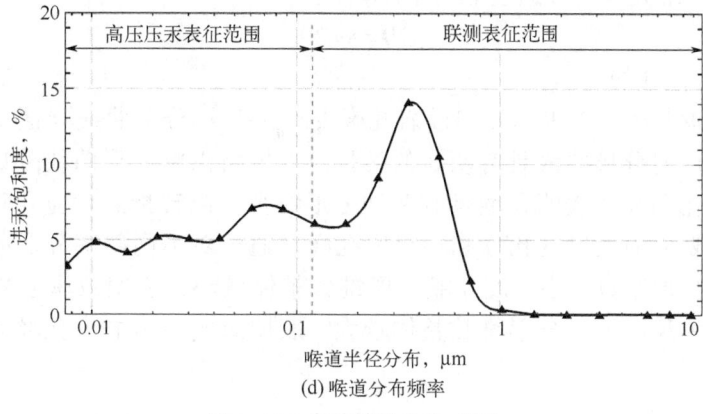

图 1-11 实验结果曲线（续）

2. 孔喉连通性分析

将高压压汞数据进一步处理，获取进汞饱和度(S_{Hg})与注入压力(p_c)的比值和进汞饱和度的关系曲线（图 1-12），S_{Hg}/p_c 的最大值称为 Swanson 参数，所对应的孔喉半径为 r_{apex}，在，S_{Hg}/p_c—S_{Hg} 的典型曲线图中为一个峰值顶点。假设此时所有控制渗透率的连通空间都已被汞饱和，该曲线中的 r_{apex} 表示从孔喉较小、连通性较差的孔喉过渡到孔喉较大、连通性较好的孔喉。

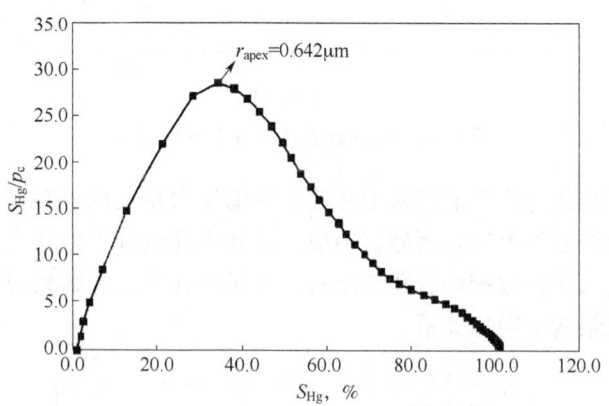

图 1-12 Swanson 曲线图

3. 孔喉分形特征

分形几何是对没有特征长度但具有自相似性的图形、构造及现象的总称，可以利用分形维数来定量的描述孔喉结构的复杂性。如果岩石内孔喉储集空间分布符合分形特征，则满足以下关系：

$$N(r) \propto r_c - D \quad (1-23)$$

式中，r_c 代表孔喉储集空间的半径；D 代表孔喉储集空间相对应的分形维数；$N(r)$ 代表半径大于 r_c 的孔喉储集空间数。

再结合毛细管模型可以得到：

$$N(r) \propto p_c - (2-D) \quad (1-24)$$

因此孔喉分形维数 D 可以通过下式计算出来：
$$D = S + 2 \tag{1-25}$$
式中，S 代表拟合曲线的斜率。

根据压汞进汞曲线可以得到致密砂岩孔喉 $\lg S_{Hg}$—$\lg p_c$ 分形曲线（图 1-13）。从图中可以看到，致密砂岩分形曲线具有明显的转折点。转折点将分形曲线分成两段，且两段分形曲线斜率变化明显，表明孔喉具有两种分形特征。以转折点对应孔喉为界限，可以将致密砂岩孔喉划分为大尺度孔喉和小尺度孔喉。通过对不同斜率分形曲线进行线性拟合即可得到孔喉分形维数。小尺度孔喉分形维数整体较小，表明致密砂岩小孔喉半径狭小，非均质弱；大尺度孔喉分形维数整体较大，表明致密砂岩的大孔喉非均质强，孔喉形态复杂多样。

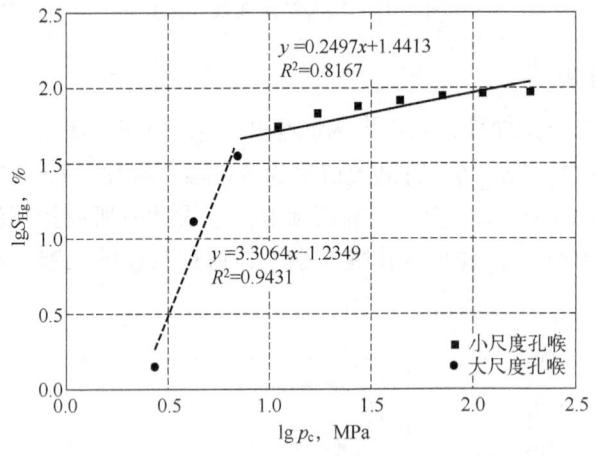

图 1-13 致密砂岩孔喉分形特征曲线

小尺度孔喉分形维数与小孔喉进汞饱和度和中值压力相关性较好（图 1-14、图 1-15），随着小尺度孔喉分形维数增大，致密砂岩中值半径和小孔喉进汞饱和度也随之增大，小尺度孔喉分形维数可以用来表征致密砂岩孔喉结构。大尺度孔喉分形维数与中值压力、大尺度孔喉进汞饱和度等孔喉结构无明显关系。

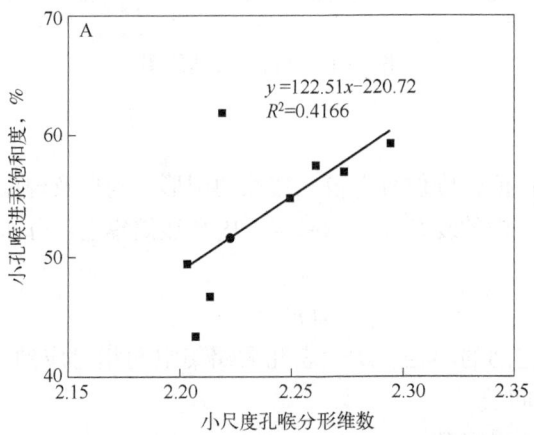

图 1-14 小尺度孔喉分形维数与进汞饱和度相关性

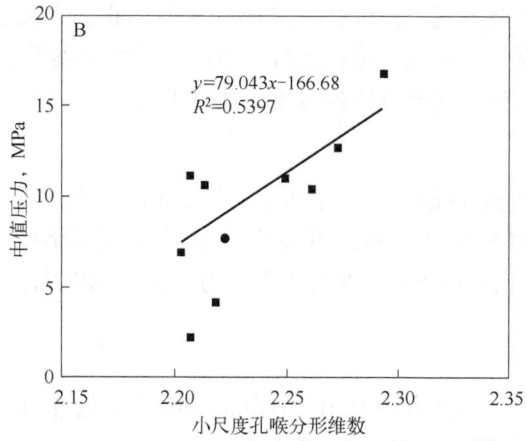

图 1-15 小尺度孔喉分形维数与中值压力相关性

第四节 原油高压物性实验

储层压力和温度较高，地层原油溶有大量轻质烃类组分，因此地下原油的相态以及体积、压缩性、黏度等物理性质与地面条件不同。在开采过程中，随着温度压力的变化，会发生原油脱气、体积收缩、黏度变大等现象。高压物性参数能描述随温度压力变化条件下原油物性的变化，为储量计算、油气层评价、油田开发设计、动态分析以及提高原油采收率等工作提供基础参数和资料。

原油的主要高压物性参数有密度、泡点压力、溶解气油比、体积系数、压缩系数、气体偏差系数和黏度等。泡点压力是指在一定温度条件下，处于液相的体系中，当压力下降至体系出现第一个气泡时的压力；或处于气液两相的体系中，当压力升高时，气体完全被溶解时的压力。溶解气油比是指单次脱气实验获得的单脱气与单脱油在标准条件下的体积之比。体积系数包括地层原油体积系数、气体体积系数和油气两相体积系数。地层原油体积系数是指原油在地下的体积（即地层原油体积）与其在地面脱气后的体积之比；气体体积系数是指地层条件下气体的体积与其在标准条件下的体积之比；油气两相体积系数是指当压力低于饱和压力时，某一压力下的油气总体积与其残余油体积（20℃）之比。压缩系数是指等温条件下原油体积随压力的变化率。气体偏差系数（或称气体压缩因子）是指为修正实际气体与理想气体的体积偏差而在理想气体状态方程中引进的乘数因子，其物理意义为：在指定的温度和压力条件下，一定质量的气体实际体积与在该温度和压力条件下按理想气体定律计算出的体积之比。

目前多采用热膨胀实验、单次脱气实验、恒质膨胀实验、多次脱气实验、定容衰竭实验、地层油黏度测定实验来分析储层流体的不同高压物性。

本节介绍单次脱气实验、恒质膨胀实验、多次脱气实验、地层油高温高压黏度测定实验等 4 种常用的高压物性实验。

一、单次脱气实验

1. 实验原理

单次脱气实验的原理是：保持原油体系在油气分离过程中的总组成恒定不变，将处于地层条件下的单相原油降压至大气压条件,测量油气相的体积、组成、密度等。对地层原油,实验目的是测定油气组成、气油比、体积系数、地层油密度等参数;对凝析气,实验目的是测定凝析油气组分组成、凝析气藏流体的偏差系数等参数。

2. 实验仪器

图1-16为比较常用的单次脱气实验装置示意图,其主要组成部分包括:

(1) PVT容器,常称高压反应釜,可使用柱塞或活塞式结构,额定工作温度不低于150℃,控温精度通常不超过±0.5℃,额定工作压力不低于70MPa;

(2) 高压计量泵;

(3) 气体流量计;

(4) 高温高压密度计,压力不低于70MPa,温度不低于150℃,读数精度不高于0.0001g/cm³,温度控制精度通常在±0.05℃以内。

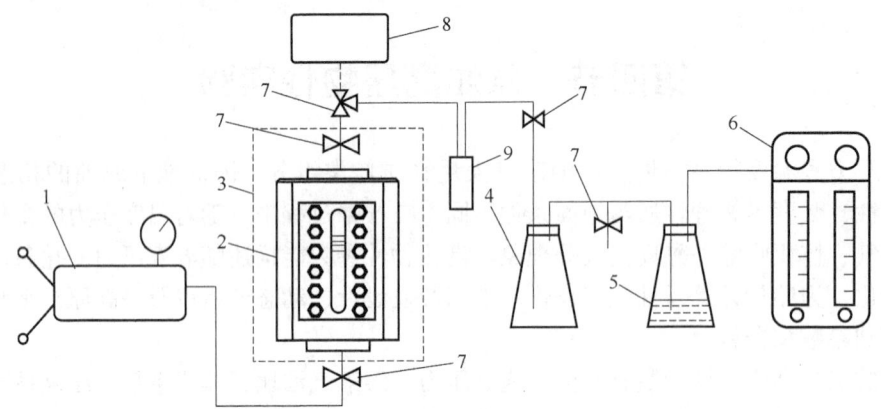

图1-16 单次脱气实验装置示意图
1—高压计量泵;2—PVT容器;3—恒温浴;4—分离瓶;5—气体指示瓶;
6—气体流量计;7—阀门;8—高温高压密度计;9—单脱容器

3. 实验步骤

(1) 在地层温度下,将样品加压至高于饱和压力并充分搅拌,使其成为单相液体,然后将单相原油转入PVT容器。

(2) 压力稳定后记录压力值和样品体积。

(3) 用高压计量泵保持压力,将一定体积的地层流体样品缓慢均匀地放出到单脱容器中,计量脱出气体积,称量剩余油质量,记录样品体积、大气压力和室温。

(4) 取分离后的油、气样,分别分析组成。

(5) 测定死油(即单次脱气后液体油)密度和平均分子量(测量方法参照 SH/T 0604—2000 和 GB/T 17282—2012 执行);

(6) 按步骤(2)~(5)平行测定三次以上,地层原油测定的气油比相对偏差小于2%,体积系数相对偏差小于1%;凝析气地层流体测定的偏差系数相对偏差小于1%。

图1-17为比较常用的转样流程示意图。

实验步骤如下:

(1) 将PVT容器和储样器加热至实验温度。

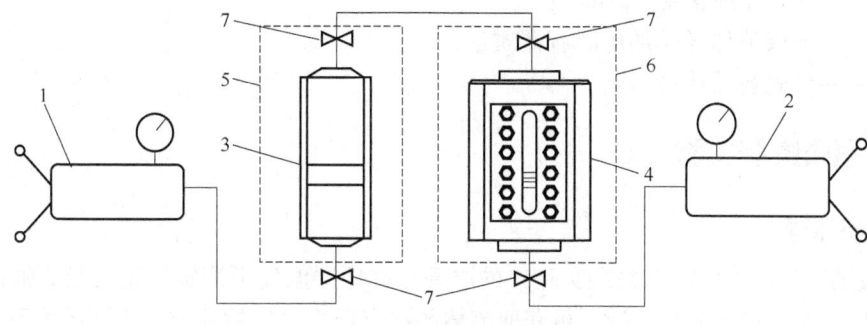

图1-17 转样流程示意图

1、2—高压计量泵；3—储样器；4—PVT容器；5—恒温浴；7—阀门

（2）将PVT容器及外接管线抽空到一定真空度（SY/T 5358—2010规定抽真空至133Pa后继续抽30min）；

（3）用计量泵将样品增压并充分搅拌，恒定到地层压力，使其成为单相，平衡4h后，连续30min内体积变化小于1%。

（4）在保持地层压力条件下缓慢打开储样器样品端阀门和PVT容器样品端阀门，将所需样品量转入PVT容器中。

4. 数据处理

死油体积计算公式为：

$$V_\mathrm{d} = \frac{m_\mathrm{d}}{\rho_\mathrm{d}} \tag{1-26}$$

式中 V_d——死油体积，cm^3；

m_d——死油质量，g；

ρ_d——死油密度（20℃），g/cm^3。

原油体积系数计算公式为：

$$B_\mathrm{of} = \frac{V_\mathrm{of}}{V_\mathrm{d}} \tag{1-27}$$

式中 B_of——地层原油体积系数；

V_of——地层温度压力下的原油体积，cm^3。

单次脱气气油比计算公式为：

$$GOR_\mathrm{o} = \frac{T_\mathrm{o} \cdot p_1 \cdot V_1}{p_\mathrm{o} \cdot T_1 \cdot V_\mathrm{d}} - 1 \tag{1-28}$$

式中 GOR_o——地层原油单次脱气气油比。

地层原油体积收缩率计算公式为：

$$\eta = \frac{B_\mathrm{of} - 1}{B_\mathrm{of}} \tag{1-29}$$

式中 η——地层原油体积收缩率。

地层原油密度计算公式为：

$$\rho_\mathrm{of} = \frac{m_2 - m_1}{V_\mathrm{of}} \tag{1-30}$$

式中　ρ_{of}——地层原油密度，g/cm^3；
　　　m_2——地层流体样品加单脱容器质量，g；
　　　m_1——单脱容器质量，g。

二、恒质膨胀实验

1. 实验原理

恒质膨胀实验（又称 pV 关系实验）的原理是在地层温度下测定恒定质量原油的体积随压力的变化关系。对于地层原油，可获取流体的泡点压力、压缩系数、不同压力下流体的相对体积和 Y 函数等参数；对于凝析气，可获取流体的露点压力、气体偏差系数和不同压力下流体的相对体积等参数。

2. 实验仪器

实验设备同单次脱气实验，如图 1-16 所示。

3. 实验步骤

1）地层原油

（1）在地层温度下将 PVT 容器中的地层流体样品加压到地层压力或高于泡点压力，充分搅拌稳定。

（2）在泡点压力以上时，按逐级降压法测量体系体积（固定压力读体积），每级降 1~2MPa；在泡点压力以下时，按逐级膨胀体积法测量压力（固定体积读压力），每级膨胀 0.5~20cm³。每级降压或膨胀后应搅拌稳定，读取相应的体积或压力，一直膨胀至原始样品体积的三倍以上。

（3）在算术坐标系上以压力为纵坐标，样品体系体积为横坐标，作出 p—V 关系曲线，曲线拐点对应的压力即为粗测的泡点压力。

2）凝析气

（1）在地层温度下将 PVT 容器中的地层流体样品加压到地层压力或高于泡点压力，充分搅拌稳定。

（2）采用逐级降压逼近法测定其露点压力。当液滴出现与消失之间的压力差小于 0.1MPa 时为止，取这两个压力值的平均值为第一露点压力。

（3）露点确定后，采用逐级降压的方式进行压力与体积关系测定。在露点压力以上时每级压力取 0.5~2MPa，平衡 0.5h 后记录压力和样品体积；在露点压力以下时每级压力下应搅拌 0.5h 并静置 0.5h 后才能记录压力、样品体积和凝析液量，一直膨胀至原始样品体积的 3 倍以上时结束实验。

注意：当压力降到某一值时，液体可能重新消失，此时的液体消失压力为第二露点压力。确定第二露点压力的方法与确定第一露点压力的方法相同，但升压和降压时液体出现及消失现象与第一露点正好相反。

4. 数据处理

1）地层原油

实验数据表见表 1-3。

表 1-3　恒质膨胀压力与体积关系实验数据（实验温度，℃）

压力，MPa	相对体积 V_i/V_b	Y 函数	压缩系数，C_o，×10^{-3}

（1）泡点压力。根据确定的一系列油气混合物压力 p 和相应的地层油体积 V 数据，绘制 p—V 关系曲线（图 1-18），由曲线的拐点确定泡点压力（实际上，随压力的降低，刚开始偏离初始直线段的压力点即为泡点压力）。

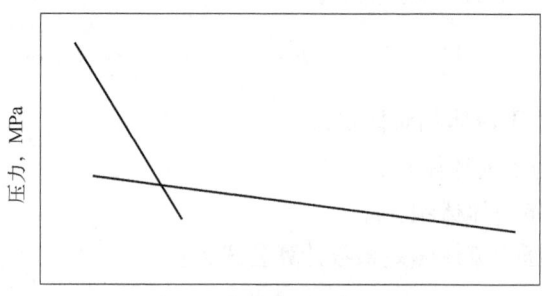

图 1-18　恒质膨胀实验过程中的 p—V 关系曲线

（2）压缩系数。饱和压力以上地层原油压缩系数计算公式为：

$$C_{oi} = -\frac{1}{V_i}\frac{\Delta V_i}{\Delta p_i} \tag{1-31}$$

地层原油压缩系数也可由饱和压力以上测试的 p—V 关系拟合一个二次方程式求导整理得到：

$$V = ap_i^2 + bp_i + c \tag{1-32}$$

$$C_{oi} = \frac{2ap_i + b}{V_i} \tag{1-33}$$

式中　C_{oi}——i 级地层原油的等温压缩系数，MPa^{-1}；
　　　V_i——i 级压力下的样品体积，cm^3；
　　　ΔV_i——i 级与 i-1 级压力下的样品体积差，cm^3；
　　　p_i——i 级压力，MPa；
　　　Δp_i——i 级与 i-1 级压力差，MPa。

（3）地层流体相对体积。地层流体相对体积计算公式为：

$$R_i = \frac{V_i}{V_b} \tag{1-34}$$

式中　R_i——第 i 级压力下地层流体的相对体积；
　　　V_b——泡点压力下的地层流体体积，cm^3。

（4）Y 函数。因 Y 函数与压力 p_i 在泡点压力以下 90%~30% 的范围内，在算术坐标上呈直线关系，所以可利用该关系精确确定油藏流体的泡点压力、Y 函数的计算公式：

$$Y = \frac{p_b - p_i}{p_i(R_i - 1)} \tag{1-35}$$

式中 Y——Y 函数；
p_b——地层原油泡点压力，MPa。

（5）密度 第 i 级压力下地层原油单相流体密度为：

$$\rho_i = \frac{V_{of}\rho_{of}}{V_i} \quad (1-36)$$

式中 ρ_i——i 级压力下地层原油单相流体密度，g/cm³；
V_i——i 级压力下地层原油单相流体的体积，cm³。

2）凝析气

各级压力下流体相对体积计算公式为：

$$R_i = \frac{V_i}{V_d} \quad (1-37)$$

式中 R_i——第 i 级压力下流体相对体积；
V_i——第 i 级压力下流体体积，cm³；
V_d——露点压力下流体体积，cm³。

露点压力以上各级压力流体偏差系数计算公式为：

$$Z_i = \frac{p_i V_i Z_r}{p_r V_r} \quad (1-38)$$

式中 Z_i——第 i 级压力的流体偏差系数；
Z_r——地层压力下流体偏差系数；
p_r——地层压力，MPa；
V_r——地层压力和温度条件下流体体积，cm³。

三、多次脱气实验

1. 实验原理

多次脱气实验的原理是：在地层温度下，将地层原油分级降压脱气、排气，体系组成随分级排气而不断发生变化，测量油、气性质和组成随压力的变化关系。本项实验是为了测定各级压力下的溶解气油比、饱和油的体积系数和密度、脱出气的偏差系数、相对密度和体积系数，以及油气两相体积系数等参数。根据泡点压力的大小，确定分级压力的间隔，脱气级数一般均分为 3~12 级。

2. 实验仪器

多次脱气实验采用与单次脱气相同的实验设备，如图 1-16 所示。

3. 实验步骤

（1）在地层温度下，将 PVT 容器中的地层原油样品加压至地层压力，充分搅拌并恒温平衡 4h 后，30min 内体积变化小于 1%，读取样品体积。

（2）降压至第一级脱气压力。

（3）搅拌稳定后静止，读取样品体积。

（4）打开样品端阀门，保持压力缓慢排气，气体排完后迅速关闭阀门。注意排气过程不能有油排出。记录排出气量、室温和大气压力，取气样分析其组成；

(5) 逐级降压脱气，重复步骤（3）和（4），一直降低压力到大气压力级；

(6) 将残余油排出称质量，测定残余油组成、平均分子量和20℃下的密度。

4. 数据处理

各级压力下脱出气体体积计算公式为：

$$V_{gi} = \frac{T_o p_1 V_{1i}}{p_o T_1} \tag{1-39}$$

式中 V_{gi}——第 i 级压力下脱出气在标准条件下的体积，cm^3；

V_{1i}——第 i 级压力下脱出气在室温、大气压力下的体积，cm^3；

T_o——标准温度，取 293.15K；

p_o——标准压力，取 0.101325MPa；

T_1——室温，K；

p_1——当日大气压力，MPa。

累积脱出气体体积计算公式为：

$$V_g = \sum_{i=1}^{n} V_{gi} \tag{1-40}$$

式中 V_g——累积脱出气在标准条件下的体积，cm^3；

n——累积脱出气体体积计算中涉及的总级别数。

各级压力下溶解气体积计算公式为：

$$V_{gri} = V_g - \sum_{1}^{i} V_{gi} \tag{1-41}$$

式中 V_{gri}——第 i 级压力下溶解气体积，cm^3。

残余油体积计算公式为：

$$V_{or} = \frac{m_{or}}{\rho_{or}} \tag{1-42}$$

式中 V_{or}——标准条件下残余油体积，cm^3；

m_{or}——残余油质量，g；

ρ_{or}——残余油密度（20℃），g/cm^3。

各级压力下溶解气油比计算公式为：

$$GOR_{ri} = \frac{V_{gri}}{V_{or}} \tag{1-43}$$

式中 GOR_{ri}——第 i 级压力下原油溶解气油比，cm^3/cm^3 或 m^3/m^3。

各级压力下脱出气的摩尔质量计算公式为：

$$M_{gi} = \sum_{i=1}^{n} y_{gi} \times M_i \tag{1-44}$$

式中 M_{gi}——第 i 级压力下脱出气的平均摩尔质量，g/mol；

y_{gi}——第 i 级压力下脱出气的组成；

M_i——第 i 级压力下脱出气的摩尔质量，g/mol。

各级压力下脱出气的密度计算公式为：

$$\rho_{gi} = \frac{M_{gi}p_o}{RT_o} \tag{1-45}$$

式中 ρ_{gi}——第 i 级压力下脱出气的密度，g/cm³。

各级压力下脱出气的相对密度计算公式为：

$$\gamma_{gi} = \frac{\rho_{gi}}{\rho_a} \tag{1-46}$$

$$\gamma_{gi} = \frac{M_{gi}}{M_a} \tag{1-47}$$

式中 γ_{gi}——第 i 级压力下脱出气的相对密度；

ρ_a——标准条件下干燥空气的密度，g/cm³；

M_a——标准条件下干燥空气的摩尔质量，空气的摩尔质量取值为 28.96g/mol。

各级压力下脱出气的偏差系数计算公式为：

$$Z_i = \frac{Z_o T_o p_i \Delta V_{gi}}{p_o T_r V_{gi}} \tag{1-48}$$

式中 Z_i——第 i 级压力、地层温度下脱出气的偏差系数；

ΔV_{gi}——脱出气在 i 级压力和地层温度下的体积，cm³。

各级压力下脱出气的体积系数计算公式为：

$$B_{gi} = \frac{Z_i T_r p_o}{Z_o p_i T_o} \tag{1-49}$$

式中 B_{gi}——第 i 级压力下气相体积系数。

各级压力下单相流体体积系数计算公式为：

$$B_{oi} = \frac{V_{oi}}{V_{or}} \tag{1-50}$$

式中 B_{oi}——多次脱气 i 级压力下单相油体积系数；

V_{oi}——多次脱气 i 级压力下单相油体积，cm³。

各级压力下油气双相体积系数计算公式为：

$$B_{ti} = (GOR_o - GOR_i) \times B_{gi} + B_{oi} \tag{1-51}$$

式中 B_{ti}——i 级压力下油气双相体积系数。

第 i 级压力下脱出气质量计算公式为：

$$m_{gi} = V_{gi}\rho_{gi} \tag{1-52}$$

式中 m_{gi}——i 级压力下脱出气质量，g；

ρ_{gi}——i 级压力下脱出气在标准条件下的密度，g/cm³。

累积脱出气质量计算公式为：

$$m_g = \sum_{i=1}^{n} m_{gi} \tag{1-53}$$

式中 m_g——累积脱出气质量，g。

第 i 级压力下溶解气质量计算公式为：

$$m_{ri} = m_g - \sum_{1}^{i} m_{gi} \tag{1-54}$$

式中 m_{ri}——第 i 级压力下溶解气质量，g。

第 i 级压力下原油密度计算公式为：

$$\rho_{oi} = \frac{m_{or}+m_{ri}}{V_{oi}} \tag{1-55}$$

式中 ρ_{oi}——i 级压力下原油密度，g/cm³。

实验数据表见表 1-4。

表 1-4 多次脱气实验结果统计表

压力 MPa	溶解气油比① m³/m³	地层油 体积系数②	两相体积 系数③	油密度 g/cm³	气体偏差 系数 Z	气体体积 系数④	气体相对密度 （空气=1）

① 20℃每立方米残余油溶解气体立方米数。
② 油藏温度、分级压力下油体积与 20℃下残余油体积之比。
③ 油藏温度、分级压力下油气两相体积与 20℃下残余油体积之比。
④ 油藏温度、分级压力下气体与 20℃、0.101325MPa 下气体体积之比。

四、地层油高温高压黏度测定实验

用高温高压落球黏度计、高温高压电磁黏度计和高温高压毛细管黏度计，可获得地层条件及不同脱气压力级下液相油的黏度。

本节介绍高温高压电磁式黏度计黏度测定方法。

1. 实验原理

高温高压电磁式黏度计工作原理是：金属柱塞在电磁力驱动下在测量室（图 1-19）内部做往复运动，通过测量金属柱塞在测量室内两端运动时间而获取流体黏度。

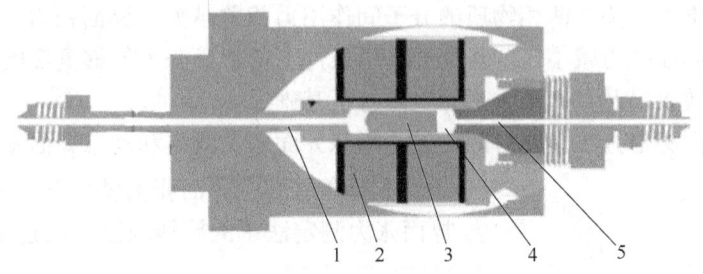

图 1-19 高温高压电磁式黏度计测量室示意图
1—入口管；2—线圈；3—活塞；4—测量室；5—排出管

2. 实验仪器

图 1-20 为比较常用的高温高压电磁式黏度计黏度测定装置示意图，它主要由以下几部分组成：

（1）高温高压电磁式黏度计黏度计，测量相对偏差小于 0.04%，额定温度大于或等于 150℃，控温精度±0.5℃，额定工作压力大于或等于 70MPa；

(2) 高压计量泵，容量 100~500cm³，最小刻度分辨率小于或等于 0.01cm³，额定工作压力大于或等于 70MPa。

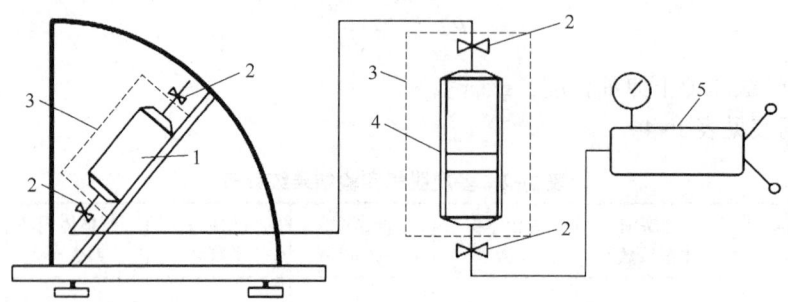

图 1-20　高温高压电磁式度计黏度测定装置示意图
1—高温高压电磁式黏度计；2—阀门；3—恒温浴；4—储样器；5—高压计量泵

3. 实验步骤

(1) 将高温高压电磁式黏度计清洗干净，选择合适量程的转子放入测量室内。

(2) 将黏度计升温并恒定在地层温度，要求相对偏差小于0.1%，抽空黏度计至一定真空度（SY/T 5358—2010 规定抽真空至 133Pa 后继续抽 30min）；

(3) 将地层条件下的原油样品转入黏度计中，调整到测定压力。

(4) 搅拌油样使其达到单相平衡，要求每个测试压力点下的黏度值相对偏差小于 0.04%。

(5) 打开排气阀，缓慢降压脱气到下一级压力，关闭排气阀，重复步骤（4）。

第五节　高温高压界面张力实验

界面张力是指沿不相溶的两相界面垂直作用在单位长度液体界面上的收缩力。界面张力大小与两相物质本性有关，两相物质的分子间作用力相差越大，界面张力就越大。大多数物质随温度升高，界面张力减小。测量高温高压条件下的界面张力能够真实模拟地层条件，为改善和提高开发效果以及提高采收率等工作打下基础。

高温高压界面测定方法主要有两大类：静态界面张力测定和动态界面张力测定法。

本节介绍静态界面张力测定法中的悬滴法和动态界面张力测定法中的旋转滴法、拉起液膜法。

一、悬滴法

1. 实验原理

悬滴法是根据液滴外形求算表面张力和界面张力的一种方法。基于 Laplace 方程建立的 Bashforth-Adams 方程，经过简化后，界面张力 γ 可按照公式(1-56)计算得到。如图 1-21 所示，当液滴静止悬挂在毛细管的管口处时，液滴的外形主要取决于重力

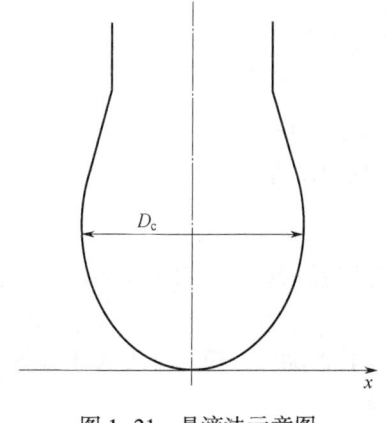

图 1-21　悬滴法示意图

和表面张力的平衡。通过对液滴外形的测定，即可推算出液体的界面张力；若将液滴悬挂在另一不相溶的液体中，也可推算出两种液体的界面张力。悬滴法适用于不相溶的液—液或液—气两相间表面及界面张力测定。

$$\gamma = \frac{gD_e^2 \Delta\rho}{H} \tag{1-56}$$

式中　γ——表面或界面张力，mN/m；
　　　g——重力加速度，m/s^2；
　　　D_e——液滴最宽处的直径，m；
　　　$\Delta\rho$——两相密度差，kg/m^3；
　　　H——与仪器测量系统有关的常数。

2. 实验设备

悬滴法界面张力仪如图1-22所示，主要包括以下部分：(1) 高温高压可视釜，测量样品界面张力；(2) 气体增压泵，对测量室进行加压；(3) 加热控制系统，控制测量室的温度；(4) 光源；(5) 相机，拍摄液滴图像；(6) 数据处理系统，装有界面张力测量软件。

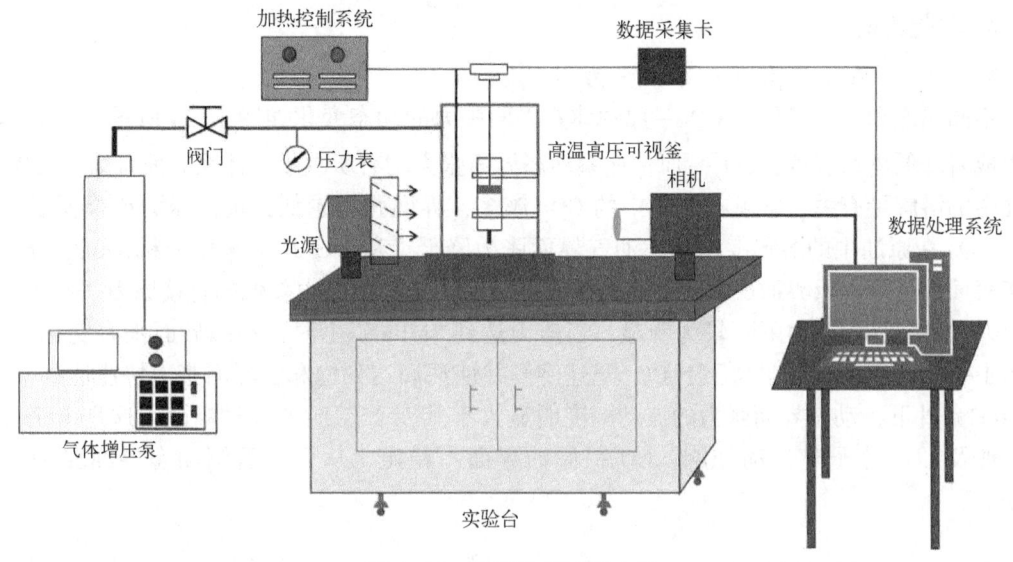

图1-22　悬滴法界面张力仪

3. 实验步骤

1) 仪器准备

准备清洁的样品池、注射器，设置实验条件，使光学与图像处理系统运行正常。调节光源位置、亮度及摄影记录仪的焦距，使液滴呈梨形，且图像边缘清晰。

2) 试样准备

测定界面张力时，需要分别测定高密度相液体和低密度相液体的密度，以计算密度差。用如图1-23所示的密度计，在被测定液体中达到平衡状态时所浸没的深度即为该液体的密度。具体操作步骤为：将待测试样注入清洁、干燥的量筒内，不得有气泡，将量筒置于可控温水浴中。调节到相应温度后，将清洁干燥的密度计缓缓地放入试样中，其下端应离筒底2cm以上，不能与筒壁接触，密度计的上端露出在液面外的部分所沾液体不得超过2～3分

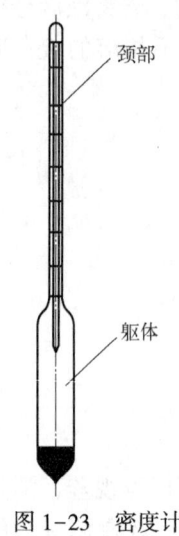

图 1-23 密度计

度，待密度计在液体中稳定后，读出密度计弯月面下缘的刻度（标有读弯月面上缘的密度计除外），即为相应温度时试样的密度。

3）样品检测

（1）用石油醚清洗整个系统，洗净后用氮气吹扫干净，之后用真空泵将系统抽真空-0.001MPa。

（2）使用注射器，将加热后样品打入样品进样泵。

（3）将气体引入系统并排放几次，排除掉残存氮气的影响，然后，开始加热整个系统。

（4）当悬滴室和样品进样泵达到了设定温度并稳定一段时间后，将气体缓慢引入悬滴室，并用电动泵加压至实验压力，关闭进气阀，直到悬滴室内压力稳定。

（5）用样品进样泵缓慢将样品压力打入悬滴室，并在探针处形成油滴，稳定10min，开始进行测量，每个条件下，测量至少3个液滴的状态，之后取平均值。

（6）调整压力和温度，重复步骤（4）和（5），直至实验结束。

4. 实验案例

1）CO_2—原油体系动态界面张力

不同温度和压力条件下 CO_2—原油体系界面张力的动态变化如图 1-24 所示。升高体系压力或者降低体系温度，CO_2—原油体系动态界面张力均有所减小。体系界面张力与 CO_2 在原油中的溶解量有关，溶解在原油中的 CO_2 越多，界面张力越低；提高压力或降低温度能够使 CO_2 在原油中的溶解度增加，油气界面张力降低。从分子运动角度分析，CO_2 分子在油滴表面的吸附以及界面层分子的重新分布是造成动态界面张力降低的直接原因。低压下测试前期的动态界面张力下降较为明显，当压力达到 8MPa 以上时，动态界面张力变化不大，如图 1-24(a) 所示，说明高压下 CO_2 迅速溶解并使油滴达到饱和，界面张力快速达到平衡。在 80℃ 条件下，动态界面张力的波动幅度明显大于其在 25℃ 时的波动幅度，这是由于高温使原油及 CO_2 分子热运动加剧，CO_2—原油界面不稳定，从而使所测动态界面张力产生波动。

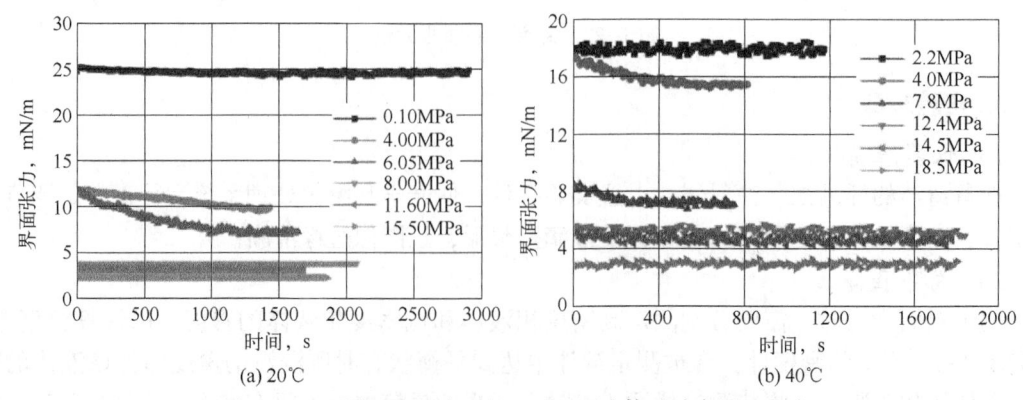

图 1-24 不同温度压力下的 CO_2—原油体系动态界面张力

2）油滴体积与形状变化

CO_2 与原油接触溶解过程中，油滴体积会发生一定程度的变化，如图 1-25 所示。随着 CO_2 与油滴接触时间的增加，油滴体积先增大后减小。

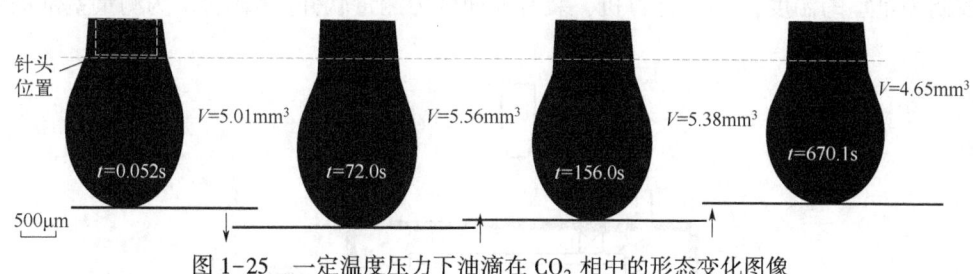

图 1-25　一定温度压力下油滴在 CO_2 相中的形态变化图像

二、旋转滴法

1. 实验原理

旋转滴法是指在离心力、重力及界面张力作用下，低密度相液体在高密度相液体中形成一个椭球形或圆柱形液滴，其形状由转速和界面张力决定，如图 1-26 所示。界面张力 γ 可按照式（1-57）计算得到。旋转滴法适用于高密度相为透明的两相液体之间以及非牛顿流体的界面张力测定，有效测量范围为 $1×10^{-5} \sim 1×10^{2}\ mN/m$。

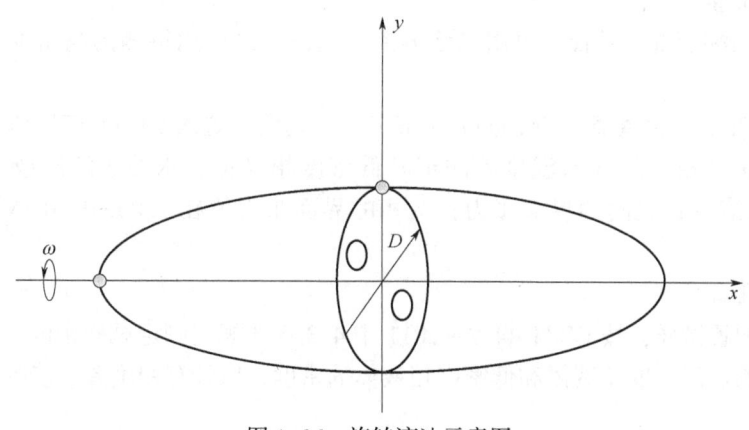

图 1-26　旋转滴法示意图

$$\gamma = A\omega^2 D^3 \Delta\rho f(l/D) \tag{1-57}$$

式中　γ——表面或界面张力，mN/m；
　　　A——与仪器测量系统有关的常数；
　　　ω——角速度，rad/s；
　　　D——液滴短轴直径，m；
　　　Δρ——两相密度差，kg/m³；
　　　f(l/D)——与液滴长宽比（l/D）有关的修正系数。

2. 实验设备

旋转滴法界面张力仪利用直流电动机控制样品管旋转速率的变化，使液滴的大小发生变化，改变界面的面积大小。然后相机拍摄到液滴形状，经过软件处理，就可以界面张力曲线。实验装置主要包括：（1）测量室，测量样品界面张力；（2）气体增压泵，对测量室进行加压；（3）毛细管系统，注入测量样品；（4）光学测量系统，提供光源；（5）电控温系统，控制测量室的温度；（6）计算机，装有界面张力测量软件。图1-27为测量室剖面图。

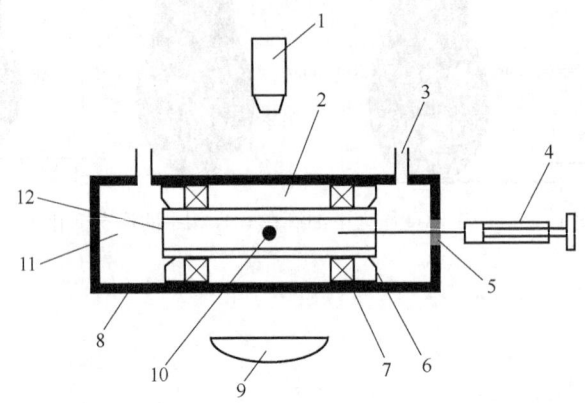

图1-27 旋转滴法测界面张力装置测量室剖面图
1—相机；2—测量室主体；3—测量样品入口；4—液体注射器；5—隔板；
6、7、8—测量室外壳；9—光源；10—测量中心相位；11—样品管

3. 实验步骤

1）仪器准备

（1）先用丙酮清洗测量管，再用二级蒸馏水润洗，最后用待测的高密度相液体冲洗两次后备用。

（2）将100mL二次蒸馏水和100mL丁醇充分摇匀混合置入500mL广口瓶中，在20℃下静置不少于12h分相。在20℃温度下测定其低密度相（饱和水的丁醇溶液）和高密度相（饱和丁醇的水溶液）之间的界面张力，两相的界面张力值在1.80±0.50mN/m范围内时，表明仪器正常。

2）试样准备

根据要求配置试样，按GB/T 4472—2011中4.3.3的规定测定试样密度，测定界面张力时，需要分别测定高密度相液体和低密度相液体的密度，以计算密度差。步骤参考悬滴法测量样品密度。

3）样品检测

（1）设定测试温度（室温~140℃）、转速，恒温15min。

（2）用注射器将测量管充满高密度相液体，再用微量注射器往测量管中部注入约0.5μL的低密度相液体，此时少量高密度液体会被排除，用高密度相液体补满测量管并使液体高出管口，塞上管塞（管内不应有气泡）。

（3）用镜头纸擦干净测量管外壁，并将测量管装入仪器的旋转轴内，旋紧压帽（扶住轴端可防止轴转动）。

（4）开启测量后，调节仪器平衡，使低密度相液体始终处于测量管的中部，测量不同时间的界面张力值。

4. 实验案例

（1）注入液滴体积的影响。图1-28所示为注入油滴体积为2.66μL时界面面积和界面张力随转速周期振荡的变化，从图中可以看出，此时界面面积和界面张力均呈现典型的正弦周期变化。

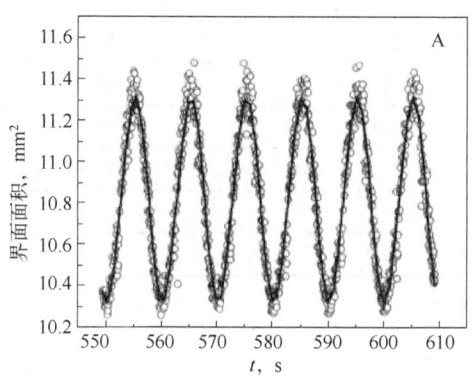 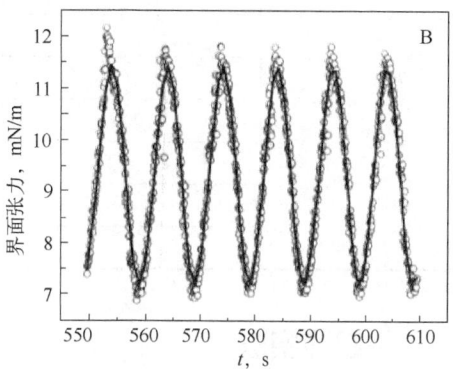

图1-28　界面面积和界面张力的正弦变化

（2）基础转速和振荡振幅的影响。样品管的基础转速和振荡振幅是影响扩张黏弹参数的重要因素。不同工作频率条件下，待测溶液的界面扩张参数随基础转速及振荡振幅的变化趋势如图1-28所示。测量界面张力所必需的基础转速主要取决于内相和外相的密度差，以消除浮力对测定的影响。一般情况下，测量界面张力的速度范围是3000~7000r/min。以3000r/min、5000r/min及7000r/min为基础转速，测试了不同转速时扩张流变参数的变化，结果见表1-5。从表中可以看出，当工作频率为0.1Hz时，待测溶液界面扩张模量随着基础转速的升高而降低。基础转速为3000r/min时，其界面扩张模量约为191.19mN/m，随着基础转速的提高，界面扩张模量明显降低，5000r/min和7000r/min的扩张模量数值相差不大。随着工作频率的减小，基础转速对扩张模量的影响逐渐减小，当工作频率为0.005Hz时，二者的扩张模量几乎相等。综合考虑实验频率以及仪器的性能，基础转速选取范围以5000~7000r/min为宜。一定实验条件下，转速振幅越大，界面面积和界面张力的改变就越大，测量结果越准确。

表1-5　基础转速及振荡振幅对样品溶液扩张模量的影响

转速，r/min	振荡振幅，r/min	频率，Hz	扩张模量，mN/m
3000	1500	0.1	191.19
5000	500	0.1	75.12
	1000	0.1	72.91
	1500	0.005	13.56
		0.01	20.62
		0.02	30.43
		0.1	73.55
	2000	0.005	13.42
		0.01	20.26
		0.02	27.27
		0.1	65.49

续表

转速，r/min	振荡振幅，r/min	频率，Hz	扩张模量，mN/m
7000	1000	0.1	33.59
	1500	0.005	13.43
		0.01	18.73
		0.02	25.01
		0.1	48.05
	2000	0.005	13.62
		0.01	17.93
		0.02	22.21
		0.1	48.26

三、拉起液膜法

1. 实验原理

垂直施力于镫形环或圆环上，拉起界面膜，此环与测量杯中的两不相混液相之间的界面液膜相接触，测量液膜破裂前可能施加的最大力。拉起液膜法测定表面活性剂界面张力适用于含一种或多种阴离子或非离子表面活性剂的两个不相混溶的液相（一个水相和一个有机相），不适用于含阳离子表面活性剂的两不相混溶液相体系的界面张力。

2. 实验设备

拉起液膜法界面张力仪如图 1-29 所示，主要包括：

（1）测量室：①测量杯，用来盛待测两相体系的试验份；②铂—铱丝圆环，由铂丝镫形环固定在悬杆上；③测力计，用来连续测量施加于待测样品的界面张力。

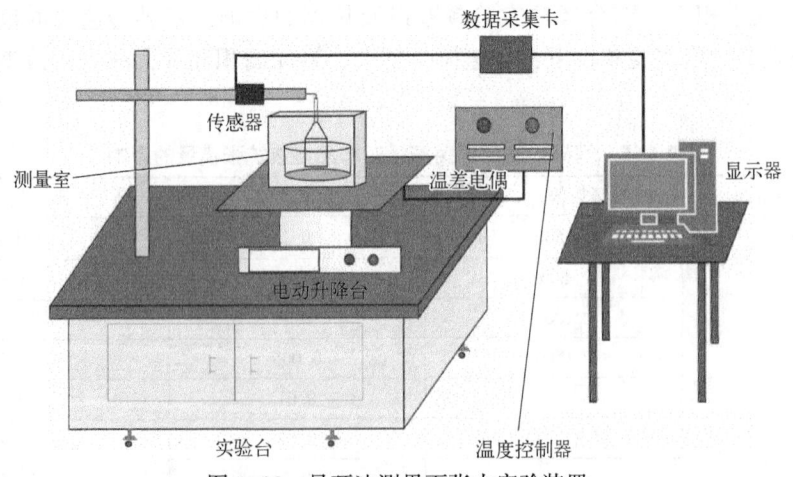

图 1-29　吊环法测界面张力实验装置

（2）电动升降台，可以实现样品台不同速度的高度定位。

（3）温度控制器，可以实时控制液体的温度。

（4）显示器，装有界面张力测量软件，可以完整记录整个实验过程中电压的变化曲线。

3. 实验步骤

1) 仪器准备

(1) 测量单元的清洗。当存在如硅酮类污垢时，用甲苯、全氯乙烯或氢氧化钾甲醇溶液洗涤测量单元。如果不存在这类污垢，则用热的硫酸—铬酸混合液仔细清洗测量单元，然后用浓磷酸（83%~98%）洗涤。再用重蒸水冲洗至洗涤液呈中性，最后将所有测量单元完全干燥。

(2) 设定测试温度。

2) 测水相密度较高的样品

(1) 测量准备。将连接片装在测力计上，测量单元连接在连接片上。用测力计施加必需的力将指示器提至"零位"，夹住连接片。测量杯放在平台上。将 0.05mL 的水相移入测量杯。液体高度约为 15mm，使移液管的末端靠着测量杯的内测壁来严格避免起泡。利用水相表面作镜子，观察测量单元几乎与此相表面接触时的图像，检查镫形环的臂或圆环的周边呈水平。缓缓升高放有测量杯的平台直至镫形环的臂或圆环刚刚接触水相，然后移入 0.05mL 的非水相，得到的液体高度约为 15mm。期间要严格避免在界面形成液滴或泡沫。

(2) 测定液膜拉起前的力。放开连接片的同时调节测力计施加的力和平台的高度，使镫形环的臂或圆环的周边提到液—液界面处，并使连接片的指示器指示在"零位"。调节完成后夹住连接片，等过了形成液—液界面所需的时间以后，放开连接片。如果指示器离开了"零位"，则调节由测力器施加的力使之回到起始的位置。此时数据采集卡会记录保持"零位"的力 F_1，此力即为"液膜拉起前的力"。

(3) 测定液膜拉起后的力。将平台缓缓降低 0.1mm，适当增加由测力计施加于测量单元的力，使指示器退回到"零位"。重复上述操作，直至界面液膜破裂。在液膜刚刚破裂前所记下的力 F_2 是"液膜拉起之后的力"。

(4) 处理数据。数据采集卡完整地记录了液面上升和下降过程中的电压变化曲线，由界面张力测试软件处理得到界面张力对时间的函数曲线。

3) 测水相密度较低的样品

(1) 将连接片装在测力计上，测量单元连接在连接片上。给测力计施加一定的力将指示器提至"零位"，夹住连接片。置测量杯在平台上，将 0.05mL 体积的非水相移入测量杯，得到液体高度约为 15mm。然后小心移入 0.05mL 体积的水相，得到液体高度约为 15mm。置移液管的末端靠着测量杯非水相表面上的内侧壁，严格避免在界面形成液滴或泡沫，或者在水相表面起泡。检查镫形环的臂或圆环的周边是否水平。升高放有测量杯的平台，使测量单元浸入水相中至镫形环的水平臂或圆环刚刚接触液—液界面。

(2) 按照步骤（1）测液膜拉起前的力。

(3) 测定液膜拉起后的力。用微调螺栓将平台缓缓降低 0.1mm，适当减小由测力计施加于测量单元的力，使指示器退回到"零位"。重复上述操作，直至界面液膜破裂。在液膜刚刚破裂前所记下的力 F_3 是"液膜拉起之后的力"。

(4) 处理数据。数据采集卡完整地记录了液面上升和下降过程中的电压变化曲线，由界面张力测试软件处理得到界面张力对时间的函数曲线。

4. 实验案例

1) 拉脱过程中的各阶段分析

图 1-30 中给出了吊环从入水到拉脱整个过程的电压变化曲线。整条曲线分为 6 个阶段，

虚线左侧的曲线为液面上升过程中的电压变化曲线,虚线右侧的曲线为液面下降过程中的电压变化曲线。

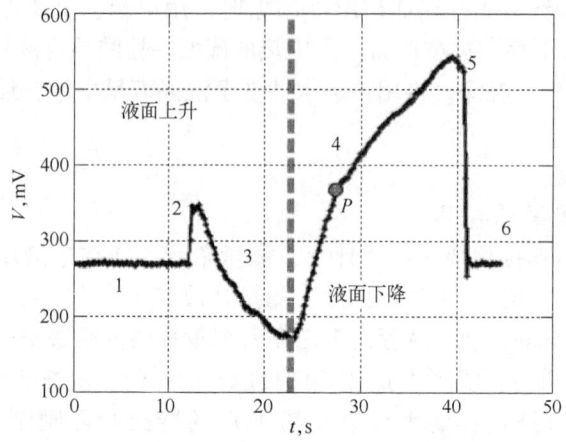

图 1-30　吊环从入水到拉脱过程的电压变化曲线

图 1-31 为吊环从入水到拉脱过程的剖面示意图,从图中可以看出,在第 1 个阶段,电压值保持恒定,此阶段对应图 1-31(a),此时吊环还未接触到水面,吊环只受到重力的作用,故电压值保持恒定。在第 2 个阶段,电压值突然升高,这是因为吊环刚接触到液面时由于水的浸润性,会使水分子吸附在吊环表面产生张力,所以电压值会突然升高,此阶段对应图 1-31(b)。随着液面继续升高,第 3 个阶段为吊环慢慢浸入水中,此时水会对吊环产生向上的浮力,随着吊环浸入深度增加,吊环所受到的浮力逐渐增大,所以电压值会逐渐减小,此阶段对应图 1-31(c)。从第 4 个阶段开始,液面开始下降,在第 4 个阶段电压值都在增加,但是存在转折点 P,P 点以前,吊环始终浸入水中,随着液面的下降,吊环浸入水中的深度越来越小,因此受到的浮力也越来越小,所以电压值会逐渐增加;P 点以后,吊环开始离开液面,此时浮力消失,吊环会受到表面张力的作用并拉起液膜,此时吊环的状态对应图 1-31(d)状态。随着吊环的持续升高,从图 1-31(d)和(e)可以看出,吊环将拉出更多的液膜,所以 P 点以后,电压值将继续增加,但是增加的趋势和 P 点以前不同。当电压值增

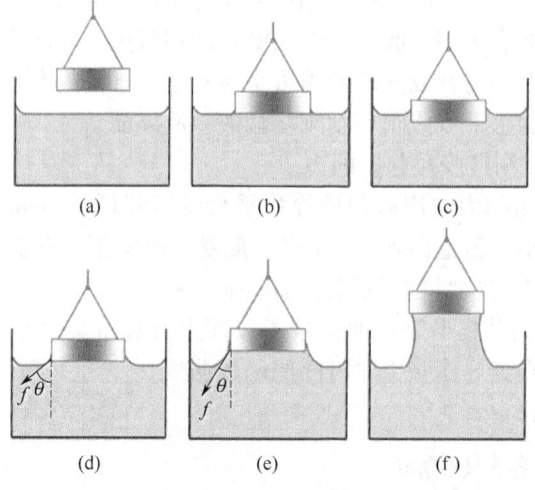

图 1-31　吊环从入水到拉脱过程的剖面示意图

加到最大值时，曲线的演化开始进入第5个阶段，此时的电压值开始减小，此阶段对应图 1-31(f)。随着液面继续下降，液膜会变得越来越薄，所以电压值会逐渐减小，当液膜被拉到临界状态发生破裂时，电压值突然下降，此时张力消失，曲线演化进入第6个阶段。从图 1-31 中可以看出，在第6个演化阶段，由于液膜瞬间断裂，电压值会有微小的振荡，此时吊环又回到了图 1-31(a)的状态。

2) 温度对测量结果的影响

温度是影响液体表面张力系数的重要因素之一。随着液体温度的升高，分子的平均动能增大，因此分子的平均间距将增大。这会导致液体表面层中的分子密度降低，同时液体分子之间的吸引力也将减小，所以液体的界面张力系数随温度升高呈现下降趋势。如图 1-32 所示是在 4kHz 的脉冲频率下，液体温度分别在30℃、50℃和70℃时吊环从入水到拉脱过程的电压变化曲线。从图中可以看出，不同温度下电压演化曲线的趋势类似，但是液体的温度越高，液膜被拉断前的电压值越小，这说明界面张力系数越小。

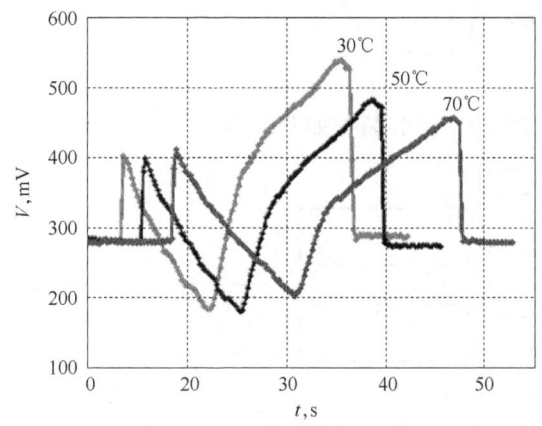

图 1-32　不同温度下吊环从入水到拉脱过程的电压变化曲线

第六节　相对渗透率实验

多孔介质完全被某一种流体完全饱和时所测得的渗透率为绝对渗透率，被两种或多种流体饱和时，每一相流体的有效渗透率与绝对渗透率的比值为相对渗透率。绝对渗透率是岩石的固有特性，相对渗透率则是岩石物理和化学性质的函数。

相对渗透率的表达式为：

$$K_{rw} = K_{we}/K \\ K_{ro} = K_{oe}/K \\ K_{rg} = K_{ge}/K \tag{1-58}$$

式中　K_{rw}，K_{ro}，K_{rg}——水相、油相、气相的相对渗透率；

K_{we}，K_{oe}，K_{ge}——水相、油相、气相的有效渗透率，mD；

K——绝对渗透率，mD。

目前较为常用的两种测定相对渗透率的方法为：

(1) 稳态法，使两种流体在不同的饱和状态下以稳定的流速进出岩心；

(2) 非稳态法,用流体对饱和油或水的岩心进行驱替。

本节介绍稳态法和非稳态法测定油—水、气—水(油)相对渗透率。

一、稳态法测定油水相对渗透率

1. 实验原理

稳态法测定相对渗透率的基本理论依据是一维达西渗流理论:假设两相流体不互溶且不可压缩,且忽略毛管压力和重力作用。实验时在总流量不变的条件下,将油水按一定流量比例同时恒速注入岩样,当进口、出口压力及油、水流量稳定时,岩样含水饱和度不再变化,此时油水在岩样孔隙内的分布是均匀的,达到稳定状态,油和水的有效渗透率值是常数。因此可利用测定的岩样进口、出口压力及油、水流量,由达西定律直接计算出岩样的油、水有效渗透率及相对渗透率值。用称重法或物质平衡法计算出岩样相应的平均含水饱和度。改变油水注入流量比例,就可得到一系列不同含水饱和度时的油、水相对渗透率值,并由此绘制出岩样的油—水相对渗透率曲线。

2. 实验设备

稳态法油水相对渗透率测定试验装置如图 1-33 所示。

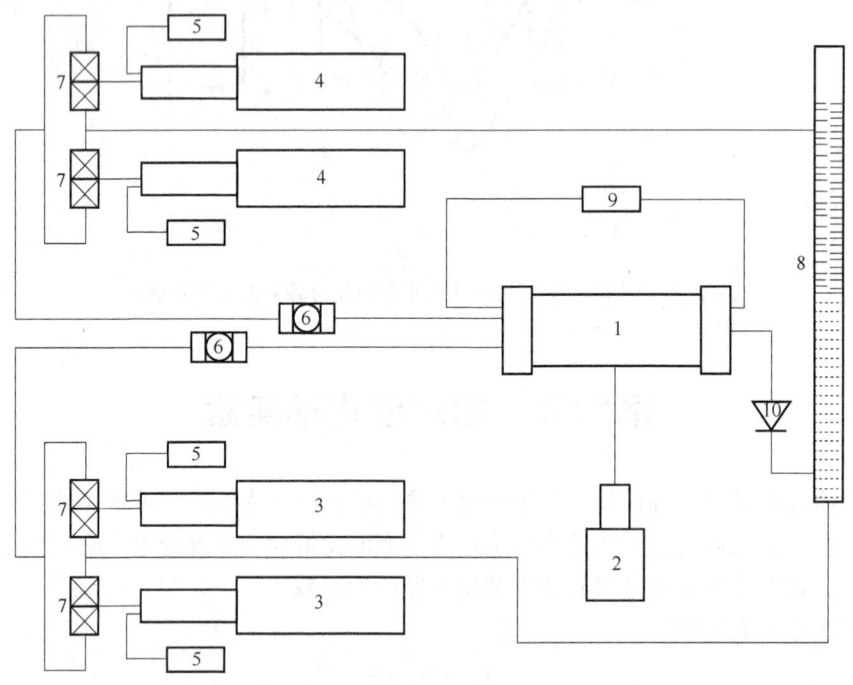

图 1-33 稳态法测定油水相对渗透率试验装置示意图
1—岩心夹持器;2—围压泵;3—水泵;4—油泵;5—压力传感器;
6—过滤器;7—三通阀;8—油水分离器;9—压差传感器;10—回压阀

3. 实验步骤

(1) 建立束缚水饱和度。
(2) 测定束缚水状态下的油相渗透率。
(3) 将油、水按设定的比例注入岩样,待流动稳定时,记录岩样进口、出口压力和油、水流量，称量岩样质量（用称重法时）或计量油水分离器中的油、水量变化（用物质平衡法时）。改变油水注入比例，重复上述实验步骤直至最后一个油水注入比后结束实验。

稳定的评判依据是：在每一级油水流量比注入时，每一种流体至少应注入3倍岩样孔隙体积，并且岩样两端的压差稳定，同时满足以上两个条件时判定为稳定。

在总速度不变的条件下，油水按照表1-6中的比例注入。

表1-6　油水注入比例

| 油 | 20 | 10 | 5 | 1 | 1 | 1 |
| 水 | 1 | 1 | 1 | 1 | 5 | 10 |

4. 数据处理

（1）用称重法计算含水饱和度。用称重法含水饱和度的计算公式为：

$$S_\mathrm{w} = \frac{m_i - m_0 - V_\mathrm{p}\rho_\mathrm{o}}{V_\mathrm{p}(\rho_\mathrm{w} - \rho_\mathrm{o})} \times 100\% \tag{1-59}$$

式中　S_w——岩样含水饱和度；

　　　m_i——第 i 点含油岩样的质量，g；

　　　m_0——干岩样的质量，g；

　　　V_p——岩样有效孔隙体积，mL；

　　　ρ_o——在测定温度下模拟油的密度，g/cm³；

　　　ρ_w——在测定温度下饱和岩样的模拟地层水的密度，g/cm³。

（2）用物质平衡法计算含水饱和度。用此种方法确定岩样含水饱和度的前提是计量岩样进口、出口压力必须用精密的压力传感器，保证整个回路出口端计量油水较为准确，计算公式为：

$$S_\mathrm{w} = S_\mathrm{ws} + \frac{V_i - V_\mathrm{o}}{V_\mathrm{p}} \times 100\% \tag{1-60}$$

式中　S_ws——束缚水饱和度；

　　　V_i——第 i 种油水比下油水稳定后计量管内油的体积，mL；

　　　V_o——计量管中原始油的体积，mL。

（3）油水相对渗透率计算。相关计算公式如下：

$$K_\mathrm{we} = \frac{q_\mathrm{w}\mu_\mathrm{w}L}{A(p_1 - p_2)} \times 10^4 \tag{1-61}$$

$$K_\mathrm{oe} = \frac{q_\mathrm{o}\mu_\mathrm{o}L}{A(p_1 - p_2)} \times 10^4 \tag{1-62}$$

$$K_\mathrm{ro} = \frac{K_\mathrm{oe}}{K} \tag{1-63}$$

$$K_\mathrm{rw} = \frac{K_\mathrm{we}}{K} \tag{1-64}$$

式中　K_we——水相有效渗透率，mD；

　　　q_w，q_o——水相、油相的流量，mL/s；

　　　μ_w，μ_o——在测定温度下水相、油相的黏度，mPa·s；

L——渗流长度，m；
p_1-p_2——渗流压差，MPa；
K——绝对渗透率，mD；
A——渗流面积，cm^2；
K_{oe}——油相有效渗透率，mD；
K_{ro}——油相相对渗透率；
K_{rw}——水相相对渗透率。

二、非稳态法测定油水相对渗透率

1. 实验原理

非稳态法测定相对渗透率以 Buckley-Leverett 一维两相水驱油前缘推进理论为依据：假设两相流体不互溶且不可压缩，且忽略毛管压力和重力作用，岩样任一横截面内油水饱和度是均匀的。实验时不是同时向岩心中注入两种流体，而是将岩心事先用一种流体饱和，用另一种流体进行驱替。在水驱油过程中，油水饱和度在多孔介质中的分布是距离和时间的函数，这个过程被称为非稳定过程。按照模拟条件的要求，在油藏岩样上进行恒压差或恒速度水驱油实验，在岩样出口端记录每种流体的产量和岩样两端的压力差随时间的变化，计算得到油—水相对渗透率，并绘制油—水相对渗透率与含水饱和度的关系曲线。

2. 实验设备

非稳态法油水相对渗透率测定试验装置如图 1-34 所示。

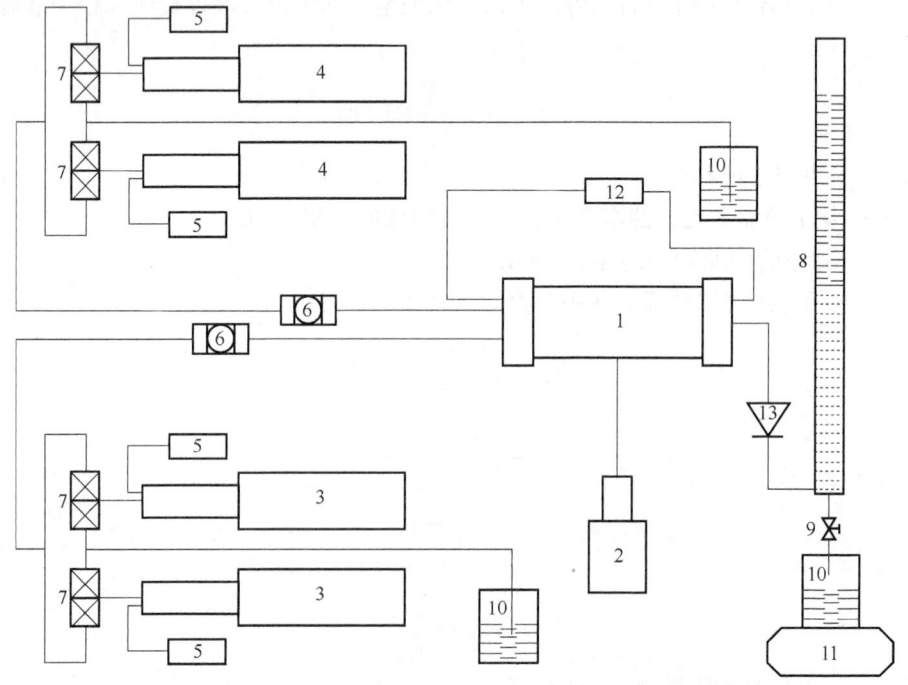

图 1-34 非稳态法测定油—水相对渗透率试验装置示意图
1—岩心夹持器；2—围压泵；3—水泵；4—油泵；5—压力传感器；6—过滤器；7—三通阀；
8—油水分离器；9—两通阀；10—烧杯；11—天平；12—压差传感器；13—回压阀

3. 实验步骤

（1）建立束缚水饱和度。

（2）测定束缚水状态下的油相渗透率。

（3）选取驱替速度或驱替压差。对于非稳态法测试，为了减少末端效应影响，使所得相对渗透率曲线能代表油层内油水渗流特征，除了所用岩样、油水性质、驱油历程等与油层条件相似外，在选择驱替速度或驱替压差实验条件方面，还应满足以下关系：

当水驱油采用恒速法时，按式（1-65）确定注水速度：

$$L\mu_w v_w \geqslant 1 \tag{1-65}$$

式中　L——岩样长度，cm；

　　　μ_w——在测定温度下水的黏度，mPa·s；

　　　v_w——注水速度，cm/min。

当水驱油采用恒压法时，按式（1-66）（$\pi_1 \leqslant 0.6$）确定初始驱替压差 Δp_o：

$$\pi_1 = \frac{10^{-3}\sigma_{ow}}{\Delta p_o \sqrt{k_a/\phi}} \tag{1-66}$$

式中　π_1——毛细管压力与驱替压力之比；

　　　σ_{ow}——油、水界面张力，mN/m；

　　　Δp_o——初始驱动压力，MPa；

　　　K_a——岩样的空气渗透率，D；

　　　ϕ——岩样的孔隙度，%。

（4）按照驱替条件的要求，选择合适的驱替速度或驱替压差进行水驱油实验。

（5）准确记录见水时间、见水时的累积产油量、累积产液量、驱替速度和岩样两端的驱替压差。

（6）见水初期，加密记录，根据出油量的多少选择时间间隔，随出油量不断下降，逐渐加长记录的时间间隔。含水率达到 99.95% 时或注水 30PV 体积后，测定残余油下的水相渗透率，结束实验。

新鲜岩样应用 Dean Stark 抽提法确定实验结束时的含水量，用物质平衡法计算束缚水饱和度和相应的含水饱和度。

4. 数据处理

非稳态法油水相对渗透率及含水饱和度按式（1-67）~式（1-71）进行计算：

$$f_o(S_w) = \frac{d\overline{V}_o(t)}{d\overline{V}(t)} \tag{1-67}$$

$$K_{ro} = f_o(S_w) \frac{d[1/\overline{V}(t)]}{d[1/\overline{IV}(t)]} \tag{1-68}$$

$$K_{rw} = K_{ro} \frac{\mu_w}{\mu_o} \frac{1-f_o(S_w)}{f_o(S_w)} \tag{1-69}$$

$$I = \frac{Q(t)}{Q_o} \frac{\Delta p_o}{\Delta p(t)} \tag{1-70}$$

$$S_{we} = S_{ws} + \overline{V}_o(t) - \overline{V}(t)f_o(S_w) \tag{1-71}$$

式中 $f_o(S_w)$——含油率；
  $\overline{V}_o(t)$——无量纲累计采油量，PV；
  $\overline{V}(t)$——无量纲累计采液量，PV；
  K_{ro}——油相相对渗透率；
  K_{rw}——水相相对渗透率；
  I——相对注入能力；
  $Q(t)$——t 时刻岩样出口端面产油流量，cm^3/s；
  Q_o——初始时刻岩样出口端面产油流量，cm^3/s；
  Δp_o——初始驱替压差，MPa；
  $\Delta p(t)$——t 时刻驱替压差，MPa；
  S_{we}——岩样出口端面含水饱和度；
  S_{ws}——束缚水饱和度。

三、稳态法测定气水（油）相对渗透率

1. 实验原理

实验原理同稳态法油水相对渗透率测定实验。

2. 实验设备

稳态法气水（油）相对渗透率测定试验装置如图 1-35 所示。

3. 实验步骤

(1) 将已饱和模拟地层水的岩样装入岩心夹持器，用驱替泵以一定的压力或流速使地

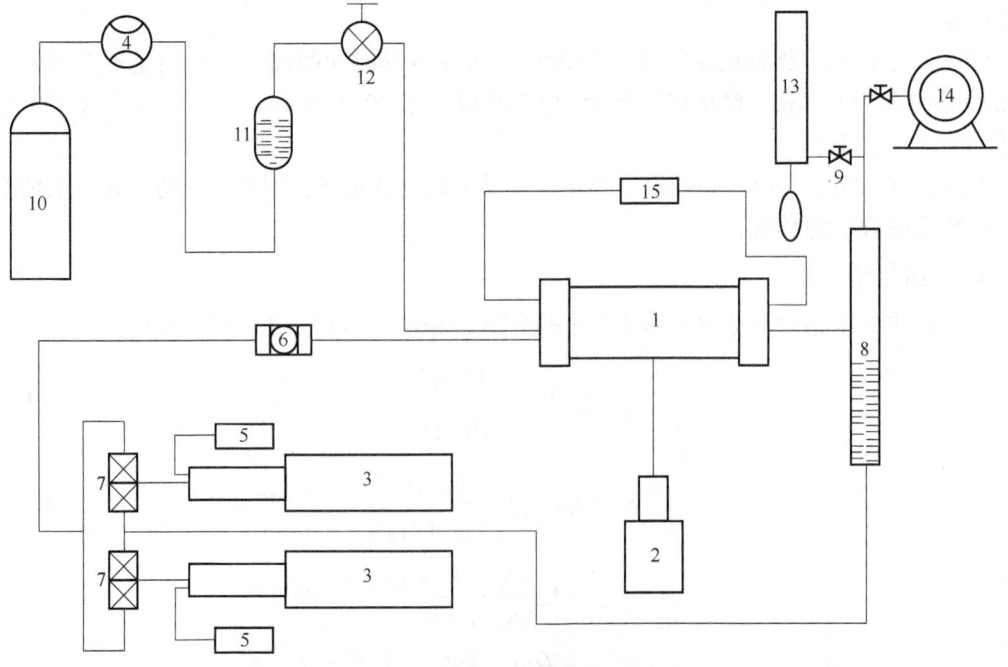

图 1-35 稳态法测定气水（油）相对渗透率测定试验装置示意图
1—岩心夹持器；2—围压泵；3—水泵；4—气体质量流量计；5—压力传感器；6—过滤器；7—三通阀；8—气水分离器；
9—两通阀；10—气源；11—气体加湿中间容器；12—调压阀；13—皂膜流量计；14—湿式流量计；15—压差传感器

层水通过岩样,待岩样进口、出口的压差和出口流量稳定后,连续测定 3 次水相渗透率,其相对偏差小于 3%。

(2) 用加湿氮气或压缩空气驱水,建立岩样的束缚水饱和度,并测量束缚水状态下气相有效渗透率。束缚水饱和度与驱替速度有关,建立束缚水时的驱替速度应稍高于实验时的驱替速度。

(3) 将气、水按一定的比例注入岩样,水的速度逐渐增加,气的速度降低,使岩样含水饱和度增加,待流动稳定时,测定进口、出口气、水压力和气、水流量以及含水岩样质量,并将数据填入原始记录表中。

(4) 实验至气相相对渗透率小于 0.005 后,测定水相渗透率,然后结束实验。

4. 数据处理

按照式(1-72)、式(1-73)计算气相、水相有效渗透率:

$$K_{ge} = \frac{2p_a q_g \mu_g L}{A(p_1^2 - p_2^2)} \times 10^4 \tag{1-72}$$

$$K_{we} = \frac{q_w \mu_w L}{A(p_1 - p_2)} \times 10^4 \tag{1-73}$$

式中 K_{ge},K_{we}——气相、水相有效渗透率,mD;
p_a——大气压数值,MPa;
q_g,q_w——气、水流量,mL/s;
μ_g,μ_w——测定温度下气、水的黏度,mPa·s;
L——岩样长度,m;
A——岩样截面积,cm²;
p_1——岩样进口压力,MPa;
p_2——岩样出口压力,MPa。

按照式(1-74)、式(1-75)计算气、水相对渗透率:

$$K_{rg} = \frac{K_{ge}}{K_g(S_{wi})} \tag{1-74}$$

$$K_{rw} = \frac{K_{we}}{K_g(S_{ws})} \tag{1-75}$$

式中 K_{rg}——气相相对渗透率;
K_{ge}——气相有效渗透率,mD;
$K_g(S_{wi})$——初始状态下气相有效渗透率,mD;
$K_g(S_{ws})$——束缚水状态下气相有效渗透率,mD;
K_{rw}——水相相对渗透率;
K_{we}——水相有效渗透率。

按照式(1-76)、式(1-77)计算含气、水饱和度:

$$S_w = \frac{m_i - m_0}{V_p \rho_w} \times 100\% \tag{1-76}$$

$$S_g = 100\% - S_w \tag{1-77}$$

式中 S_w——岩样含水饱和度;

m_i——第 i 点含水岩样的质量，g；
m_o——干岩样的质量，g；
S_g——岩样含气饱和度。

四、非稳态法测定气水（油）相对渗透率

1. 实验原理
实验原理同非稳态法油水相对渗透率测定实验。

2. 实验设备
非稳态法气水（油）相对渗透率测定试验装置如图 1-36 所示。

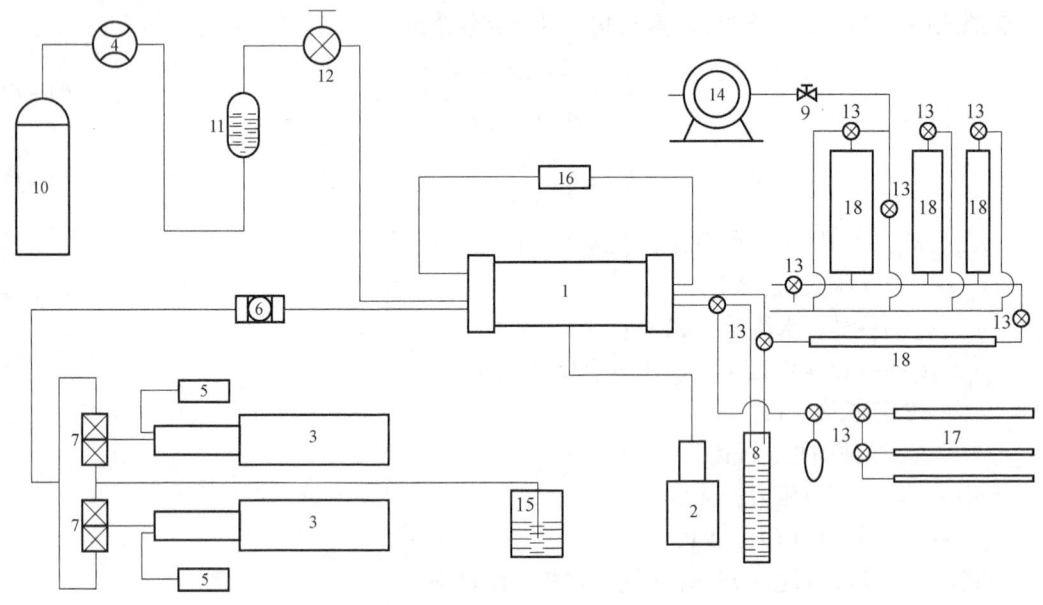

图 1-36　非稳态法气水（油）相对渗透率测定试验装置示意图
1—岩心夹持器；2—围压泵；3—驱替泵；4—气体质量流量计；5—压差传感器；6—过滤器；
7—三通阀；8—气水分离器；9—两通阀；10—气源；11—气体加湿中间容器；12—调压阀；
13—控制阀；14—湿式流量计；15—烧杯；16—压差传感器；17—油体积计量管；18—水体积计量管

3. 实验步骤

（1）测定相对渗透率基础值。

① 将已饱和模拟地层水的岩样装入岩心夹持器，用驱替泵以一定的压力或流速使地层水通过岩样，待驱替岩样进出口的压差和出口流量稳定后，连续测定 3 次水相渗透率，其相对偏差小于 3%。此水相渗透率作为水—气相对渗透率的基础值。

② 测定油—气相对渗透率时用油驱水的方法建立束缚水，直至不出水为止，或油驱替倍数达到 20PV 以上，记录驱出的水量，计算岩样的含油饱和度和束缚水饱和度。测定束缚水饱和度下油相的有效渗透率，待岩样进出口的压差和出口流量稳定后选 3 个压力点进行测定，测量值之间的相对偏差小于 3%，取其算术平均值。此油相有效渗透率作为油—气相对渗透率的基础值。

（2）根据空气渗透率、水相渗透率及束缚水条件下油的有效渗透率，选取合适的驱替

压差，初始压差应保证既能克服末端效应又不产生窜流，初始气驱油（水）产出速度在 7~30mL/min 之间为宜。

（3）调整好出口油（水）、气体积计量系统，开始气驱油（水），记录各个时刻的驱替压力、产油（水）量、产气量。

（4）气驱油（水）至残余油（水）状态，测定残余油（水）状态下气相有效渗透率后结束实验。

（5）在残余油（水）状态下，完成气相有效渗透率测定后，在 1/2 和 1/4 驱替压力下再分别测定气相有效渗透率，判断是否产生窜流。如果低压力下的有效渗透率高于驱替压力下有效渗透率的 10%，则发生窜流。

4. 数据处理

对体积的修正公式如下：

$$V_i = \Delta V_{o(w)i} + V_{i-1} + \frac{2p_a}{\Delta p + 2p_a}\Delta V_{gi} \tag{1-78}$$

式中　V_i——i 时刻的累积油（水）气产量，mL；

$\Delta V_{o(w)i}$——$i-1$ 到 i 时刻的油（水）增量，mL；

V_{i-1}——$i-1$ 时刻的累积油（水）气产量，mL；

p_a——大气压，MPa；

Δp——驱替压差，MPa；

ΔV_{gi}——大气压下测得的某一时间间隔的气增量，mL。

将油（水）气总量按式（1-78）修正后，采用式（1-67）至式（1-71）计算非稳态油—水相对渗透率的方法进行计算，其中驱替相为气体，被驱替相为油（水）。

五、方法对比

稳态法和非稳态法的优缺点见表 1-7。

表 1-7　方法对比表

	稳态法	非稳态法（较为常用）
优点	数据处理过程简单； 低含水饱和度下水相相对渗透率测定较准确； 相对渗透率测定范围较大	测量时间短，实验强度低； 相对较低的产量（不容易发生微粒运移）
缺点	测试中断后必须重新开始	受末端效应的影响； 求解复杂，结果存在偏差； 低含油饱和度下油相相对渗透率测定困难

六、结果优化

1. Corey 法、非稳态油水相对渗透率曲线优化

1）Corey 法油水相对渗透率曲线优化

各相残余端点之间的相对渗透率曲线通常可以通过基于标准化相饱和度的简单指数函数来描述。Corey 等于 1956 年最先提出的油水相对渗透率曲线经验模型目前应用最为广泛。

（1）水—油体系。

标准化的油相相对渗透率在可动油饱和度范围（从 $S_\mathrm{w}=S_\mathrm{wir}$ 到 $S_\mathrm{w}=1-S_\mathrm{ro}$）内被定义为：

$$K_\mathrm{ron}=S_\mathrm{on}^{N_\mathrm{o}} \tag{1-79}$$

其中

$$S_\mathrm{on}=\frac{1-S_\mathrm{wv}-S_\mathrm{ro}}{1-S_\mathrm{wir}-S_\mathrm{ro}}=1-S_\mathrm{w},\ K_\mathrm{ron}=\frac{K_\mathrm{ro}}{K'_\mathrm{ro}}$$

式中 S_on——标准化含油饱和度；

N_0——油的 Corey 指数；

S_w——注水时的含水饱和度；

S_wir——束缚水饱和度；

S_ro——残余油饱和度；

K_ro——油相端点渗透率。

由于实验室的端点油相相对渗透率 K'_o 是以 S_wir 处的 K'_o 为基础值，所以 $K_\mathrm{ron}=K_\mathrm{ro}$。

标准化的水相相对渗透率被定义为：

$$K_\mathrm{rwn}=S_\mathrm{wn}^{N_\mathrm{w}} \tag{1-80}$$

其中

$$S_\mathrm{wn}=\frac{1-S_\mathrm{w}-S_\mathrm{wir}}{1-S_\mathrm{wir}-S_\mathrm{ro}}=1-S_\mathrm{on},\ K_\mathrm{rwn}=\frac{K_\mathrm{rw}}{K'_\mathrm{rw}}$$

式中 S_wn——标准化的含水饱和度；

N_w——水的 Corey 指数；

K_rw——水相端点渗透率。

Corey 指数 N_o 和 N_w 广泛应用在相对渗透率曲线的插值和外推上，受岩石润湿性的影响较大，通常在一定范围内（表 1-8）。

表 1-8 典型的油水 Corey 指数

润湿性	N_0（K_ro）	N_w（K_rw）
水湿	2—4	5—8
中性	4—6	3—5
油湿	6—8	2—3

（2）油—气体系。

Corey 法也可用于描述油—气相对渗透率曲线。油相、气相相对渗透率可表示为：

$$\frac{K_\mathrm{ro}}{K'_\mathrm{ro}}=K_\mathrm{ron}=S_\mathrm{on}^{N_\mathrm{o}},\ K_\mathrm{rg}=S_\mathrm{gn}^{N_\mathrm{g}} \tag{1-81}$$

其中

$$S_\mathrm{on}=\frac{1-S_\mathrm{g}-S_\mathrm{wir}-S_\mathrm{rog}}{1-S_\mathrm{wir}-S_\mathrm{rog}},\ S_\mathrm{gn}=\frac{S_\mathrm{g}-S_\mathrm{gc}}{1-S_\mathrm{wir}-S_\mathrm{rog}-S_\mathrm{gc}}=1-S_\mathrm{on}$$

式中 S_gn——标准化含气饱和度；

N_g——气的 Corey 指数；

S_g——含气饱和度；

S_wir——初始含水饱和度；

S_rog——注气后的残余油饱和度；

S_gc——临界含气饱和度。

油和气的 Corey 指数 N_o、N_g 可以被很好地定义（相对于水—油 Corey 指数），因为油一直为润湿相，所以 N_o 比 N_g 大。二者典型范围见表 1-9。

表 1-9　Corey 指数典型范围

Corey 指数	N_o	N_g
数值	4~7	1.3~3.0

（3）气—水体系。

Corey 法也适用于气水自吸体系。在这种方法中，K_{rg} 和 K_{rw} 与 S_{wir} 处的 K'_g 有关，且可标准化为：

$$K_{rgn} = K_{rg} = (1-S_{wn})^{N_g}, K_{rwn} = \frac{K_{rw}}{K'_{rw}} = S_{wn}^{N_w} \tag{1-82}$$

其中

$$S_{wn} = \frac{S_w - S_{wir}}{1 - S_{wir} - S_{rg}}$$

式中　S_{wn}——标准化的含水饱和度；

　　　K_{rgn}——标准气相相对渗透率；

　　　S_{wir}——初始含水饱和度；

　　　S_{rg}——残余气饱和度。

2）非稳态法油水相对渗透率曲线优化

非稳态法测定相对渗透率必须考虑由于岩心太短和毛管末端效应所带来的影响，因此大部分实验结果都需要优化校正。应用 Corey 法进行校正和优化需要满足：（1）非稳态法测定相对渗透率数据 K_{rw} 曲线在低水饱和度下增长过快，由于在驱替开始时毛细管压力不平衡，半对数坐标绘制的 K_{rw}—S_w 曲线会出现上凹（图 1-37）；（2）在较高的含水饱和度下因为毛细管末端效应，则可能会使 K_{rw} 下凹或扁平状，这些在岩心边界上产生额外的压力差，在常规的相对渗透率计算中是有误差的，它导致 K_{rw} 的值偏低（图 1-38）。

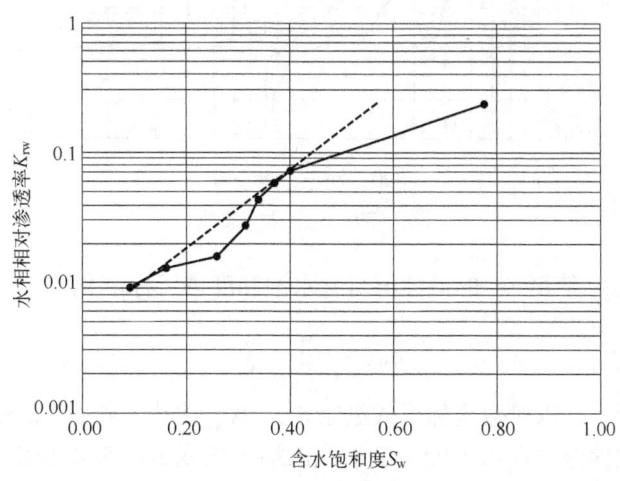

图 1-37　相对渗透率曲线图

（1）水相相对渗透率优化。

① 估算残余油饱和度。毛细管效应和黏性不稳定性能够影响岩心中油的渗流，因此在

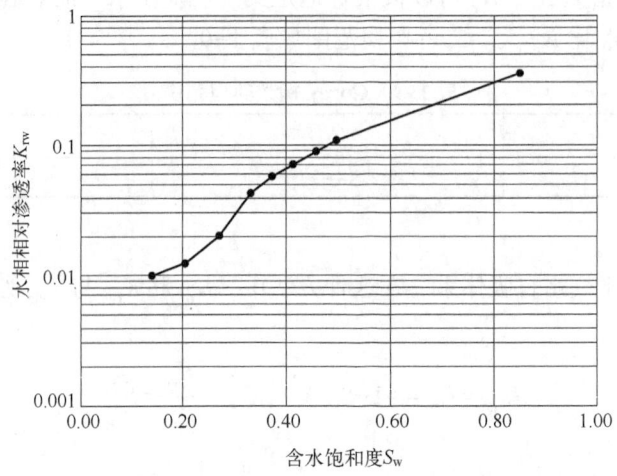

图 1-38　透性良好时的相对渗透率曲线图

许多情况下，水驱结束后的 S_{ro} 值往往大于岩石真正的 $S_{ro}(S_{rot})$。首先，通过假定不同的 S_{ro} 值（基于实验结果），并在双对数图针对每个 S_{ro} 值绘制 S_{on}—K_{ro} 曲线来对含油饱和度进行标准化。可以得到直线（斜率为 Corey 系数 N_o）的 S_{ro} 值为最佳的残余油饱和度，如图 1-39 所示。

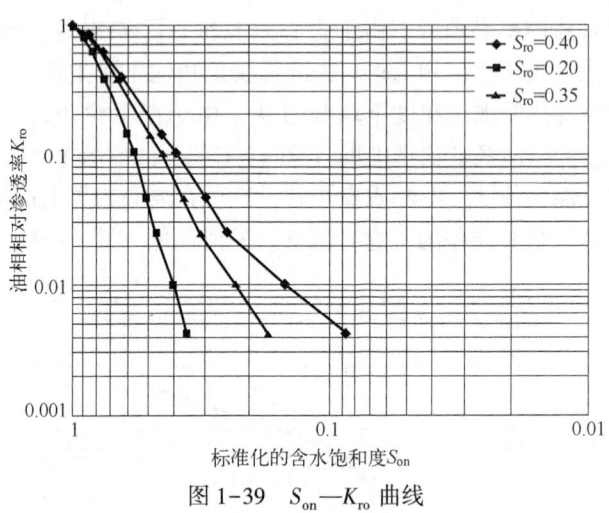

图 1-39　S_{on}—K_{ro} 曲线

② 优化 K_{rw} 端点。使用 S_{ro} 的最佳值对含水饱和度进行标准化：

$$S_{wn} = \frac{S_w - S_{wir}}{1 - S_{wir} - S_{ro}} \tag{1-83}$$

③ 如图 1-40 所示，以对数坐标形式绘制 S_{wn}—K_{rw} 曲线，符合 Corey 法的曲线关系将呈现出一条直线。出现偏差的原因可能为毛细管末端效应或者驱替不稳定。在上述的例子中，较低的 S_{wn} 可能受到驱替不稳定问题的影响，但其余数据仍然有效。

④ K_{rw} 曲线每个点的瞬时 Corey 系数为：

$$N'_w = \frac{\lg K'_{rw} - \lg K_{rw}}{\lg 1.0 - \lg S_{wn}} \tag{1-84}$$

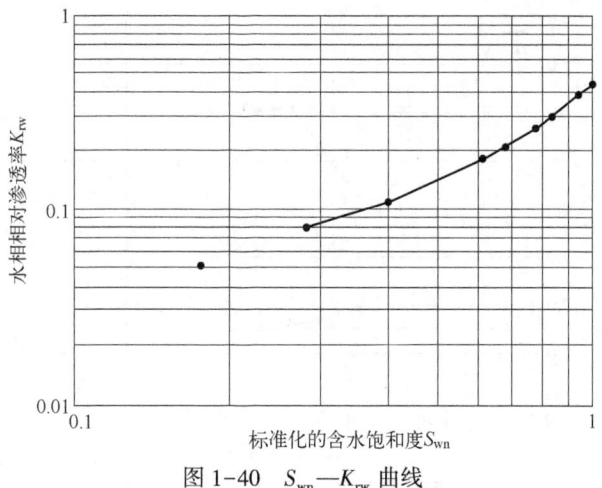

图 1-40　S_{wn}—K_{rw} 曲线

该等式相当于从端点 K'_{rw} 建立一条直线穿过每个单独的数据点，每次在双对数图上从 K'_{rw} 开始。如图 1-41 所示，K_{rw} 曲线后三个数据点做延长线到 $S_{wn}=1$ 来确定优化后的水相相对渗透率 K'_{rwr}。其中，S_{wn} 基于最优的 S_{ro}。

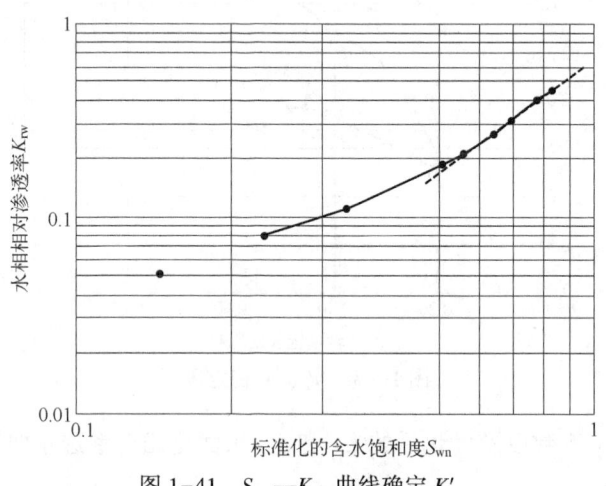

图 1-41　S_{wn}—K_{rw} 曲线确定 K'_{rwr}

⑤ Corey 系数 N_w 可以通过绘制 N'_w—S_w 曲线来确定。如图 1-42 所示，表明 N'_w 在低饱和度下较低，但逐渐增加并稳定。在这种情况下，$S_{wn}=1$ 处的 N'_w 和 K'_{rw} 来改进 K_{rw} 曲线：

$$K_{rw}=K'_{rwr}S_{wn}^{N_w} \tag{1-85}$$

又如图 1-43 所示，其中 N'_w 在后两个点稳定，N_w 可以从这些水平线估计。

（2）油相相对渗透率优化。

由于以 S_{wir} 处的末端 K'_{ro} 为基础值时，$K_{ron}=K_{ro}$，可以使用 $N'_o=\dfrac{\lg K_{ron}}{\lg S_{on}}$ 来确定每个数据点的瞬时 Corey 系数 N'_o。其中，$S_{on}=\dfrac{1-S_w-S_{ro}}{1-S_{wir}-S_{ro}}=1-S_{wn}$，基于优化的 S_{ro}。

如图 1-42、图 1-43 所示，可以通过 N'_o—S_w 曲线的稳定段估计 Corey 系数 N_o。

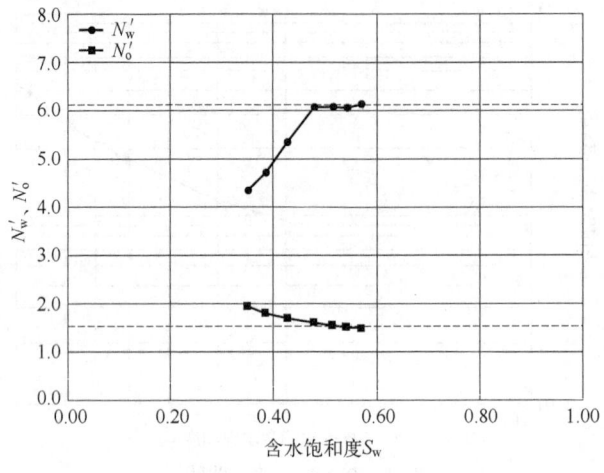

图1-42 S_w—N'_w 及 S_w—N'_o

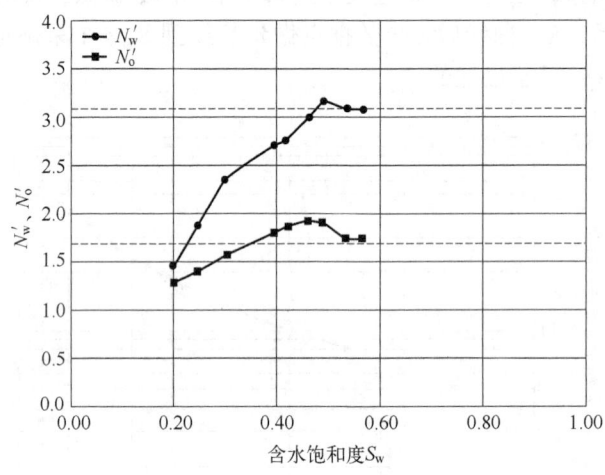

图1-43 N'_w、N'_o 稳定段

基于最优的 Corey 系数以及优化后的 K'_{rw} 和 S_{ro} 来优化相对渗透率曲线：

$$K_{ror} = S_{on}^{N_o}, K_{rwr} = K'_{rwr} S_{wn}^{N_{wr}} \tag{1-86}$$

如图1-44所示的相对渗透率曲线优化，毛细管末端效应和水驱不稳定性对实验室计算的 JBN 数据影响显著。优化后的曲线残余油饱和度更低，K'_{rw} 更高。

2. 滑脱效应校正

为了考虑气体通过致密岩石时的滑脱效应，Klinkenberg 定义了表观渗透率和克氏渗透率之间的如下关系：

$$K_g = K_\infty \left(1 + \frac{b}{p_m}\right) \tag{1-87}$$

式中 K_g——表观渗透率；

K_∞——克氏渗透率；

b——气体滑移因子；

p_m——气体平均压力。

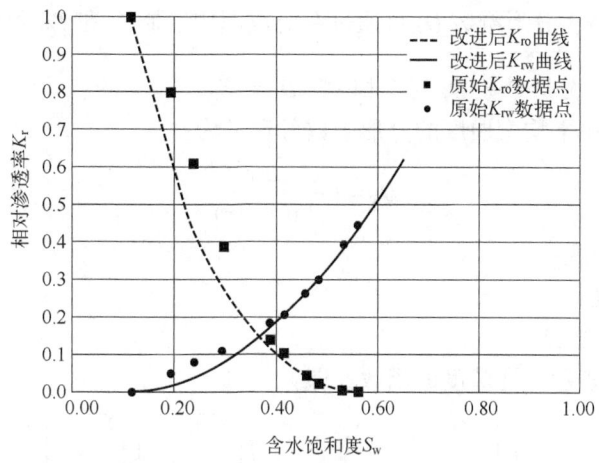

图 1-44　优化前后相对渗透率对比

实验和理论证明，气体滑移因子 b 是孔喉结构参数和气体物性的分形函数，即：

$$b = \frac{2\mu_g(3+D_T-D_f)}{r_{max}(2+D_T-D_f)}\sqrt{\frac{\pi R_g T}{2M}} \qquad (1\text{-}88)$$

式中　μ_g——气体黏度；

D_T——多孔介质中平均弯曲度的分形维数；

D_f——孔喉结构的分形维数；

r_{max}——孔喉的最大半径；

R_g——通用气体常数；

T——热力学温度，通常以开尔文（K）为单位；

M——气体摩尔质量。

对于基于理想毛细管束模型的两相渗流，可确定有效滑脱因子 b_{eff} 与滑脱因子 b 的相关性，即：

$$b_{eff} = b(1-S_w)^{-0.5} \qquad (1\text{-}89)$$

将式（1-88）、式（1-89）代入式（1-87），可得到考虑孔喉结构的修正渗透率：

$$K_g = K_\infty\left\{1+\left[\frac{2\mu_g(3+D_T-D_f)(1-S_w)^{-0.5}}{r_{max}(2+D_T-D_f)p_m}\sqrt{\frac{\pi R_g T}{2M}}\right]\right\} \qquad (1\text{-}90)$$

结合 NMR 数据，孔喉结构的分形维数可以由 $\lg\left[\sum_j^n \frac{\phi_{cj}}{(T_{2j})^2}\right]$ 与 T_{2i} 的关系计算，即：

$$\lg\left[\sum_j^n \frac{\phi_{cj}}{(T_{2j})^2}\right] + \lg\frac{1}{4\pi l\rho^2} = -D_f\lg(2\rho) - D_f\lg(T_{2i}) \qquad (1\text{-}91)$$

式中　ϕ_{cj}——第 j 个孔喉的体积分数；

T_{2j}——第 j 个孔喉的横向弛豫时间；

T_{2i}——第 i 个孔喉的横向弛豫时间；

n——孔喉总数；

l——孔喉特征长度。

设 $\sum_{j}^{n} \frac{\phi_{cj}}{(T_{2j})^2}$ 为 N，分形维数 D_f 可通过在对数图中绘制 N 和 T_{2i} 得到。拟合 $\lg N$ 和 $\lg T_{2i}$ 线的斜率可确定为 S，分形维数 D_f 与 S 相关，$D_f = -S$。

此外，多孔介质中平均弯曲度的分形维数可定义为：

$$D_T = 1 + \frac{\ln \bar{\tau}}{\ln(L/2\bar{r})} \tag{1-92}$$

式中　$\bar{\tau}$——平均弯曲度；

　　　L——特征长度；

　　　$\bar{r}$——平均孔喉半径。

平均弯曲度可以表示为孔隙度的函数，即：

$$\bar{\tau} = \frac{1}{2}\left[1 + \frac{1}{2}\sqrt{1-\phi} + \sqrt{1-\phi}\frac{\sqrt{\left(\frac{1}{\sqrt{1-\phi}}-1\right)^2 + \frac{1}{4}}}{1-\sqrt{1-\phi}}\right] \tag{1-93}$$

岩心的特征长度可定义为：

$$L = \left(\frac{1-\phi}{\phi}\frac{\pi D_f r_{\max}^2}{2-D_f}\right)^{1/2} \tag{1-94}$$

结合核磁共振数据，可以对气相相对渗透率进行校正。

第二章 油气藏开发物理模拟实验

随着各种类型油气藏开发的深入，提高采收率工作愈加困难，需要开展复杂条件下的油气藏开发模拟实验，研究开采机理和提高采收率方法，为油气藏高效开发提供实验和理论依据。

油气藏开发物理模拟实验可以分为基本机理模拟实验和方案模拟实验。基本机理模拟实验是用实际油气藏岩石和流体进行实验，模拟油气藏的一个单元或一个过程，可以不按比例或部分按比例进行实验。基本机理模拟实验对于理解一些油气藏开采机理起着重要作用。基本机理模

视频2　油气藏开发
物理模拟实验
方法与进展

拟实验结果不能直接用于油气田，但是可以通过数值模拟扩展到油气田开发方案设计和开采前景预测。方案模拟实验的物理模型是根据相似原理设计出来的。在模型设计、实验操作、数据处理及用实验结果解释油藏等各个研究阶段，都离不开相似理论指导。方案模拟实验物理模型与油气藏原型之间，油气藏大小、流体性质和岩石物性都按比例给定，不同比例的力在油气藏原型和物理模型中是相同的。按比例相似模拟的结果可以直接用于油气田。但是，要达到全部按比例模拟是不可能的，使所要研究的重要规律按比例模拟即可。

第一节　实验装置

实验装置是开展具体实验时用到的仪器和设备，功能包括检出、测量、观察，以及计算各物理量、物质成分、物性参数等，能实现自动控制、信号传递和数据处理等。由于油气藏具有高温、高应力、高孔隙压力、多相复杂流体等特点，油气藏开发物理模拟实验装置具有高温、高压、耐腐蚀等特点，对实验操作者安全意识与防护能力具有极为严格的要求。

一、基本构成

油气藏开发物理模拟实验装置一般由模型、注入、出口与计量、温压、控制与采集等5个子系统组成。图2-1为油气藏开发模拟实验装置基本构成示意图。

两相流体相对渗透率测定实验是较为基础的油气藏开发物理模拟实验，其实验装置也由上述5个子系统构成。图2-2、图2-3分别为非稳态法测定油—水、气—液相对渗透率实验装置图。

1. 模型子系统

模型子系统是整套实验系统的核心，模拟多孔介质系统及其应力、温度，是实验流体流动的场所和环境。模型子系统主要包括实验模型及相应的夹具，实验模型一般可分为岩心模型、微观模型和相似模型。

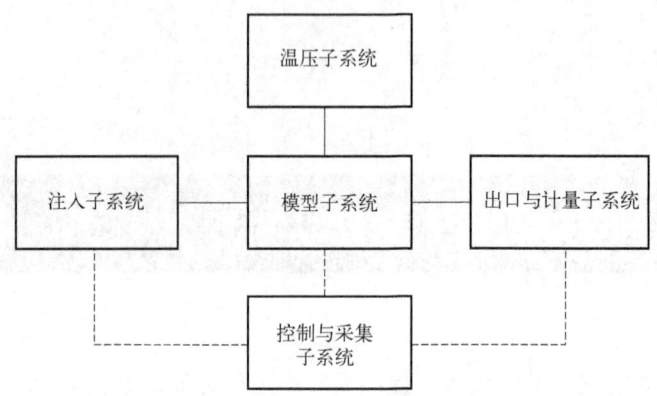

图 2-1 油气藏开发物理模拟实验装置基本构成示意图

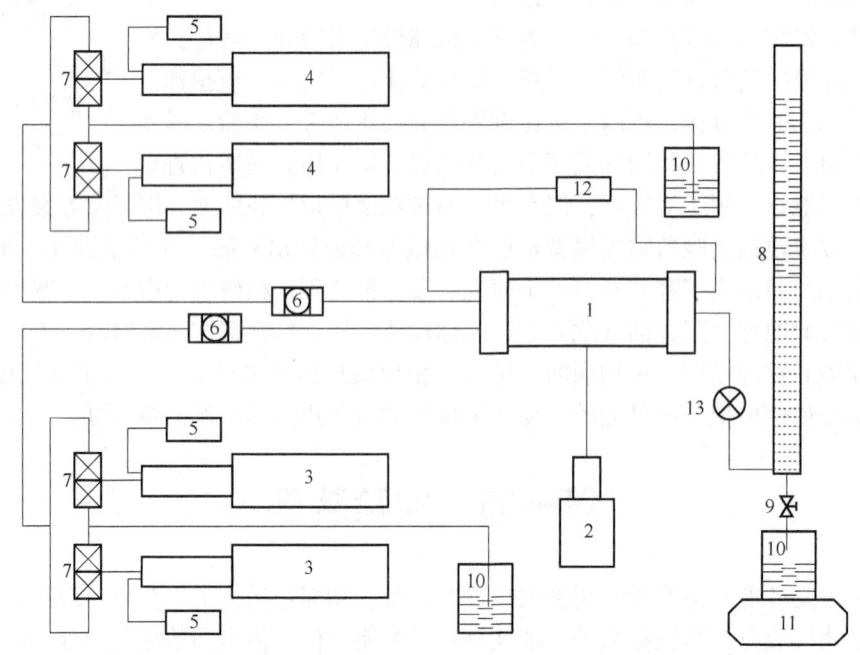

图 2-2 非稳态法测定油—水相对渗透率实验装置图
1—岩心夹持器；2—围压泵；3—水泵；4—油泵；5—压力传感器；6—过滤器；7—三通阀；8—油水分离器；
9—两通阀；10—烧杯；11—天平；12—压差传感器；13—回压阀

    岩心模型包括天然岩心模型和人造岩心模型。天然岩心模型直接由天然岩心制成，但来自地层的天然岩心数量少、成本高，可供选择的范围不大，使用上受到一定限制。为了弥补天然岩心的不足，常使用人造岩心进行实验。人造岩心的均质性和重复性相对更好，能够克服天然岩心各向异性的影响。图 2-2、图 2-3 中，岩样及岩心夹持器 1 所代表的模型子系统属于岩心模型。

    微观模型一般用于研究流体在多孔介质中的微观流动特性和驱替机理，微观模型实验能直观地揭示不同润湿性和驱替剂的微观渗流特征。但是微观模型的油层孔隙结构一般与实际岩心有所差距，不能完全模拟流体在多孔介质中的渗流规律。通常的微观模型有刻蚀模型和岩心驱替薄片模型。刻蚀模型主要用于研究微观驱油机理，岩心驱替薄片模型主要用于直观

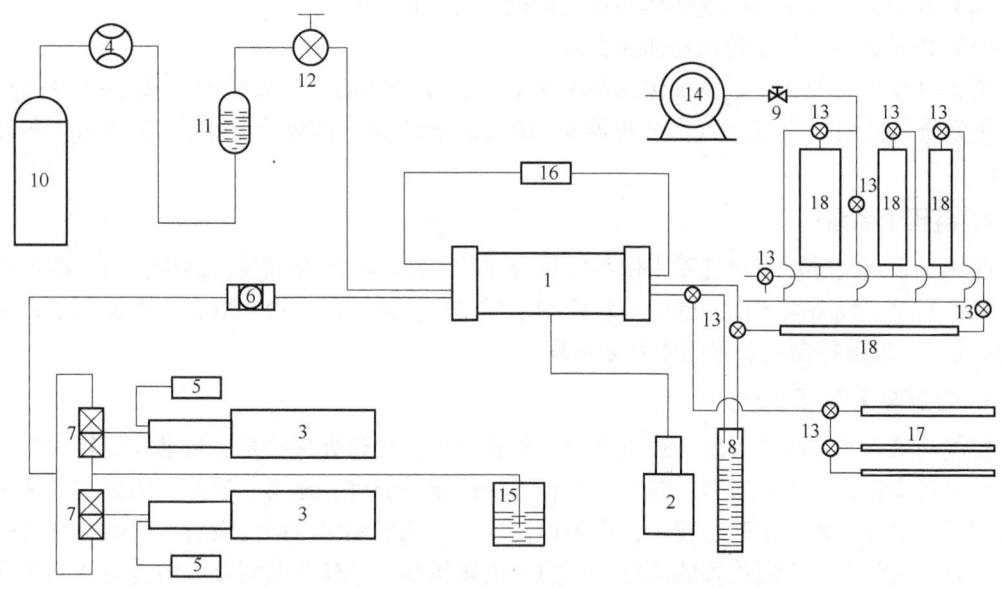

图 2-3　非稳态法测定气—油相对渗透率实验装置图

1—岩心夹持器；2—围压泵；3—驱替泵；4—气体质量流量计；5—压力传感器；6—过滤器；7—三通阀；8—气水分离器；9—两通阀；10—气源；11—气体加湿中间容器；12—调压阀；13—回压阀；14—湿式流量计；15—烧杯；16—压差传感器；17—油体积计量管；18—水体积计量管

观察驱替的宏观波及现象。

相似模型是根据相似原理由实际物理系统设计成的实验模型，可在模拟油气藏温度和压力的条件下，在三维模型上进行不同开采方式的物理模拟实验研究。使用相似模型进行物理模拟实验研究，可以对油气藏的整体开发情况和不同开发方案进行一定程度的模拟及对比，得到不同驱替过程的开采效果，同时获得不同类型油藏（如均质油藏、平面非均质油藏、纵向非均质油藏）的三维渗流场随时间的变化规律，能够较为清楚地提示开采效果。按比例相似模拟的结果可以直接用于油气田。

2. 注入子系统

注入子系统为油气藏开发模拟实验提供流体与流动动力，一般由泵和中间容器组合而成，气体的注入通常由高压气瓶或增压机实现。图 2-2 中注入子系统包括水泵 3、油泵 4，作用是为实验系统提供流体（水、油）及其流动压力。图 2-3 中注入子系统包括驱替泵 3 和气源 10，驱替泵为液体流动提供动力，气源为该系统提供高压气源。

3. 出口与计量子系统

出口与计量子系统的主要作用是出口端压力控制、出口流量计量、出口流体状态观测等。该子系统允许在设定压力和温度条件下，观察模型流出物的相态特征，控制系统的回压，使采出流体分离为气、油、水三相状态，并进行计量。该子系统一般有以下装置：

（1）回压调节装置：一般采用回压阀，控制模型子系统的回压。

（2）毛细管玻璃观察窗：观察设定压力、温度下流出物的相态特征。

（3）三相分离器：采用精密玻璃分离容器对流体进行分离和收集。

（4）流量计：对采出的流体体积进行准确和可靠的测量。

（5）电子天平：用于流出物质量称量。

图 2-2 中出口与计量子系统包括回压阀 13、油水分离器 8 和天平 11。图 2-3 中出口与计量子系统包括回压阀 13、气水分离器 8、湿式流量计 14、油体积计量管 17 和水体积计量管 18。

4. 温压子系统

温压子系统能够在实验过程中使系统保持实验要求的温度和围压，温度控制一般由电热恒温器、温控空气浴来实现，围压一般由围压泵进行控制。图 2-2、图 2-3 中温压子系统包括围压泵 2，温度控制在装置图中并未体现。

5. 控制与采集子系统

控制与采集子系统常借助计算机技术、传感技术、图像处理技术、自动控制技术等，使用计算机对实验系统进行压力、温度、流量等的设定和温度、压力、流量、图像、弛豫时间等的实时采集与处理。实验过程中，可根据需要，使用电脑对不同的设备、仪器分别进行控制。同时，实验系统不同位置的温度、压力、流体体积等都作为时间函数由传感器测量和记录，最后用计算机处理采集的数据。

图 2-2、图 2-3 所示实验装置使用压力传感器 5 来采集压力信号，压差传感器采集驱替前后的压差，其余控制系统并未在图中给出。

二、代表性模型与实验装置

国内外物理模拟实验采用的物理模型主要分为岩心模型、微观模型和相似模型，从油层物理角度考虑，物理模型的渗透率、孔隙度、润湿性、孔隙结构、矿物成分和孔隙内部表面的粗糙程度等应尽可能地接近油藏真实情况；从油水运动角度考虑，物理模型的油水相对渗透率、长宽比、渗透率分布、驱动力与重力之比、驱动力与毛管力之比、驱动力与黏滞力之比等也要尽可能地接近油藏条件。

1. 岩心模型实验装置

岩心模型实验是开展最多的油气藏开发物理模拟基础实验，是研究油气渗流机理和规律的必要手段。

1）岩心模型

天然岩心是采用取心钻头从储层直接钻取的全直径柱状岩心或从全直径岩心上二次钻取的小直径柱状岩心，人造岩心通常为不同直径的圆柱状岩心。

2）岩心夹持器

岩心夹持器是实验室用来夹持、保护岩心并密封柱面或端面（一般是留出流体进出口端面）的器具，是开发实验仪器装置中不可缺少的重要辅助部件。岩心夹持器由壳体、端头、橡皮套筒及密封装置等部件组成，根据其结构主要分为哈斯勒型岩心夹持器、二轴向岩心夹持器、三轴向岩心夹持器、带测压孔的岩心夹持器四类，实验中最常用的是哈斯勒型岩心夹持器。

3）代表性实验装置

致密油气是近年全球非常规油气勘探开发的新亮点，开展了较多的油气藏开发物理模拟实验。图 2-4 为致密砂岩气藏气水相对渗透率测定实验装置示意图。模型子系统由岩心夹持器和岩样组成，岩心直径为1in。在注入子系统中，有注液和注气两个单元。注液单元中，注射泵将中间容器中的实验液体注入模型子系统中；注气单元中，氮气瓶提供高压气源，并通过气体流量控制器和高压溢流阀进行流量和压力的控制。出口与计量子系统包括干燥瓶、高精度电子天平和气体流量计。温压子系统包括控制围压的手动泵和控制温度的电热恒温箱。控制与采集子系统包括图中所示的控制系统和数据采集系统，用于各子系统中流量、压力、温度、质量等的控制与采集。

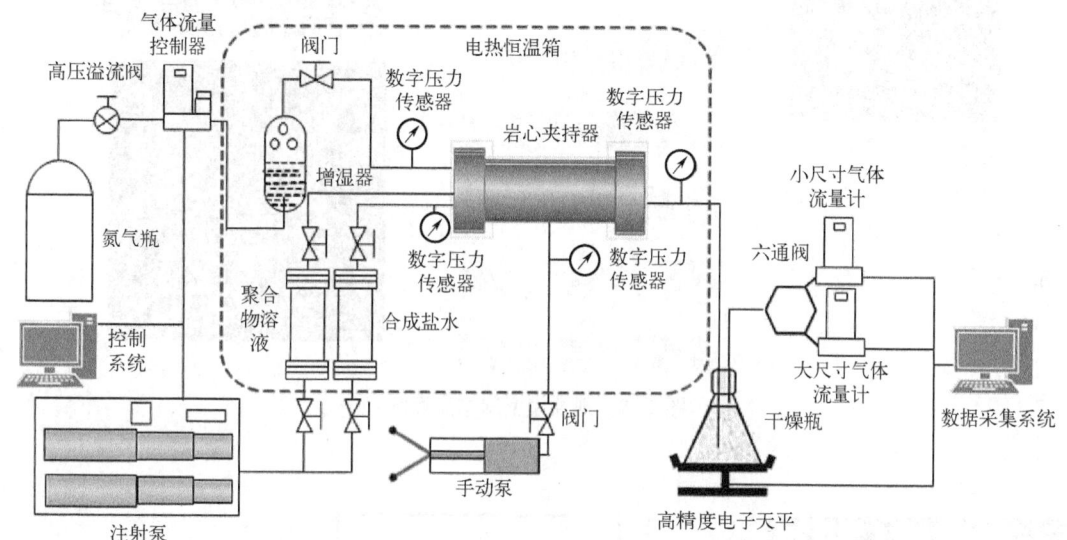

图 2-4 致密砂岩气藏气水相对渗透率测定实验装置示意图

2. 微观模型实验装置

1) 刻蚀模型

刻蚀模型实验是研究微观渗流的重要手段，可以直观观察一定条件下多相流体在孔喉网络中的微观分布与流动特征。通过研究岩心切片的孔喉结构特点，设计、制作不同孔喉半径、孔喉比、配位数、形状因子等特征参数的模型，利用刻蚀技术制作刻蚀模型。根据研究目的的不同，可利用刻蚀模型完成不同孔隙结构（均质、非均质等）、不同驱替条件（驱替压力、速度等）下的各类实验。

制作刻蚀模型的主要方法为激光刻蚀法，该方法既减少了化学药品的使用，又具有非接触、无污染和微米线度精细加工的特点。其主要步骤包括镜下观察与定量分析、图像选择、图像处理、模型设计、激光刻蚀、进出口设计、烧结和成型（图 2-5）。

近年来，微观刻蚀模型在水驱、聚合物驱、三元复合驱等二次、三次采油技术驱油机理研究方面得到广泛的应用。图 2-6 为采用刻蚀模型（岩石驱替薄片模型）进行实验研究微观驱油机理时的驱替装置示意图。

该实验系统由注入、模型、出口与计量、控制与采集4个子系统组成。注入子系统包括精密注入泵、装有模拟油或注剂的中间容器等；模型子系统包括可控温控压的微观模型实验舱、围压泵、经过刻蚀的玻璃板或岩石薄片；出口与计量子系统一般包括油水分离计量器、流量计和回压调节器；控制与采集子系统包括计算机、高分辨率摄像机，用于观察实验过程中的现象，对不同驱替阶段进行照相并录制驱替过程，借助图像分析软件，计算原始含油饱和度、剩余油饱和度等参数值，为研究剩余油分布特征提供图像和数据分析材料。

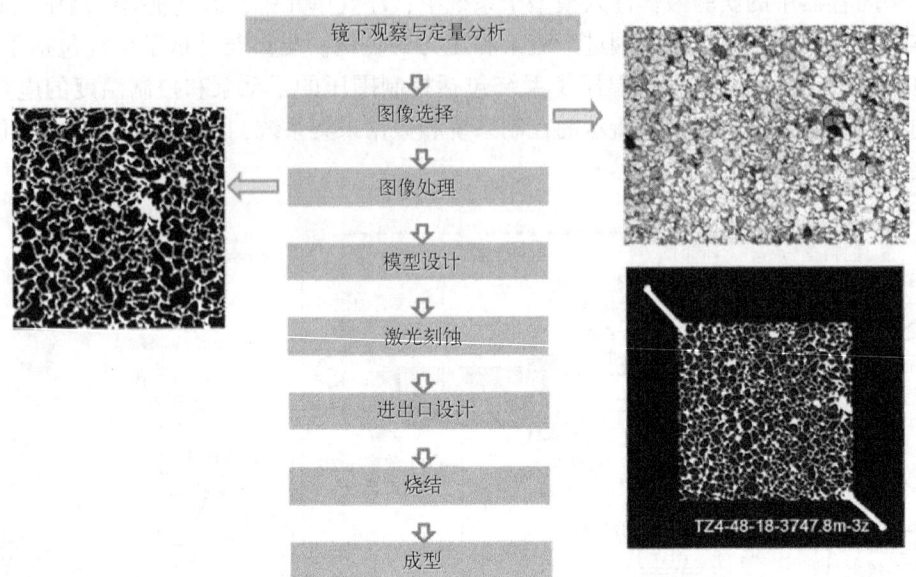

图 2-5　刻蚀模型制作流程图

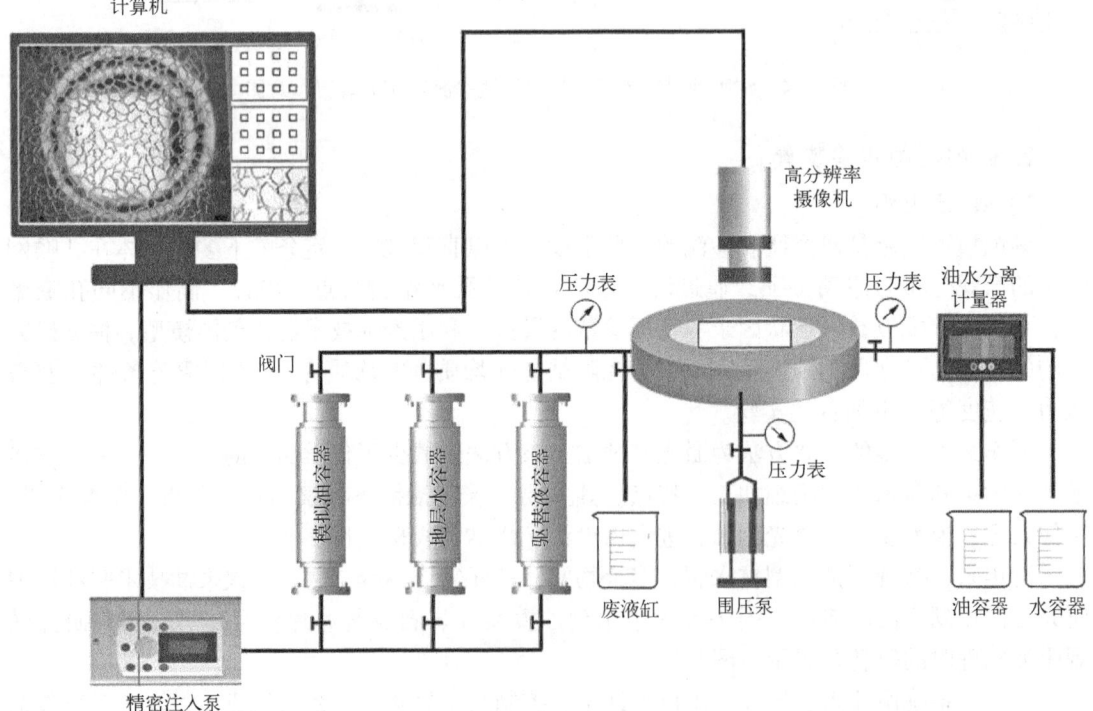

图 2-6　微观模型驱替装置示意图

图 2-7 为根据刻蚀模型水驱油实验结果，以剩余油在孔喉内分布位置及形态作为划分依据划分出的孔喉充填型、孔内半充填型、孔壁油膜型、喉道滞留型、分散油滴型和角隅型 6 种剩余油模式。

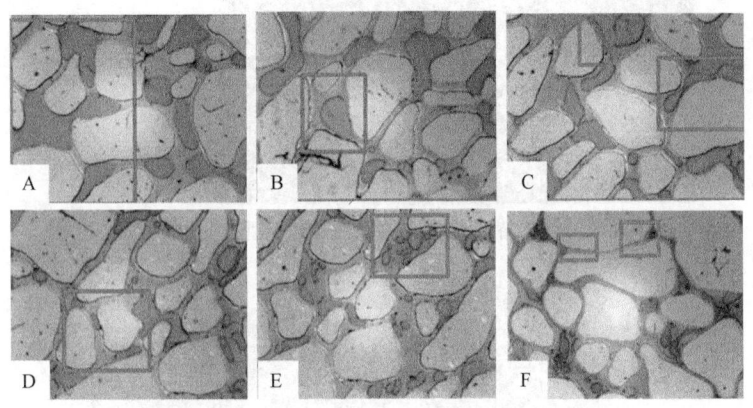

图 2-7 刻蚀模型实验剩余油分布模式图

彩图 2-7

(A—孔喉充填型;B—孔内半充填型;C—孔壁油膜型;D—喉道滞留型;E—分散油滴型;F—角隅型)

2) 岩心驱替薄片模型

岩心驱替薄片模型是由岩心加工成的厚度为 0.03~0.1mm 的片状岩石并装载在载玻片内,用于在显微镜下观察和分析岩心微观孔隙结构内流体的流动与赋存状态。岩心驱替薄片模型基本保留了储层岩心的孔隙结构,保存了大部分胶结物和填隙物,模型的润湿性与储层基本一致。通过观察岩心驱替薄片模型可判断:(1)孔隙大小与分布:岩心驱替薄片模型在显微镜下可清晰展示岩心孔隙大小、形状、分布。(2)喉道尺寸:喉道是连接孔隙的狭窄通道,对油气水流动具有重要影响。通过观察岩心驱替薄片模型,可以测量喉道的尺寸和形状,以此分析油水流动过程中的毛管力。(3)润湿性:在显微镜下,通过观察流体在岩心驱替薄片中的分布情况,间接判断岩心的润湿性。(4)动态流动规律:在油气水流动实验过程中,可观察孔隙喉道系统中的流动路径、原始流体动用效果等,明确动态流动规律。(5)油水分布:观测剩余油的微观赋存状态。

岩心驱替薄片模型的制作主要包括以下几个步骤:(1)取样:明确取样要求,对可辨别层面的岩心样品应垂直层面切片;(2)胶固:通过胶固处理,将岩心样品固定在载玻片上,以防在后续磨制过程中脱落或移位;(3)磨平面:使用粗磨工具对岩心样品进行初步磨制,以去除表面的不平整部分;(4)黏片:在岩心样品和载玻片之间涂抹适量的胶水或黏合剂,并确保无小气泡产生,以保证磨片的质量;(5)切片:用金刚石锯片切除岩心样品多余部分;(6)磨片:使用细磨工具对岩心样品进行精细磨制,直至达到所需的厚度;(7)盖片:根据需求对磨片进行染色、滴胶、加热盖玻片、排除气泡、酒精浸泡、冲洗干净;(8)制作标识:磨片上应具有但不限于井号(或剖面号)、编号、层位、深度信息的标签;(9)将制作完成的磨片用岩心夹具固定,分别固定入液端口与出液端口,观察薄片流体流动规律。图 2-8 为开展致密砂岩油水流动研究时用岩心驱替薄片制成的微观驱替模型。

观察和分析岩心驱替薄片,有助于理解油水在岩石中的赋存状态和流动特征。图 2-9、图 2-10 为不同润湿性的岩心驱替薄片驱替前的油水分布情况,图 2-11、图 2-12 为不同润湿性岩心驱替薄片驱替后油水分布情况,通过对比分析可研究润湿性对油水分布或流动规律的影响。

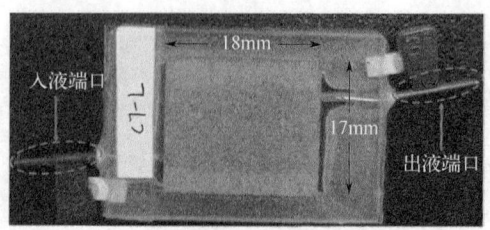

图 2-8　岩心驱替薄片制成的微观驱替模型

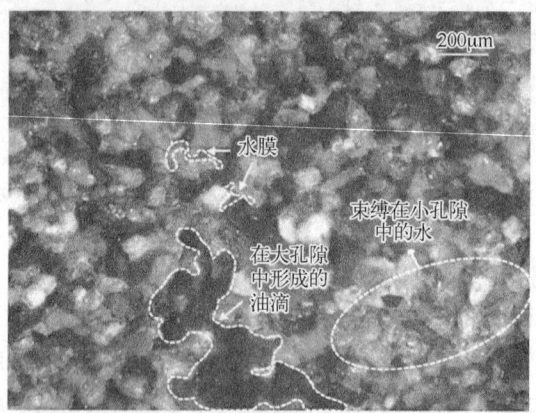

图 2-9　强水湿岩心驱替薄片驱替前油水分布

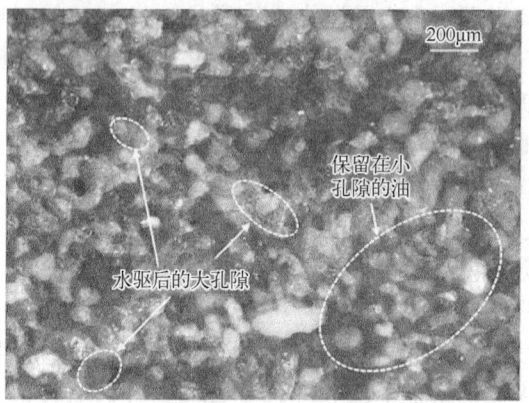

图 2-10　弱油湿岩心驱替薄片驱替前油水分布

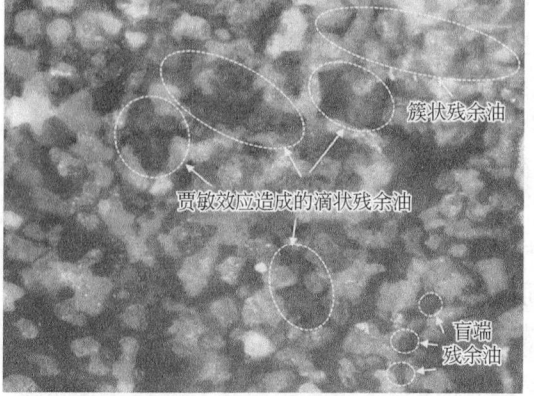

图 2-11　强水湿岩心驱替薄片驱替后油水分布

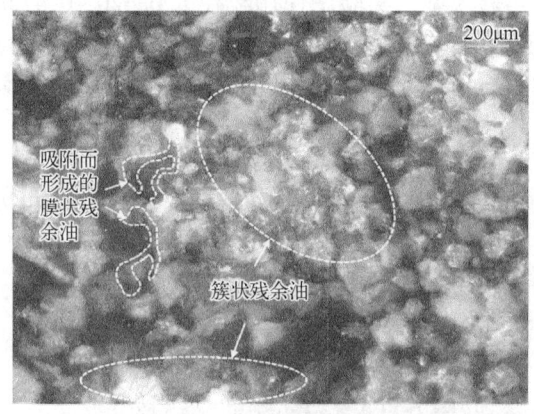

图 2-12　弱油湿岩心驱替薄片驱替后油水分布　　彩图 2-12

3. 相似模型实验装置

相似模型实验装置就是将某种物理现象的长度、时间、力、速度等缩小或扩大来进行实验的装置。在用相似模型做实验时，必须能够再现原来的现象本质，要用比较容易、比较迅速、比较方便的方法再现实际发生的现象。当原来的现象（原型）过大、变化过程太慢、实验费用过高而难于处理时，可以基于相似模型进行实验。为了用相似模型进行实验，必须知道相似模型究竟能否代表原型，必须掌握支配原始现象的物理法则。使用相似模型进行实验时，支配模型的物理法则与支配原型的物理法则必须相同，其作用机理也必须相同。

图 2-13 为稠油热采大型三维高温高压模拟实验装置示意图。此实验综合考虑了原油黏度、毛管压力和油藏单位体积的累积注入能量等因素对室内模拟和实际储层的影响，并据此制定稠油热采物理模拟实验的相似准则，将模拟的真实油藏区块参数按比例转化为模型参数，使模型能够很好地反映实际的地质条件和生产参数。

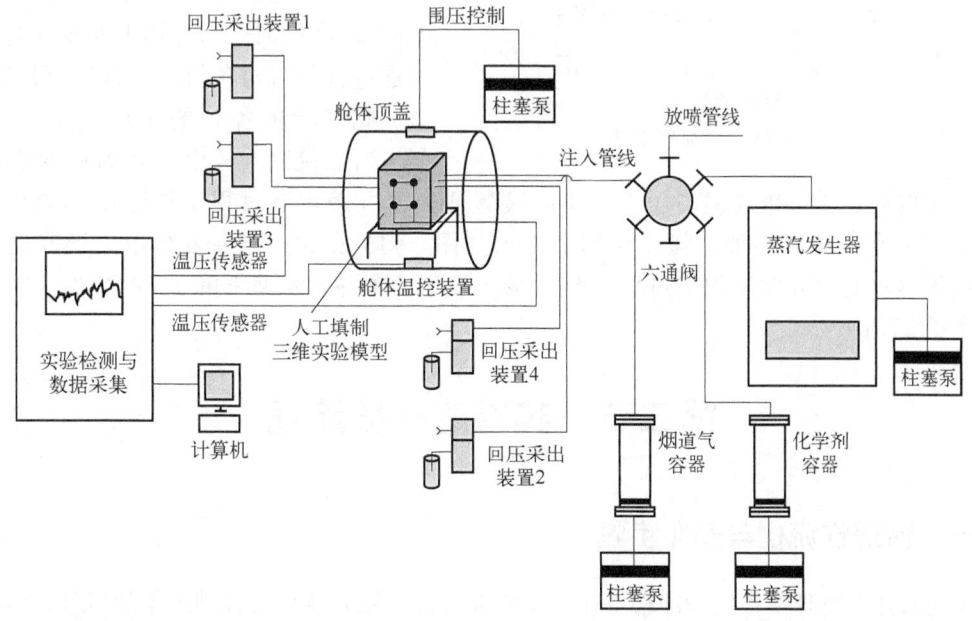

图 2-13　稠油热采大型三维高温高压模拟实验装置示意图

模型子系统为人工填制三维实验模型,实验中使用粒径为 0.420~0.425mm 的玻璃微珠与油水充分混合后(油水体积比为 4:1)自下而上逐层填入模型,模型的几何尺寸为 540mm×400mm×540mm,模型内布有 1 口注入井和 4 口采出井,用于模拟现场稠油井区的反五点井网,如图 2-14 所示。

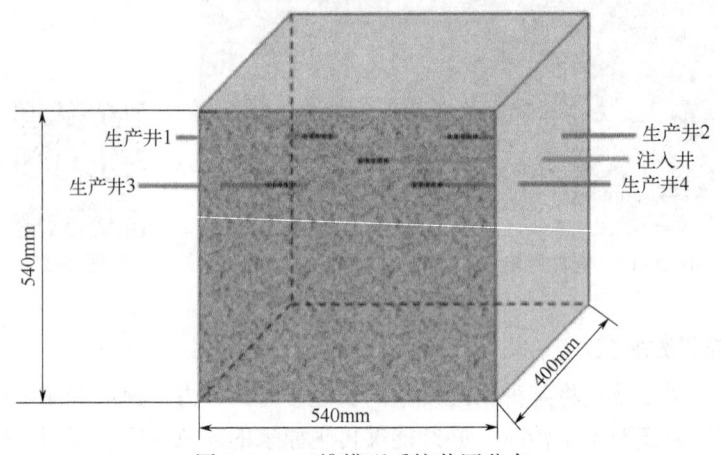

图 2-14 三维模型系统井网分布

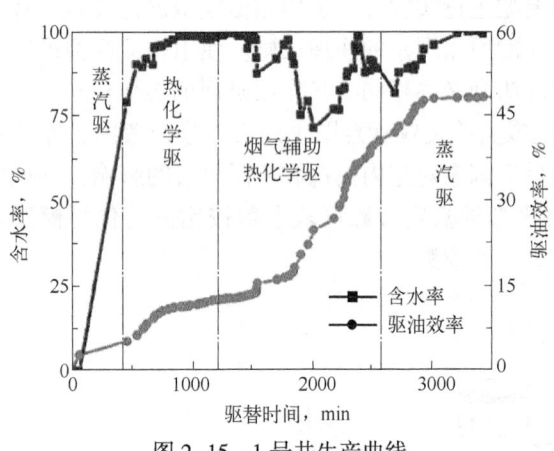

图 2-15 1 号井生产曲线

注入子系统主要包括柱塞泵、蒸汽发生器、中间容器;出口与计量子系统包括回压采出装置;温压子系统中通过柱塞泵向舱体内注水以实现对实验模型围压的控制;待舱体内充满水后,通过调节舱底的温控装置来控制实验模型的温度;控制与采集子系统使用埋藏在模型不同位置处的温压传感器来实现对模型的温度场和压力场实时动态监测,同时通过计算机对各仪器设备进行控制。

此实验中各井的生产动态较为近似,所以仅以 1 号生产井为例说明驱替情况,此稠油热采三维高温高压模拟实验装置研究了在蒸汽驱过程中伴注化学剂和烟道气等增产措施对稠油热采的强化作用,结果如图 2-15 所示,结果表明相比于普通蒸汽驱,热化学驱的单井驱油效率可提高 5.89%,模型的单井含水率下降了 28.17%,驱油效率提高了 37.19%。

第二节 实验的一般流程

一、普遍性流程与操作步骤

油气藏开发物理模拟实验的根本任务是研究与油气藏开发相关各种现象的机理,同时为油气藏提供最佳的开采方法。实验的一般流程包括三个部分。第一,收集整理油气藏开发物理模拟实验所需要的数据、资料，主要包括储层的基础数据和资料，包括岩石的粒度组成、矿物组成和胶结物的化学成分，岩石的孔隙度、渗透率和饱和度，岩石的压缩性、毛管力、润湿性，以及油、气、水的化学成分和物理性质。第二，基于要研究的问题或某种机理设计实验方案，并准备实验器材与装置。第三，观察实验现象，收集实验数据进行分析，并进一步建立描述这些现象的方程，模拟各种驱替现象和分析研究机理。

实验操作通常包括以下步骤：

（1）制作物理模型，准备实验材料。根据实验目的制作物理模型，并准备实验所需的材料，如岩心、实验流体等。

（2）连接实验装置。按照实验标准与要求将各实验装置连接起来。

（3）模拟地层条件下的状态。将模型抽真空，饱和水；再饱和油，建立地层条件下的束缚水饱和度；然后对模型恢复润湿性。

（4）流动过程的模拟与驱替操作。进行驱替实验时，在实验要求的条件下注入驱替剂直至不出油为止。

（5）数据采集与处理。每间隔一定时间记录一次注采数据（例如注入压力、注入速度、排出端油水量、测试时间等），对实验数据进行整理和计算，对实验结果进行分析。

二、岩心模型的准备

1. 岩心的保存

一般根据岩心的组成、胶结程度及岩石结构特征来选择岩心的保存方法，常用的岩心保存方法包括：（1）机械固定法；（2）环境控制保存法，如冷却、调整湿度或冷冻方法；（3）受热密封的塑料薄膜包装法；（4）塑料袋包装法；（5）浸液涂层法；（6）一次性内筒（或衬筒）以及钢管密封法；（7）厌氧容器法。

2. 岩心的清洗与烘干

在实验室进行孔隙度、渗透率等测定实验或者开发实验之前，应清除岩心中原有全部流体，利用甲苯和酒精的混合物清洗掉岩心中的油和盐，再经过恒温箱烘干冷却待用。

3. 孔隙度、渗透率的测定

在对岩心进行清洗、烘干等处理后，对其孔隙度、渗透率等基础物性参数进行测定，为使误差在规定的范围内，要测定两次及以上。

4. 实验用流体的配置

（1）实验用油。采用精制油或新鲜脱气、脱水原油加中性煤油配制实验用油，并根据实际情况选择油水黏度比。选用与原油配伍性好的精制油，避免发生沥青沉淀，实验用油在实验前应抽空过滤。

（2）实验用水。根据地层水和注入水的成分分析资料配制地层水和注入水或等矿化度的标准盐水。实验用水应在实验前放置 1d 以上，然后用 G5 砂芯漏斗或 0.45μm 微孔滤膜过滤除去杂质，并抽空。标准盐水配方为：

$$NaCl : CaCl_2 : MgCl_2 \cdot 6H_2O = 7 : 0.6 : 0.4$$

（3）实验用气。实验用气一般为经过加湿处理的氮气或压缩空气，也可根据需要选用其他气体。

5. 恢复岩心润湿性

因为地层岩心长期保持在地面条件下，润湿性会发生改变，因此需要对老化岩心的润湿性进行恢复。恢复润湿性的方法为：

（1）用模拟油驱替模拟地层水，至束缚水状态；

（2）严格按照行标测试方法（SY/T 5153—2017《油藏岩石润湿性测定方法》）的规定执行，必须至少进行 10 天的老化；

（3）待测试岩心老化好后，用模拟油将其完全驱替干净。

6. 岩心的抽真空与饱和

（1）将岩心抽真空、烘干并称重，称重后饱和模拟地层水。

（2）将饱和模拟地层水后的岩心称重，即可按式(2-1)求得有效孔隙体积。

$$V_p = \frac{m_1 - m_2}{\rho_w} \tag{2-1}$$

式中　V_p——岩心有效孔隙体积，cm^3；

m_2——干岩心质量，g；

m_1——岩心饱和模拟地层水后的质量，g；

ρ_w——在测定温度下饱和岩心的模拟地层水的密度，g/cm^3。

（3）岩心饱和程度的判定：判定抽真空饱和是否严格符合要求，即岩心是否充分饱和。将岩心抽真空饱和地层水后得到的孔隙体积与氦气法孔隙体积对比，两者关系如式(2-2)所示：

$$\left| \left(1 - \frac{V_p}{V_{pHe}}\right) \times 100\% \right| \leqslant 2\% \tag{2-2}$$

式中　V_{pHe}——氦气法孔隙体积，cm^3。

（4）用油驱替岩心，建立地层压力条件下束缚水饱和度。用油驱水建立束缚水饱和度，先用低流速（一般为 0.1mL/min）进行油驱水，然后逐渐增加驱替速度直至不出水为止。束缚水饱和度按式(2-3)计算：

$$S_{wc} = \frac{V_p - V_w}{V_p} \times 100\% \tag{2-3}$$

式中　S_{wc}——束缚水饱和度，%；

V_w——岩心内被驱出水的体积，mL。

第三节　液体驱油实验

一、水驱油实验

1. 水驱油实验概述

我国已开发的油田主要采用注水开发的方式来维持地层压力实现稳产。水驱采油因其高效、低成本的优点已经成为应用最广泛的二次采油技术。

我国一部分油气藏开发时间较长，已经进入注水开发的中后期，含水率高于 90%，油层长期被水冲刷，导致油层孔渗性质及孔隙结构变化较大，剩余油分布较为零散且复杂，剩余油挖潜难度越来越大，非均质性更为严重，要想更有效地提高驱油效率及采收率，就需要对剩余油的分布规律进行分析研究，减少剩余油的存在；提高水驱油效率，对水驱油效率影响因素进行研究，针对相应影响因素提出有效措施提高水驱油效率，进而有效提高油藏开发效果。

为了提高水驱油效率，需要进行大量模拟实验对水驱油效率进行更深入的研究，并通过水驱油实验分析影响水驱油效率的因素，同时结合实际油藏的生产数据资料，找出提高油藏水驱油效率的方法，这样可以有效地找出开发的本质规律，并可以为油藏未来的开发提供更加有效的方向，提高最终采收率。

因水驱油实验相对较为清晰明了，其实验设计及一般性流程可参阅本章第一、二节的内容。

2. 实验案例

目前，碳酸盐岩溶蚀孔洞型储层正在占据越来越重要的位置，随着注水开发的不断深入，注采结构也逐渐细化调整。借鉴砂岩油藏分层注水技术，分层注水将成为改善碳酸盐岩油藏开发效果的重要途径。注采结构的调整是分层注水的关键。由于碳酸盐岩溶蚀孔洞型储层与砂岩孔隙型储层在流动空间和结构上存在较大差异，常规砂岩油藏注水开发认识和经验可借鉴性差。因此，研究小尺度碳酸盐岩溶蚀孔洞型油藏的水驱特征，对表层岩溶带分层注水、注采井网部署、注采调整具有重要意义。

本书选取《石油勘探与开发》中的《井网对溶蚀孔洞型储集层水驱开发特征的影响实验》一文为例，对水驱油实验进行详细介绍。

本实验展示了采用相似模型开展不同井网制度下、油藏本身是否存在裂缝及不同注采速度条件下的水驱油实验，得到了对油藏动用程度和采收率的实验研究方法。

1）实验原理

本实验选用火山岩露头岩样代替小尺度碳酸盐岩溶蚀孔洞型储层岩心。结合相似准则理论设计了溶蚀孔洞型储层水驱油开发模拟实验，总结出不同井网下的注水开发特征，分析裂缝、注采速度等因素对注水开发特征的影响，探索提高采收率的最优注水开发模式。

2）实验材料及实验装置

现有条件下很难获得真实碳酸盐岩溶蚀孔洞型储层的大尺寸岩样，而碳酸盐岩溶蚀孔洞型储层与火山岩孔洞型储层的储层类型、成因、连通关系和分布特征等均有较好的相似性。因此，实验选用了易获取的且特征相似的火山岩露头岩样作为实验样品代替小尺度碳酸盐岩溶蚀孔洞型储层岩心。

岩样的孔洞尺寸为2~20mm，有效孔隙度为4%~5%。图2-16为溶蚀孔洞型储层天然露头CT扫描图，从图中可以看出，露头内部孔洞主要呈蜂窝状分布，均匀性和连续性较好，与目标储层相似，说明所选岩样满足模拟实验要求。

实验模型设计为边长25cm、厚5cm的溶蚀孔洞板状露头（图2-17）。为研究裂缝—溶蚀孔洞型储层模型，裂缝采用切割的方式获得，并考虑实际油藏中约有2/3的大裂缝未被充填，实验模型中不对裂缝进行充填。

根据相似理论设计模型尺寸和注采参数，且重点关注关键参数，确保实验能够更好地反映实际油藏的开发动态。参照童凯军等、王敬等的研究成果，建立相似准则群（表2-1）。

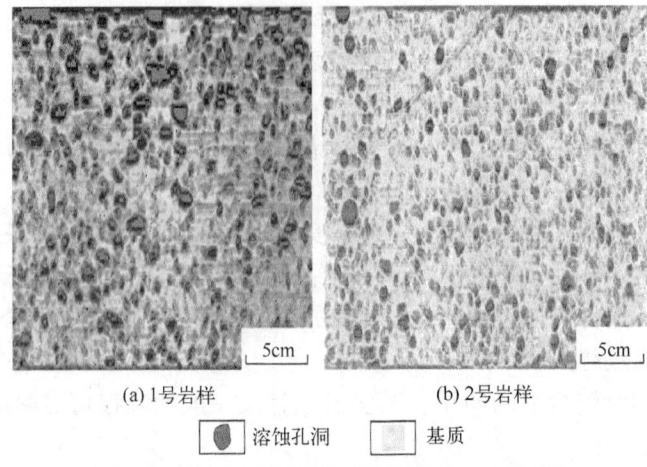

(a) 1号岩样　　　　　　(b) 2号岩样

图 2-16　溶蚀孔洞型储层天然露头 CT 扫描图

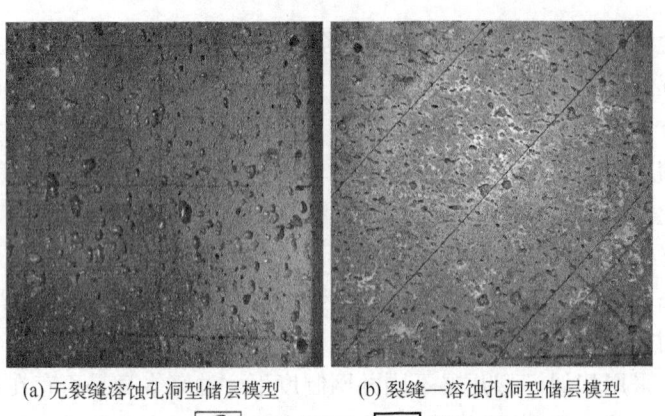

(a) 无裂缝溶蚀孔洞型储层模型　　　(b) 裂缝—溶蚀孔洞型储层模型

图 2-17　溶蚀孔洞型油藏水驱油实验模型

表 2-1　溶蚀孔洞型储层水驱油实验相似准则

相似准则分类	相似准数	物理意义
几何相似	$\eta_1 = L_x/L_y$ $\eta_2 = L_x/L_z$ $\eta_3 = h/L_z$	不同方向外观尺寸之比（外观尺寸根据井距确定）、模型厚度与油藏厚度之比
运动相似	$\eta_4 = Qt/(L_x L_y L_z)$ $\eta_5 = \mu_o/(\rho_o v L_z)$	注入孔隙体积倍数、雷诺数
动力相似	$\eta_6 = \Delta p/(\rho_o g L_x)$	注采压差与重力之比
裂缝特征参数	$\eta_7 = n_f L_x L_y$ $\eta_8 = w_f L_x$	裂缝条数、裂缝开度与特征长度之比

根据表 2-1 的相似准则，结合油藏实际参数，对矿场原型与物理模型间主要参量进行相互换算，得模型尺寸和注采参数，结果见表 2-2。

表 2-2　溶蚀孔洞型储层水驱油实验特征参数

参数	储层原型参数值	实际模型参数值	比例因子（原型与模型之比）
L_x	150m	25cm	600

续表

参数	储层原型参数值	实际模型参数值	比例因子（原型与模型之比）
L_y	150m	25cm	600
L_z 或 h	30m	5cm	600
Φ	3%~5%	3%~5%	1
Q	5~50m³/d	0.56~5.60mL/min	≈6200
t	20a	300min	35040
μ_o	20mPa·s	20mPa·s	1
ρ_o	0.82g/cm³	0.82g/cm³	1
Δp	2~40MPa	3.3~66.7kPa	≈600
n_f	10~100条 km²	12条/m²	1/1200000~1/120000
w_f	1~10mm	10μm	100~1000

实验装置包括模型子系统、注入子系统、温压子系统、出口与计量子系统4部分（图2-18）。

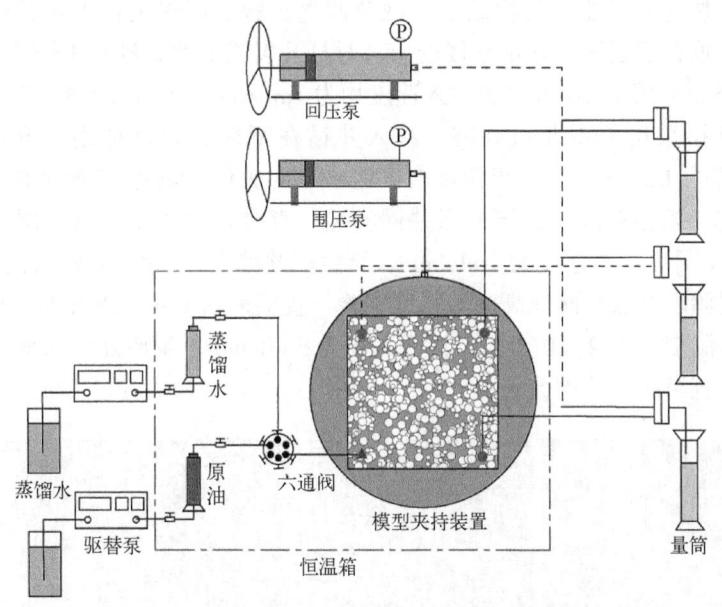

图2-18 溶蚀孔洞型储层水驱油实验装置示意图

模型子系统有一个25cm×25cm的大尺度内腔，用于夹持溶蚀孔洞型储层模型［图2-19(a)］。模型安置前及安置后，需在模型上、下表面各加25cm×25cm的密封垫，避免注入流体在各接触面发生窜流。完成夹持后，通过环空加压对模型四周进行密封。夹持装置上部均匀布置25个井孔，实验前将溶蚀孔洞模型预定位置和上密封垫相应位置钻孔，实验过程中可以根据需要打开对应的井孔阀门，实现注采关系和井网调整［图2-19(b)］。

3) 实验方案设计及实验步骤

共设计7组实验方案，用于研究注采井网、裂缝和注水速度对溶蚀孔洞型储层注水开发特征的影响：（1）无裂缝溶蚀孔洞型储层井网及调整实验。首先进行1/4五点井网水驱油

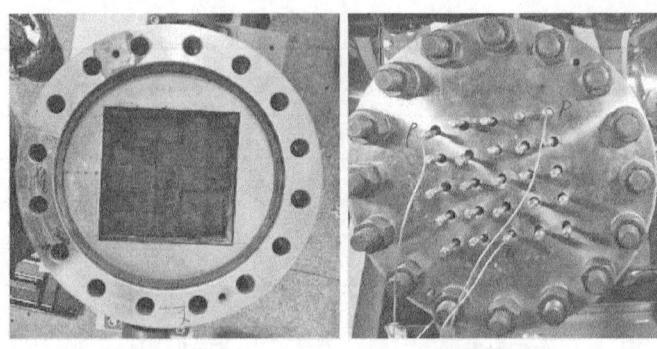

(a) 大尺度内腔　　　　　　　　(b) 井网调整孔

图 2-19　溶蚀孔洞型储层模型子系统

实验，含水率接近98%时打开2号和3号井转九点井网驱替至含水率98%［图2-20(a)］，注入速度均为1mL/min。(2) 无裂缝溶蚀孔洞型储层九点井网实验。直接采用1/4九点井网水驱至含水率98%，注入速度为1mL/min。(3) 无裂缝溶蚀孔洞型储层九点井网及调整实验。首先进行1/4九点井网水驱油实验，根据实验(1)和(2)的结果，待2号和3号井含水率均达到98%时，将1号井转注变为交错井网水驱至含水率98%，注入速度均为3mL/min。(4) 裂缝—溶蚀孔洞型储层井网及调整实验。首先进行1/4五点开网水驱油实验，注采井连线垂直于裂缝，含水率接近98%时打开裂缝上的2号和3号井转变为九点井网驱替至含水率98%［图2-20(b)］，注入速度均为1mL/min。(5) 裂缝—溶蚀孔洞型储层九点井网实验。直接采用1/4九点井网，注入井钻在距裂缝较远的溶蚀孔洞带［图2-20(b)］，注入速度为1mL/min，生产井含水率达98%时关停，其他井继续生产，直至所有井关停。(6) 裂缝—溶蚀孔洞型储层九点井网实验。直接采用1/4九点井网，注入井钻在裂缝上［图2-20(c)］，注入速度为1mL/min，至生产井综合含水率98%时停止驱替。(7) 裂缝—溶蚀孔洞型储层九点井网提高注水强度实验。直接采用1/4九点井网，注入井钻在距裂缝较远的溶蚀孔洞带［图2-20(b)］，注入速度为3mL/min，生产井含水率98%时关停，其他井继续生产，直至所有井均关停。

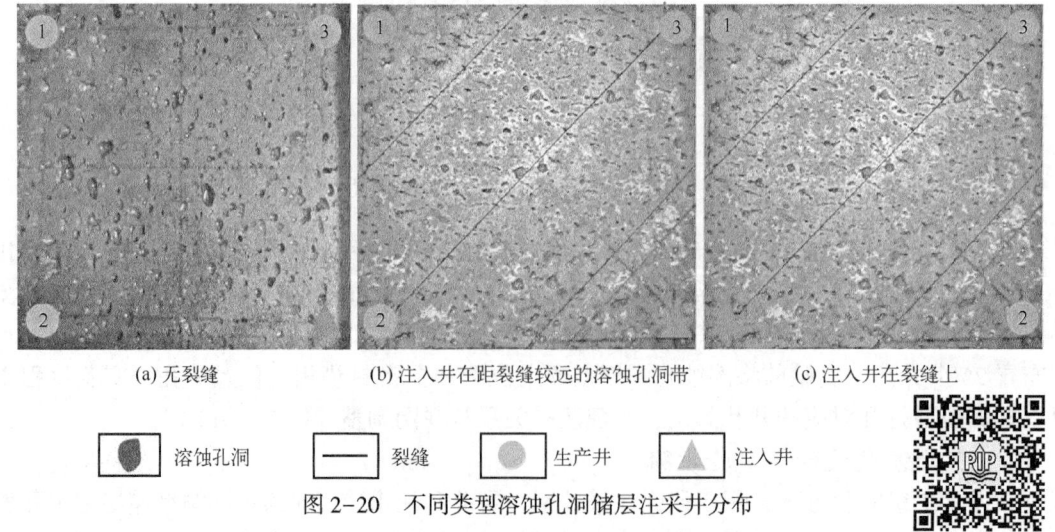

(a) 无裂缝　　　(b) 注入井在距裂缝较远的溶蚀孔洞带　　　(c) 注入井在裂缝上

溶蚀孔洞　　　裂缝　　　生产井　　　注入井

图 2-20　不同类型溶蚀孔洞储层注采井分布

彩图 2-20

实验选用25#白油，温度45℃，围压5MPa。实验前先饱和原油并计算孔隙度。每组实验结束后取出模型清洗、干燥，然后利用该模型进行下组实验，其中实验（1）~（3）采用1号模型，实验（4）~（7）采用2号模型。

4）实验结果

首先进行了不同井网条件下水驱油实验，得到无裂缝溶蚀孔洞型储层五点井网及高含水期转九点井网和直接采用九点井网注水驱替的最终采收率、高含水期含水率、产液量与注入孔隙体积倍数的关系曲线，结果如图2-21、图2-22所示，然后分别得到了裂缝—溶蚀孔洞型储层水驱油实验采收率和含水率与注入孔隙体积倍数的关系，如图2-23、图2-24所示。图2-25、图2-26、图2-27、图2-28为注采速度增大以后溶蚀孔洞型油藏水驱油实验的采收率和含水率与注入孔隙体积倍数的关系。

5）讨论与分析

该实验对不同井网、有无裂缝和不同注采速度条件下溶蚀孔洞型储集层水驱油特征与规律进行了分析，得到了以下认识：

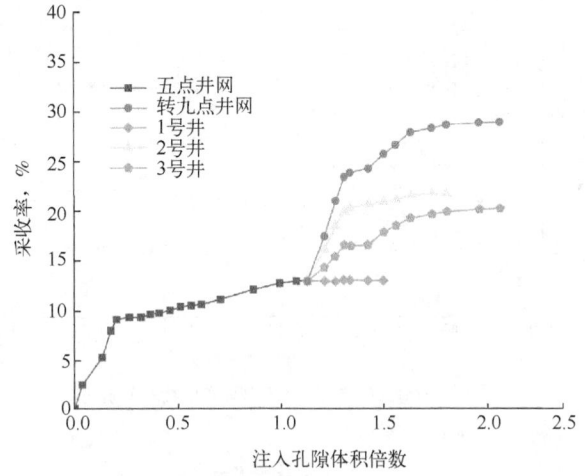

(a) 采收率与注入孔隙体积倍数的关系

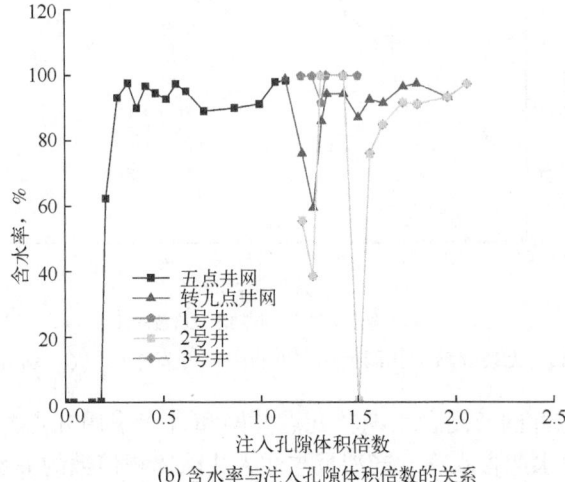

(b) 含水率与注入孔隙体积倍数的关系

图2-21 无裂缝溶蚀孔洞型储层五点（高含水期转九点）井网开发指标（$Q=1\text{mL/min}$）

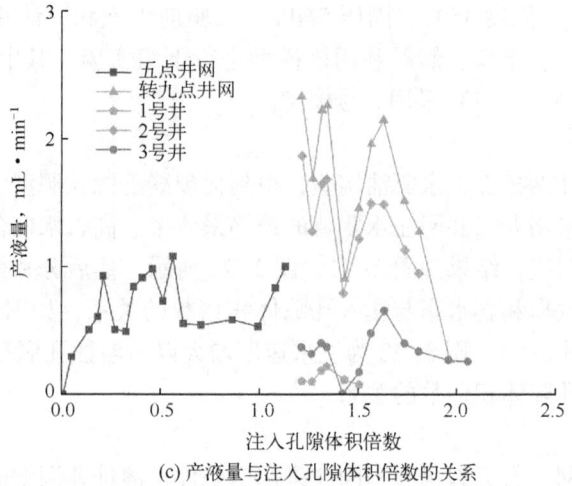

(c) 产液量与注入孔隙体积倍数的关系

图 2-21　无裂缝溶蚀孔洞型储层五点（高含水期转九点）井网开发指标（$Q=1\text{mL/min}$）（续）

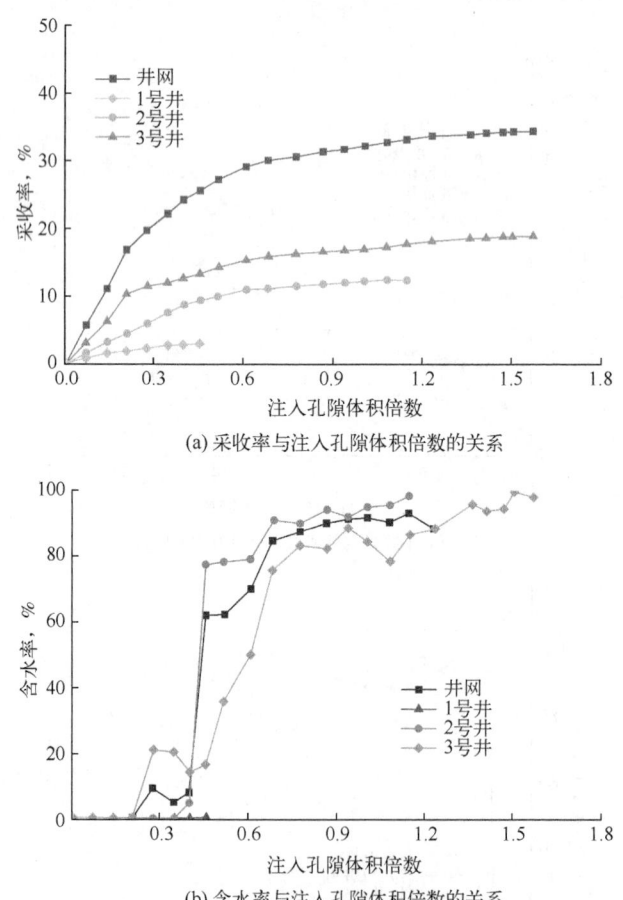

(a) 采收率与注入孔隙体积倍数的关系

(b) 含水率与注入孔隙体积倍数的关系

图 2-22　无裂缝溶蚀孔洞型储层九点井网开发指标（$Q=1\text{mL/min}$）

（1）实验基于五点井网及高含水期转九点井网和直接采用九点井网注水驱替两种情况下的最终采收率、高含水期含水率、产液量与注入孔隙体积倍数的关系，研究了不同井网条件对溶蚀孔洞型储层水驱油实验结果的影响。分析认为，无裂缝溶蚀孔洞型储层，五点井网水驱波及范围小，水窜严重，采收率低，转九点井网后，采收率可较大幅度提高，但对距离

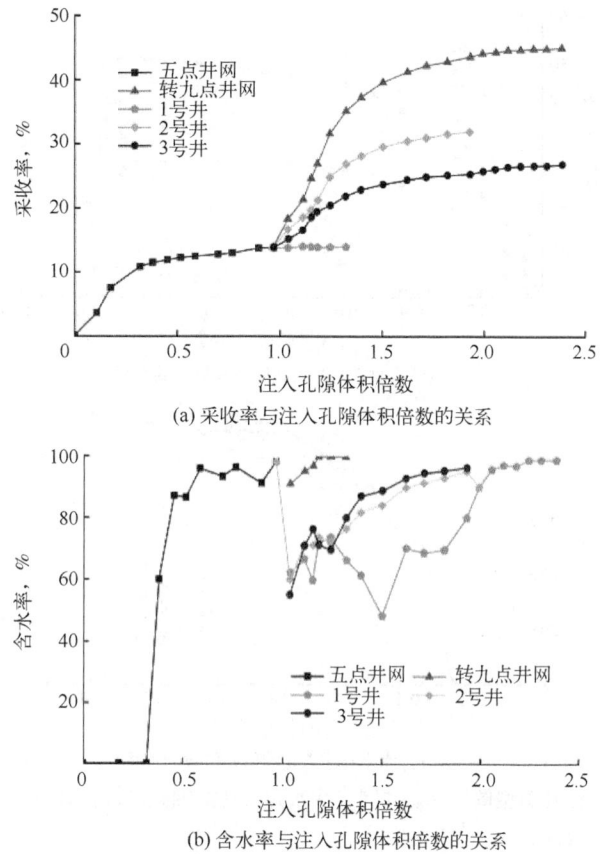

图 2-23 裂缝—溶蚀孔洞型储层五点（高含水期转九点）井网开发指标（$Q=1\text{mL/min}$）

较远的角井效果不明显。无论溶蚀孔洞型储层有无裂缝，九点井网开发效果均明显优于五点井网、五点井网转九点井网，边井开发指标优于角井，且有裂缝时更明显。九点井网水驱至高含水期，将角井转注变为交错井网后采收率可进一步提高。

（2）实验基于有无裂缝两种模型的水驱油实验采收率和含水率与注入孔隙体积倍数的关系，研究了裂缝对溶蚀孔洞型储层水驱油实验结果的影响。分析认为不同井网条件下裂缝—溶蚀孔洞型储层采收率高于无裂缝溶蚀孔洞型储层。在裂缝—溶蚀孔洞型储层中，注采井不在连通裂缝上，裂缝可以更好地沟通连通性较差的溶蚀孔洞，改善水驱开发效果。

（3）实验基于两种注入速度下溶蚀孔洞型储层水驱油实验的采收率和含水率与注入孔隙体积倍数的关系，分析了注入速度对溶蚀孔洞型储层水驱油实验结果的影响。分析认为注入井提高注水速度，有助于提高九点井网距离较远角井的产油量，提高最终采收率。

二、聚合物驱油实验

世界各大油田在二次采油中普遍采用的提高采收率的方法是水驱采油。但随着油田持续开采，进入中后期开发阶段，水驱效果变差，大量地下剩余油需要进一步开采，聚合物驱具有高效、方便、成本低、性能好等优点，是常用的提高采收率方法之一。与纯水溶液相比，聚合物溶液具有良好的黏弹性，在降低水油流动比、扩大波及体积、提高洗油效率方面具有良好的效果。与水驱相比，聚合物驱可进一步提高采收率。因此，聚合物驱在许多油田得到广泛的应用。

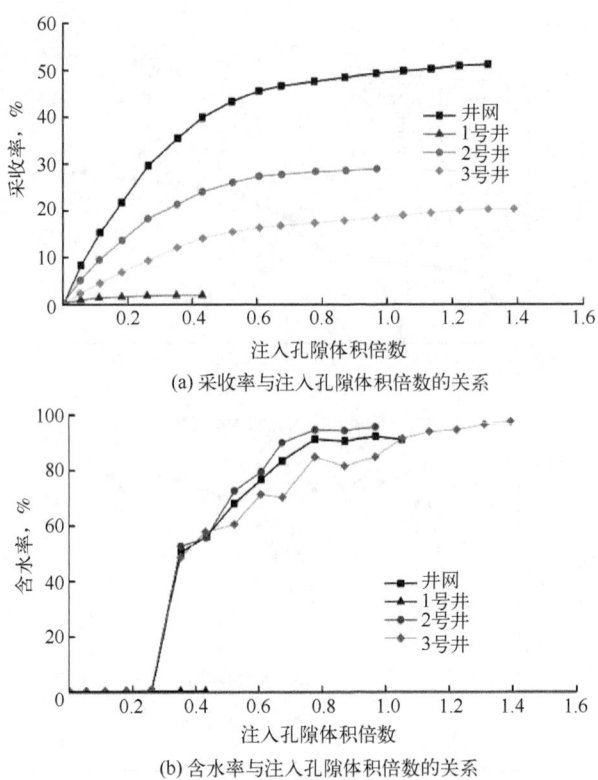

图 2-24 裂缝—溶蚀孔洞型储层九点井网（注水井钻在溶蚀孔洞带）开发指标（$Q=1\text{mL}/\text{min}$）

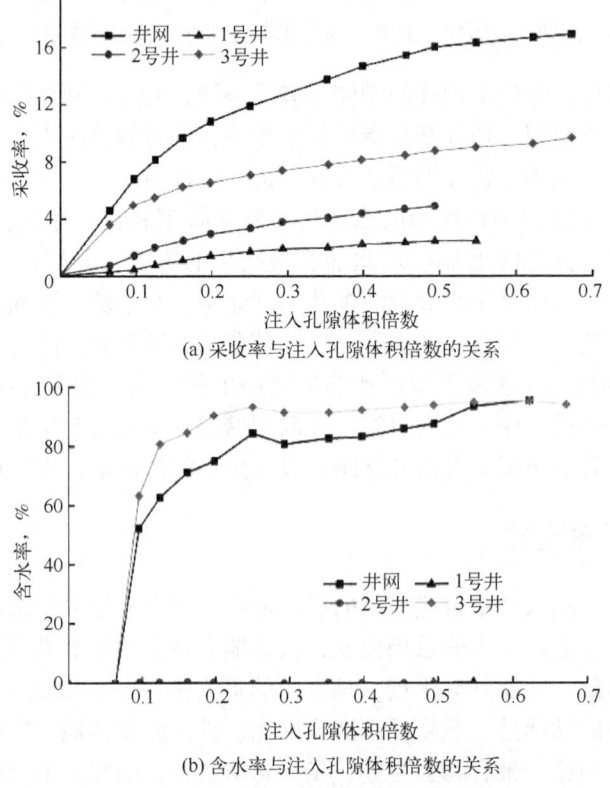

图 2-25 裂缝—溶蚀孔洞型储层九点井网（注水井钻图在裂缝上）开发指标（$Q=1\text{mL}/\text{min}$）

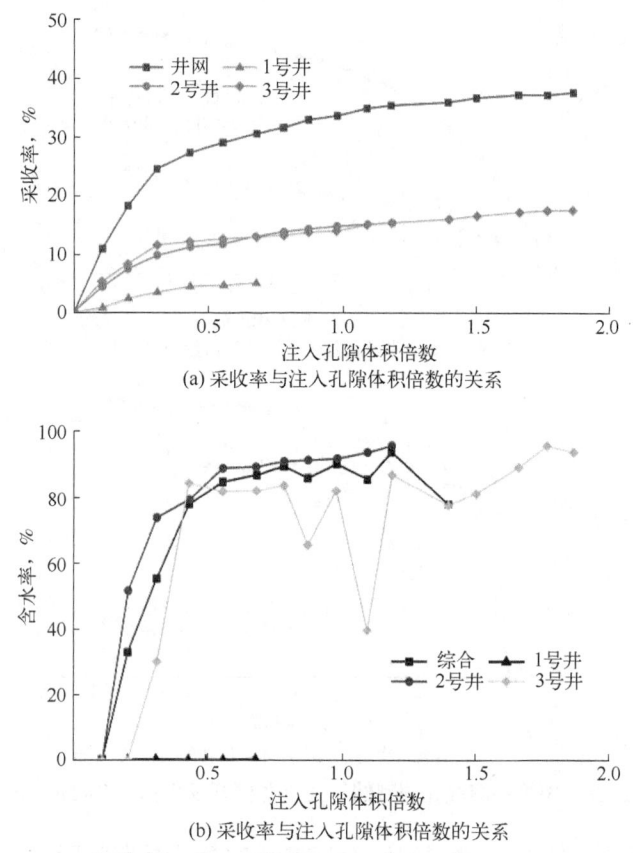

图 2-26　无裂缝溶蚀孔洞型储层九点井网开发指标（$Q=3\text{mL/min}$）

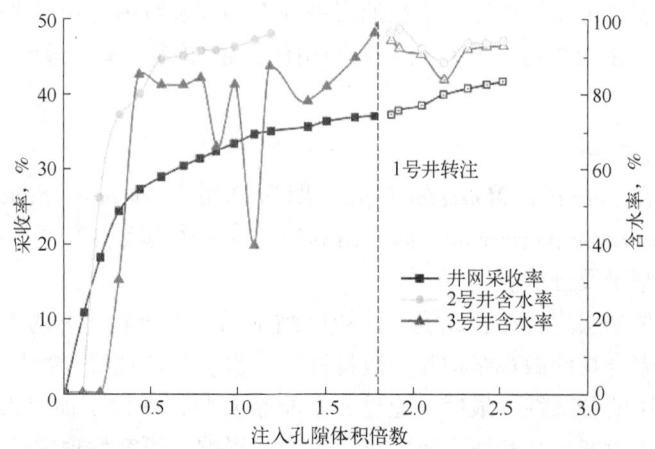

图 2-27　无裂缝溶蚀孔洞型储层九点井网转交错井网开发指标（$Q=3\text{mL/min}$）

1. 聚合物驱油机理

（1）聚合物溶液可有效提高宏观波及系数。聚合物的加入使得注入剂的黏度大幅度升高，从而降低了水相渗透率，使油水两相流度比得到改善。同时，聚合物的注入使得油层吸水剖面得到了调整，改善了油层非均质性，扩大了水相的波及体积，进而提高了宏观波及系数。

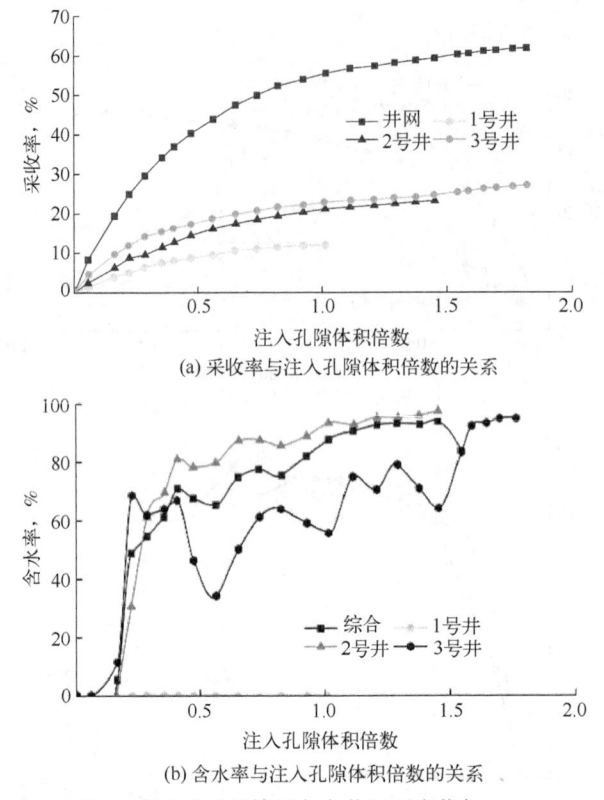

图 2-28　裂缝—溶蚀孔洞型储层九点井网开发指标（Q=3mL/min）

（2）在聚合物驱油过程中，油层岩石对于聚合物分子具有吸附、捕集作用，这可以使得高、中水淹层或高、中渗透层的渗透性降低，从而增加了驱替阻力，使注入水更多地进入低渗透层或未水淹层，进而使得注入水在油层平面上的波及范围与油层纵向上的水淹厚度均得到增加，将水驱时在低渗透、低水淹层未动用的原油驱替出来，最终达到提高采收率的效果。

2. 实验案例

本书选取发表在 *Journal of Molecular Liquids* 期刊的 *Microstructure, dispersion, and flooding characteristics of intercalated polymer for enhanced oil recovery* 作为实验案例，展示聚合物驱油实验的原理、方法、结果及分析。

该实验采用原位插层聚合法合成了一种新型黏土插层聚合物，并对其进行了实验研究。首先，研究了插层聚合物的微观结构和分散特性。其次，与常规聚合物相比，研究了插层聚合物在油相和水相中的分散性。最后，通过岩心驱替实验，探讨了插层聚合物的驱油特性，以及注入浓度、注入段塞尺寸和注入速度对采收率的影响。研究发现插层聚合物具有良好的提高采收率的效果，为其在油田的应用提供参考。

1）实验材料与装置

原油和地层盐水均采自胜利油田，70℃下原油表面黏度为 50mPa·s，密度为 0.902kg/m³，经脱气、离心除固、脱水处理后应用于本实验。此外，对胜利油田的地层水进行取样。出于同样的原因，实验前对地层水进行过滤，以避免杂质产生的不利影响。实验的插层聚合物为自合成，参数见表 2-3。

表 2-3 插层聚合物与常规聚合物的性质对比

名称	分子量	有效固体含量	平均水解度
插层聚合物	1900×10^4	95%	20%
聚丙烯酰胺	1900×10^4	94%	22%

为研究插层聚合物的驱替特性，开展了填砂模型驱替实验。填砂模型驱替系统包括注入子系统、模型子系统、温压子系统及配套仪器，如图 2-29 所示。使用岩心夹持器制备的均质填砂模型直径为 2.54cm，长度为 30.00cm。取心时，向管中加入 60~80 目石英砂，分 10 步进行，每步之间轻振动，保证取心均匀。

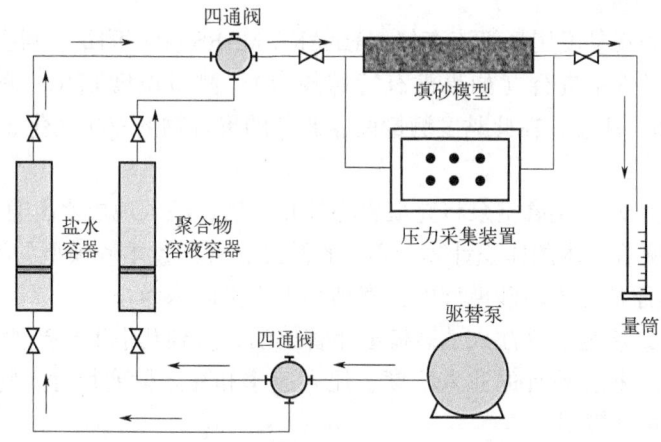

图 2-29 聚合物驱填砂模型驱替实验装置示意图

2）实验步骤

（1）聚合物的配制。

合成插层聚合物的步骤如下：

① 用盐酸和柠檬酸钠提纯无机黏土矿物；

② 用聚烷基甲基铵和聚烷基磺酸钠对纯化后的黏土进行改性；

③ 将改性后的黏土均匀分散到去离子水中；

④ 在溶液中加入丙烯酰胺单体对无机黏土矿物进行改性；

⑤ 溶液中加入尿素、乙二胺四乙酸、甲酸钠；

⑥ 除去空气，加入引发剂，保持聚合温度恒定 4h；

⑦ 将得到的凝胶制成颗粒；

⑧ 将颗粒与氢氧化钠溶液混合水解；

⑨ 干燥反应产物并将其粉碎，获得插层聚合物。

在进行聚合物溶液配制时，首先将干燥的聚合物粉末边搅拌边慢慢加入水中，然后不断搅拌直至溶液完全透明，得到母液。在高浓度母液中加入设计量的稀释剂，得到不同浓度的聚合物溶液。

（2）微观结构和色散特性测量。

① TEM 分析。透射电子显微镜（TEM）测量能直观地揭示插层聚合物的微观结构及其

在水相和油相中的分散特征。过程如下：将一滴聚合物溶液滴在覆盖着碳支撑膜的铜网上，用滤纸去除多余的溶液；然后将铜网插入液乙烷中进行玻璃化，将样品转移到冷冻棒中，冷冻棒温度保持在-165℃以下；然后使用透射电子显微镜对样品进行成像，工作电压为100kV。

② 能谱分析。通过扫描电子显微镜（SEM）和能量色散谱仪（EDS）测量，完成插层聚合物的微观结构分析和相应的元素微观分析。过程如下：首先制备冻干聚合物样品，并用其进行 SEM 测量，然后选取合适的点，利用 EDS 测试聚合物的元素分布。

③ AFM 分析。采用原子力显微镜（AFM5500M）对插层聚合物在水相和油相中的团聚现象进行观测。步骤如下：制备所需浓度的聚合物溶液，将一小滴溶液移到处理过的云母片上，尽量涂抹，使溶液在云母片上形成一层薄薄的液体薄膜，然后用原子力显微镜在常温常压下对制备的聚合物样品进行恒力观察。

（3）黏度特性测量。

聚合物溶液的表观黏度用高级流变仪（HAAKE MARS 60）测量，得到溶液样品的黏度特性。测量在以下条件中进行（如果没有特殊规定）：测量温度60℃；剪切速率$7.34s^{-1}$；溶液静置时间，24h。注意，在此黏度测量前，制备的聚合物溶液应老化24h。

（4）驱替实验。

① 抽真空和饱和水。用真空泵将充填岩心抽真空后，注入地层水，直到岩心完全饱和。根据真空多孔介质吸收盐水的体积计算岩心的孔隙度，并测量填砂模型的渗透率。

② 饱和油。将原油注入填砂模型中，直到几乎不再产水为止。

③ 饱和地层水。将地层水注入填砂模型驱替出油，直到几乎不再产油为止。

④ 聚合物驱油。根据设计的注入浓度、注入速率和注入段塞尺寸，将插层聚合物或常规聚合物溶液注入填砂模型。

⑤ 注聚后水驱。随后注入地层水，几乎不产油为止。液体收集在量筒内，以确定油和水产量。

在该实验中，每次驱替实验制备的填砂模型参数基本相同。岩心平均孔隙度约为34%，平均水渗透率约为$1000×10^{-3}\mu m^2$，平均初始含油饱和度约为85%，首次水驱后平均残余油饱和度约为原始含油的46%。

3）实验结果

通过透射电子显微镜（TEM）观察插层聚合物的微观结构特征，TEM 图像如图2-30(a)所示；原理如图2-30(b)所示，可见聚合物分子链相互缠绕。图2-31是通过 SEM 扫描得到的插层聚合物局部结构图像。

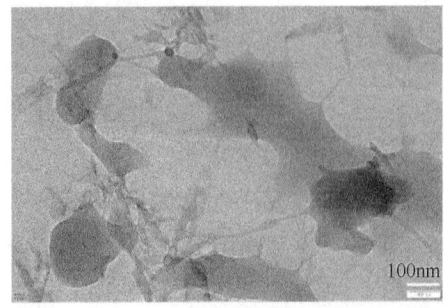
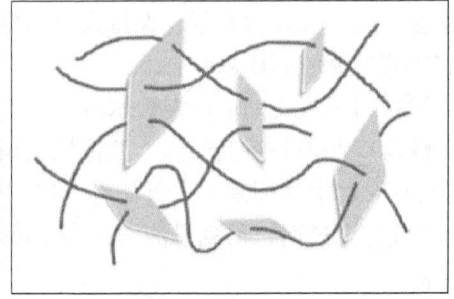

(a) TEM图像　　　　　　　　(b) 原理示意图

图2-30　插层聚合物结构的显微图像

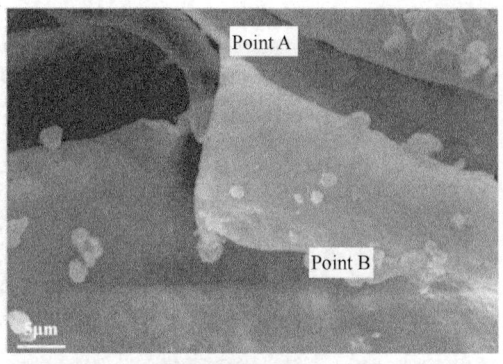

(a) 插层聚合物的局部微观结构

(b) A点的EDS光谱

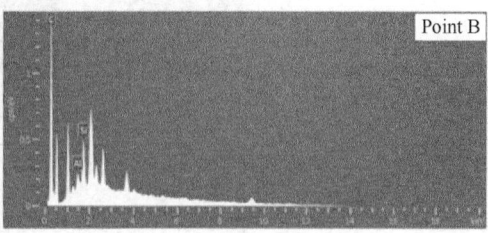

(c) B点的EDS光谱

图 2-31　插层聚合物局部结构图

通过透射电子显微镜观察，得到了插层聚合物在水相和油相中的微观分散图像，如图 2-32 所示。图 2-33 为不同浓度下插层聚合物在水相和油相中的 AFM 图像。

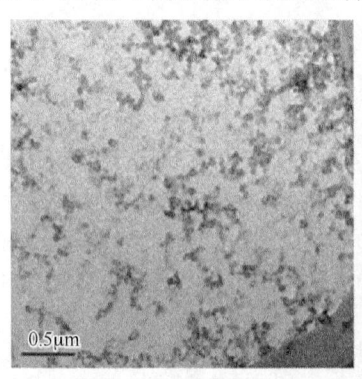
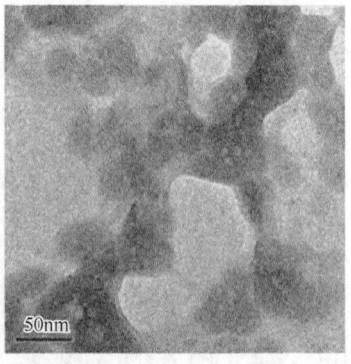

(a) 插层聚合物在水相中不同尺度下的TEM图像

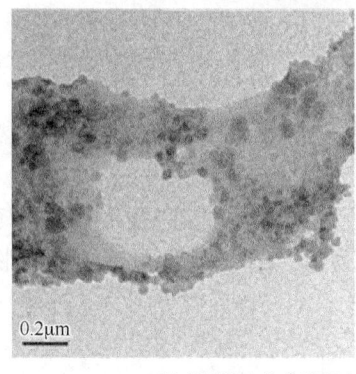
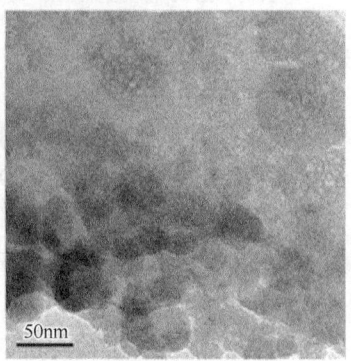

(b) 插层聚合物在油相中不同尺度下的TEM图像

图 2-32　插层聚合物在水相和油相中的 TEM 图像

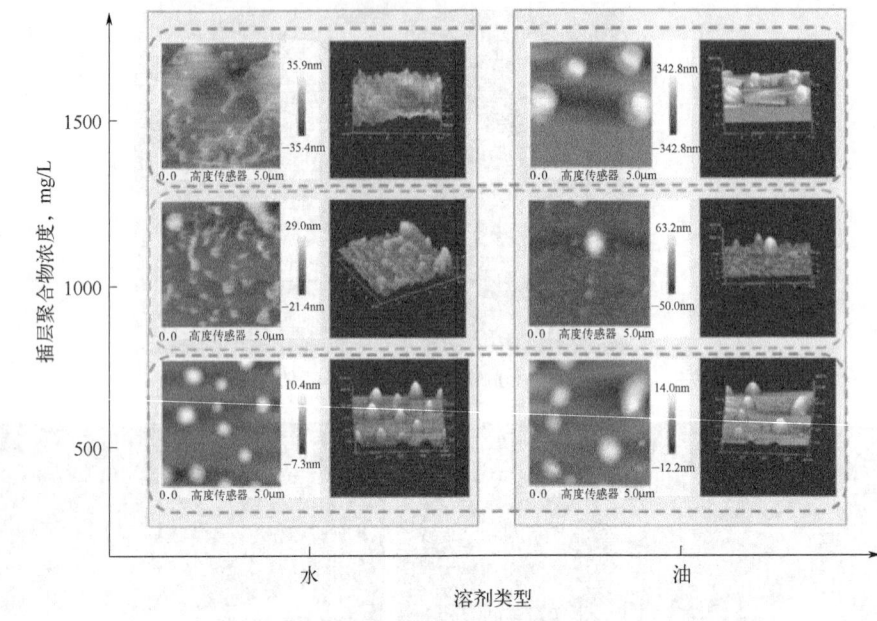

图 2-33 不同浓度下插层聚合物在水相和油相中的 AFM 图像

通过聚合物驱替填砂模型驱替实验，得到了不同浓度下插层聚合物和常规聚合物的驱油效率增量，如图 2-34 所示。图 2-35 为表观黏度与常规聚合物和插层聚合物浓度的关系曲线。图 2-36、图 2-37 分别为阻力系数（R_f）和残余阻力系数（R_{ff}）与聚合物浓度的关系曲线。

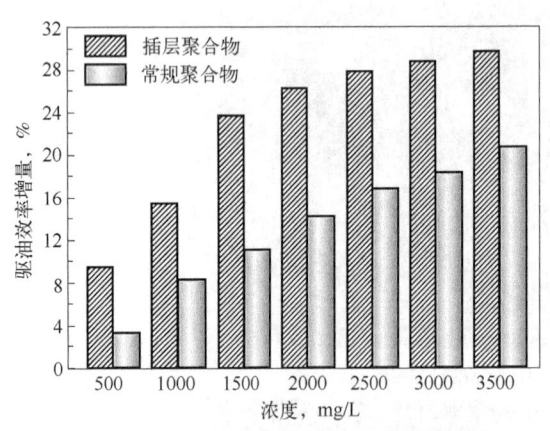

图 2-34 驱油效率增量随聚合物浓度的变化

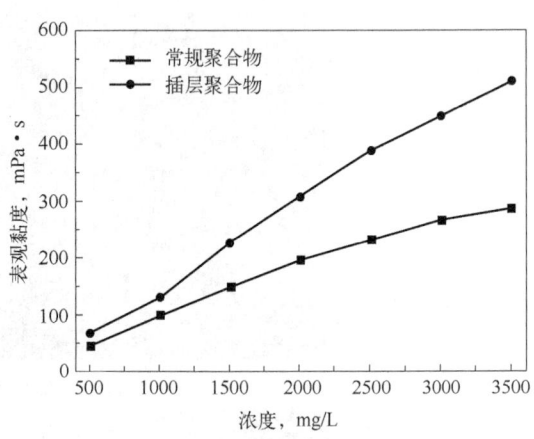

图 2-35 表观黏度随聚合物浓度的变化

通过聚合物驱替填砂模型驱替实验，得到了不同段塞注入尺寸下插层聚合物和常规聚合物的驱油效率增量，如图 2-38 所示。图 2-39 为原油在孔隙中的分布状况。

通过聚合物驱替填砂模型驱替实验，得到了不同注入速度下插层聚合物和常规聚合物的驱油效率增量，如图 2-40 所示。图 2-41 为三种注入速度条件下插层聚合物溶液微观驱替结果。

4）讨论与分析

该实验对插层聚合物微观结构、分散特性、驱替特征进行了研究与讨论，得出了以下认识：

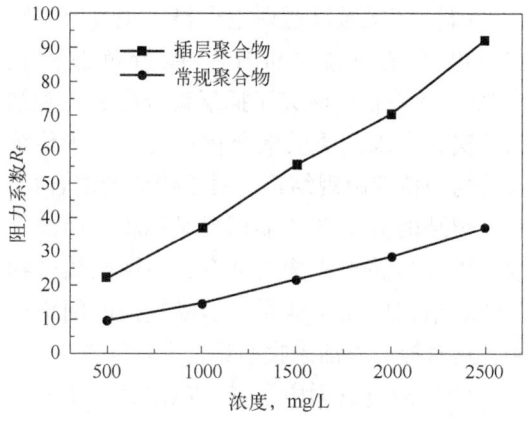
图 2-36　阻力系数随聚合物浓度的变化

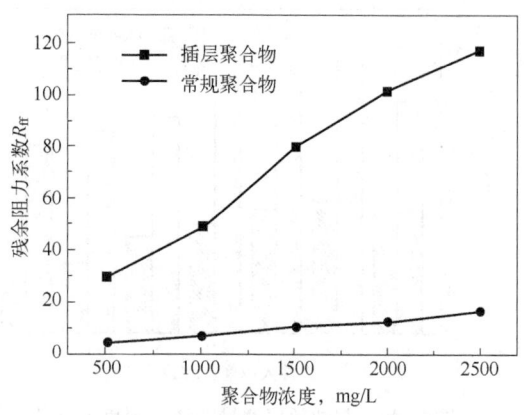
图 2-37　残余阻力系数随聚合物浓度的变化

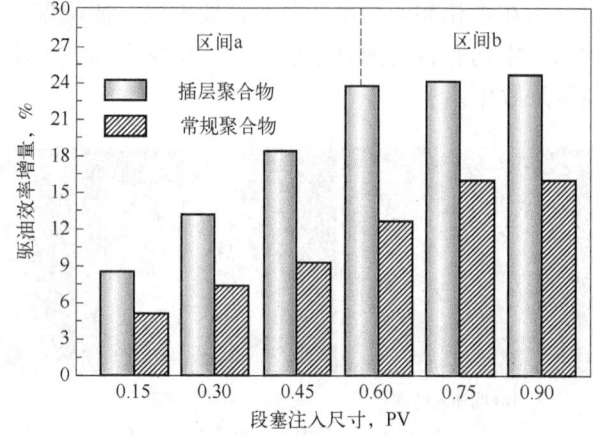
图 2-38　驱油效率增量随注入段塞尺寸的变化

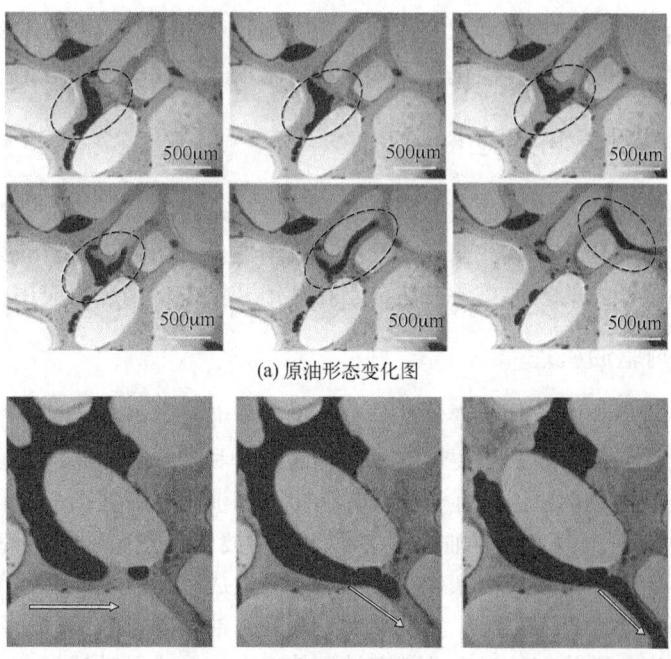
图 2-39　孔隙中原油的分布情况

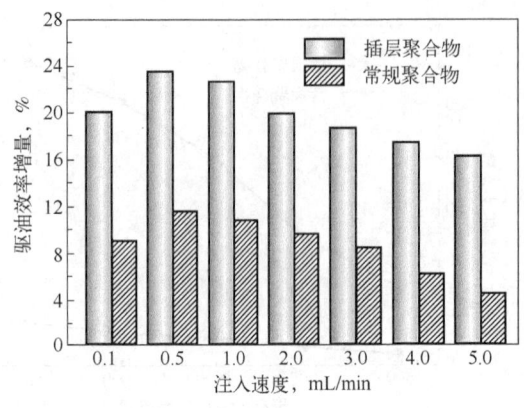

图 2-40 驱油效率增量随注入速度的变化

（1）实验通过透射电子显微镜（TEM）、扫描电子显微镜（SEM）、能量色散谱仪（EDS）等设备，研究了插层聚合物的微观结构。实验发现，插层聚合物具有不同于传统聚合物的特殊微观结构。对于传统的聚合物，只有缠结的分子链才能形成其结构，而聚合物分子链与黏土矿物层共存，在插层聚合物的微观结构中相互联系，形成复杂的网络结构，这对提高原油采收率具有重要意义。

（2）通过透射电子显微镜测试，研究了不同测试参数下插层聚合物的微观分散特性。实验发现，插层聚合物在水相和油相中的分散特性不同。插层聚合物在油相中的分散状态不均匀，但在水相和油相中均有较大的分子团聚。插层聚合物在油水界面分布良好，软化了刚性油水界面，提高了采收率。

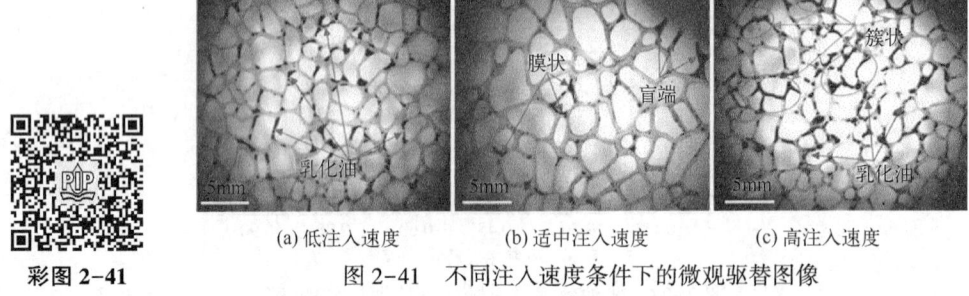

彩图 2-41　　图 2-41 不同注入速度条件下的微观驱替图像

（3）基于聚合物填砂模型驱油实验，研究了不同驱替条件下的聚合物驱替特征。实验发现，在插层聚合物驱过程中，优化注入浓度、段塞尺寸和注入速率有助于提高采收率。

三、表面活性剂驱油实验

随着石油资源的开发，稠油油藏的高效开发变得越来越重要。表面活性剂可使稠油乳化生成水包油乳液，黏度显著降低，在多孔介质中流动性显著增强。随着研究的深入，表面活性剂驱作为稠油油藏开发的一种重要方法，已在油田开发中得到广泛应用。

1. 表面活性剂驱油机理

流体在多孔介质中的流动是非常复杂的渗流过程，尤其是多相流体的渗流，其影响因素更加复杂。表面活性剂加入后，主要影响水固界面张力和油水界面张力，因此，表面活性剂启动低渗透层剩余油的根本原因也在于水固界面张力和油水界面张力的变化。

（1）降低油水界面张力。在驱油过程中驱油剂的波及系数与驱油效率是影响原油采收率的主要因素。由于表面活性剂由亲水、亲油两部分组成，所以表面活性剂能够在油水界面形成定向吸附，降低油水界面张力，使油珠发生形变，油珠通过喉道时，阻力减小，这样在亲水岩石中处于高度分散状态的残余油就会被驱替出来，形成可动油。

（2）改变原油表面润湿性。储层岩石的润湿性对油藏采收率具有重要的影响。研究表明，亲水油藏的采收率一般高于亲油油藏的采收率，其主要原因是在亲水岩石中，水可以自动吸入岩石表面，克服黏性指进，增大注入水所波及的范围，所以亲水岩石的原油采收率相对较高。注入合适的表面活性剂，能够降低油、表面活性剂溶液与岩石界面润湿接触角，改善储层岩石的润湿性，使岩石表面由亲油向中性或亲水转变，降低岩石表面对油滴的吸附力，从而使原油更容易被剥离。

（3）乳化作用。研究表明，乳化作用能够提高注入流体的波及体积和洗油效率。油膜驱替效率随着乳化作用的增强而提高。在驱油过程中，注入表面活性剂体系能够乳化原油，分散携带岩石表面上的原油，形成乳状液，油滴分散成粒径更小的乳化油滴，使油相更容易被水相夹带，提高油藏采收率。

（4）聚并形成油带。从岩石表面洗下来的油滴在移动过程中，相互碰撞聚并成油珠，油珠聚并成油带，油带不断扩大向生产井移动，进而被驱替出来。注入表面活性剂过程中油珠聚并形成油带并不断扩大。

（5）改变原油的流变性。部分原油中含有胶质与沥青质等高分子化合物，这些物质容易形成网状结构，这种结构在原油的流动下容易被破坏，所以原油具有非牛顿流体的性质。当原油静止时，这种空间网状结构形成。当原油流动时，网状结构被破坏，原油黏度降低。表面活性剂吸附在高分子化合物上，破坏原油中高分子化合物形成的网状结构，提高油藏采收率。

2. 实验案例

表面活性剂技术是开发稠油油藏高效的关键。本书基于发表在 *Journal of Molecular Liquids* 期刊的 *Pore-scale dynamic behavior and displacement mechanisms of surfactant flooding for heavy oil recovery*，研究了表面活性剂驱油实验的原理、方法、结果及分析。

本实验通过分析界面张力（IFT）、乳化状态、稳定指数（TSI）和降黏率，评价了不同浓度表面活性剂的驱油效果，并确定了最佳驱油浓度。通过建立微观可视化模型，给出了在孔隙尺度上对表面活性剂驱油不同阶段的驱替机理进行微观可视化的研究方法。

1）实验材料

实验采用的稠油产自辽河油田，为去除稠油中的水分，采用稠油密封振动电脱水装置，脱水后的稠油含水率小于 0.1%。稠油的密度、黏度和 SARA（饱和烃、芳香烃、树脂、沥青质）组成见表 2-4。以脂肪醇聚氧乙烯醚为主要原料，在实验室合成了一种阴离子—非离子表面活性剂。实验用水取自辽河油田，矿化度为 3698.0mg/L，pH 值为 6.87。水的离子组成见表 2-5。使用 HAAKE MARS Ⅲ 流变仪进行黏度测试。最高试验温度和压力分别为 300℃、40MPa。使用 40~1000 倍电子显微镜进行乳化观察，乳化速度为 2000~30000r/min。液滴粒径分析采用 LS 13 激光衍射粒度分析仪，测试粒径范围为 10nm~3500μm。

表 2-4 辽河油田稠油的基本性质

密度（30℃），g/cm³	黏度（30℃），mPa·s	饱和烃含量，%	芳香烃含量，%	树脂含量，%	沥青质含量，%
0.925	925.5	60.82	23.41	12.24	3.53

表 2-5 辽河油田水的离子组成

离子组成	阳离子			阴离子				矿化度
	Na⁺ 和 K⁺	Mg^{2+}	Ca^{2+}	Cl^-	SO_4^{2-}	HCO_3^-	CO_3^{2-}	
浓度，mg/L	931.9	64.2	179.6	899.5	62.3	133.2	1427.3	3698.0

2) 实验方案与装置

(1) 降黏率的测定。

采用不同浓度的表面活性剂溶液进行乳化降黏实验,确定表面活性剂的适宜浓度。表面活性剂的浓度范围为 0.1%~1%(质量分数),油水比为 5:5,温度为 30℃(储层温度)。采用 T18 乳化剂对稠油和水进行乳化(3000r/min,5min)。用 HAAKE MARS Ⅲ 流变仪测定了不同乳化稠油的黏度,剪切速率为 $5s^{-1}$。

(2) 乳化状态的观察。

乳化状态的观察可为后续微观驱替实验选择合适的表面活性剂浓度提供依据。利用 Olympus BX53 电子显微镜观察微乳化状态,样品用刮板刀片制备。该方法的优点是观察到的样品厚度一致,有助于清晰地观察微乳化状态。用激光衍射粒度分析仪测量了乳状液的液滴尺寸分布。

(3) 界面张力的测量。

稠油与表面活性剂溶液之间的界面张力(IFT)测试采用 TX500C 界面张力仪。试验范围为 $10^{-5}\sim10^{2}$ mN/m。实验过程中,旋转速度为 5000r/min,稳定 30min 后进行测试。连续测试 1h,每 10 次自动计算 IFT 值。将测试所得的 IFT 值取平均值,以确定在这些实验条件下稠油与水之间的界面张力。

(4) Turbiscan 稳定性指标实验。

使用 Turbiscan Lab Expert 稳定性分析仪评估油水乳液的稳定性。利用 Turbiscan EasySoft 软件得出的 Turbiscan 稳定性指数(TSI)可以评估乳状液的稳定性。TSI 值越低,油水乳状液越稳定。实验中,表面活性剂的浓度为 0.1%~1%,油水比为 5:5,储层温度为 30℃,测试时间为 4h。

(5) 微观可视化实验。

采用微观刻蚀玻璃模型研究了表面活性剂驱油的流动特征和机理。图 2-42 为微观可视化装置的示意图。利用玻璃刻蚀板的透光率,通过图像采集装置实时监测稠油和表面活性剂溶液在孔隙和喉道中的动态行为。通过调节图像采集系统的放大倍数,可以在不同分辨率下观察表面活性剂溶液对稠油的作用。

实验采用的刻蚀玻璃模型是根据实际稠油油藏孔隙结构用光化学方法在玻璃板上刻蚀气孔和喉道网络制成的(图 2-43)。模型长 10cm,宽 1cm,刻蚀深度 50μm。模型的基质孔隙

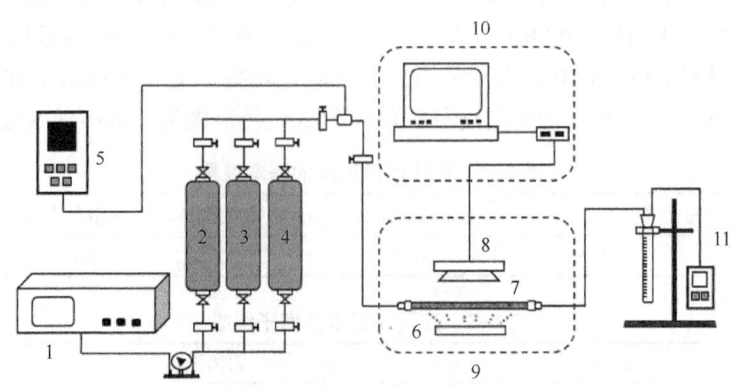

图 2-42 驱油实验微观可视化设备示意图

1—恒流量泵;2—中间容器(水);3—中间容器(油);4—中间容器(表面活性剂溶液);
5—压力传感器;6—光源;7—微观可视化模型;8—数字摄像机;9—培养箱;10—图像采集系统;11—流体收集系统

率和孔隙体积分别约为 40% 和 0.02cm³。实验主要包括模拟油藏形成和表面活性剂驱两个过程，实验温度为 30℃，注入速率为 0.002mL/min，表面活性剂浓度为 0.5%。

刻蚀玻璃模型抽真空后饱和水，油从出口排出后注入 5PV 稠油。将模型置于 30℃ 的恒温箱中，老化 24h。在表面活性剂驱过程中，以 0.002mL/min 的恒定速度注入。对表面活性剂驱油的不同阶段进行观察和记录，研究不同驱替阶段的动态和驱替机理。

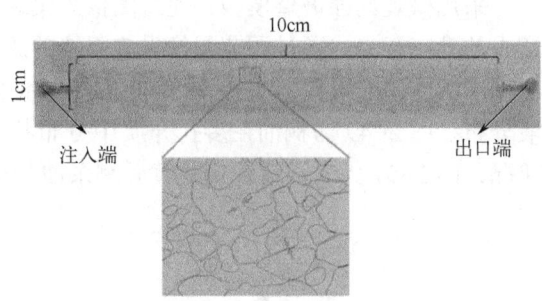

图 2-43　孔隙结构的微观可视化模型
孔喉尺寸分布：10~300μm

3）实验结果

实验首先进行了稠油与表面活性剂溶液之间的界面张力测定，得到了不同表面活性剂浓度下油水乳状液的 IFT 值（图 2-44）。然后利用电子显微镜观测出不同浓度表活剂下乳状液的油水乳状液的平均液滴尺寸（图 2-45）。使用 Turbiscan Lab Expert 稳定性分析仪评估油水乳液的稳定性和采用不同浓度的表面活性剂溶液进行乳化降黏实验，得到不同浓度表面活性剂下乳状液 TSI 值（图 2-46）及油水乳状液的黏度和降黏率（图 2-47）。

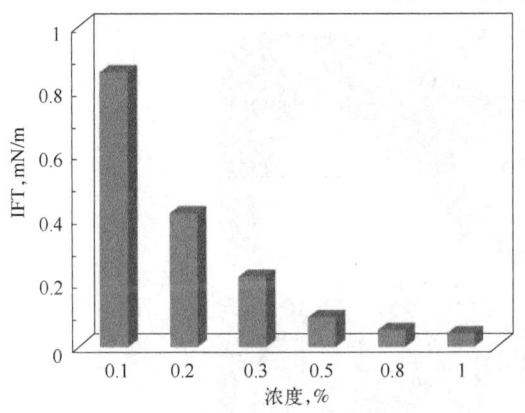

图 2-44　不同浓度表活剂下油水乳状液的 IFT 值

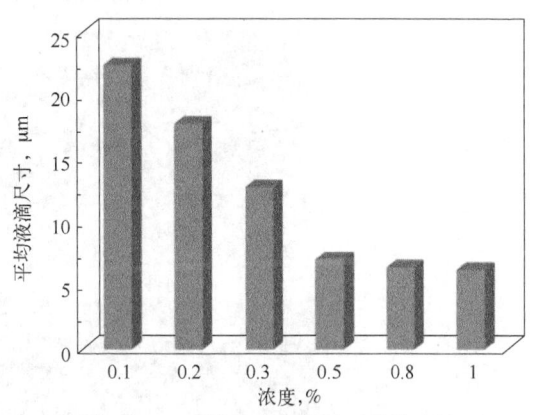

图 2-45　不同浓度表活剂下乳状液的平均液滴大小和乳化状态

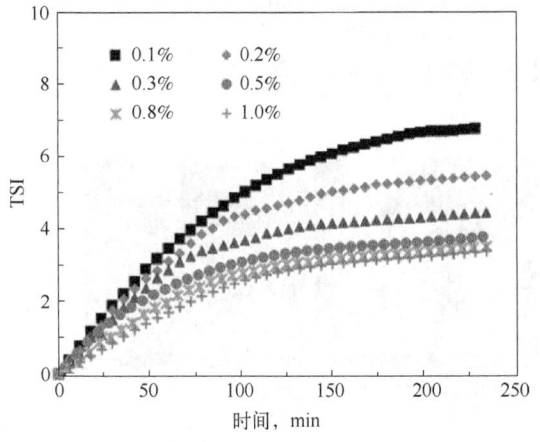

图 2-46　油水乳状液 TSI 值

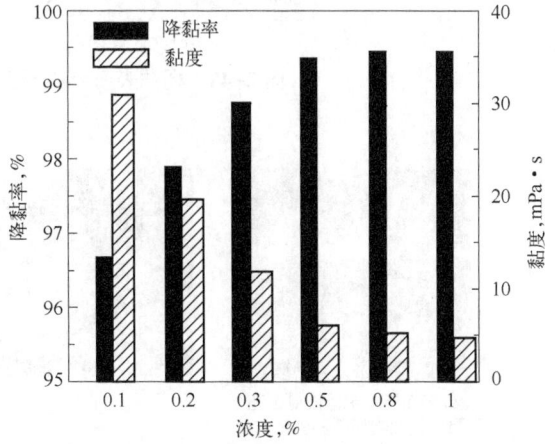

图 2-47　不同表面活性剂浓度下的黏度及降黏率

采用微观刻蚀玻璃模型，通过图像采集装置实时监测稠油和表面活性剂溶液在孔隙及喉道中的动态行为。通过调节图像采集系统的放大倍数，得到了不同分辨率下表面活性剂溶液对稠油的作用的图像。图 2-48 为表面活性剂驱油过程中压力变化曲线及不同阶段油水乳状液分布。图 2-49 为稠油在多孔介质中分布状态，图 2-50 为孔喉中稠油乳状液分布及流动状况，图 2-51 为表面活性剂驱替后剩余油分布。

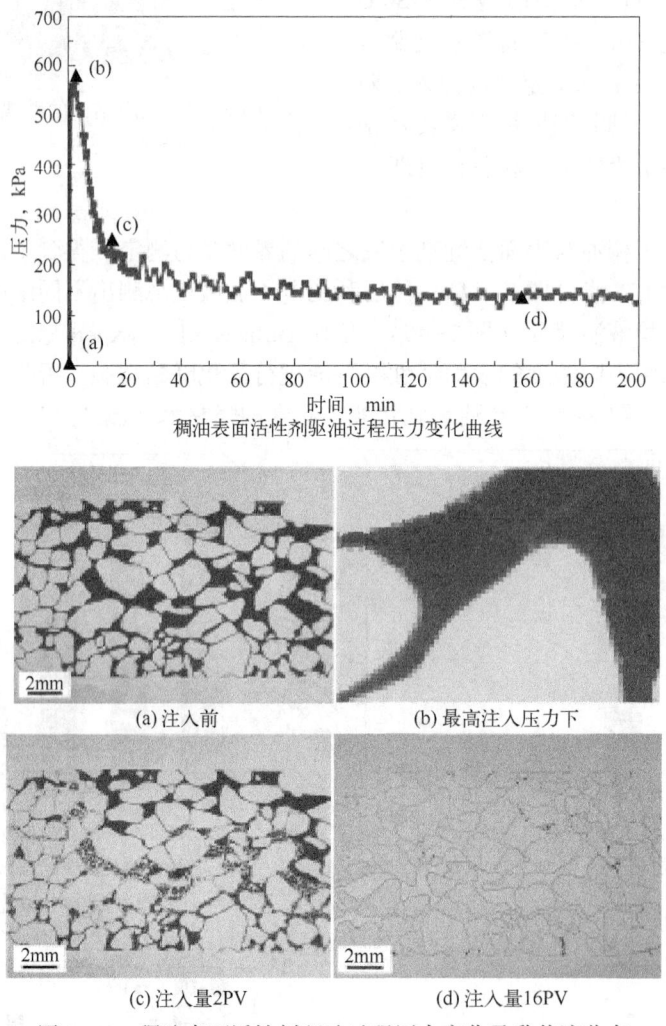

图 2-48　稠油表面活性剂驱油过程压力变化及乳状液分布

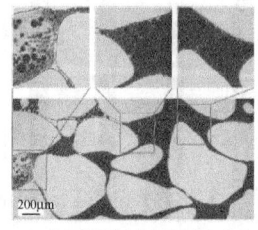
(a) 表面活性剂溶液对多孔介质中稠油的切断和乳化效果

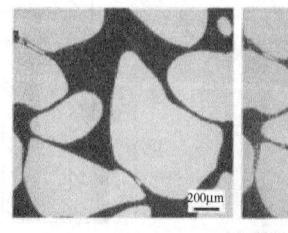
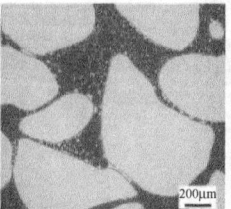
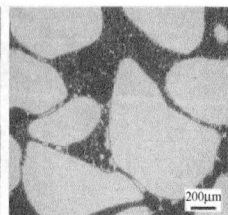
(b) 稠油乳状液在多孔介质中的迁移

图 2-49　稠油在多孔介质中分布状态

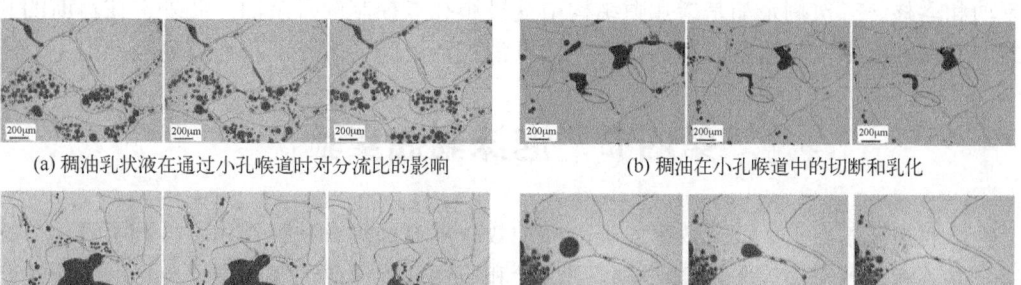

(a) 稠油乳状液在通过小孔喉道时对分流比的影响　　(b) 稠油在小孔喉道中的切断和乳化

(c) 大孔喉道中稠油乳状液的旋转乳化　　(d) 小孔喉道中稠油的拖曳切断乳化

图 2-50　孔喉中稠油乳状液分布及流动状况

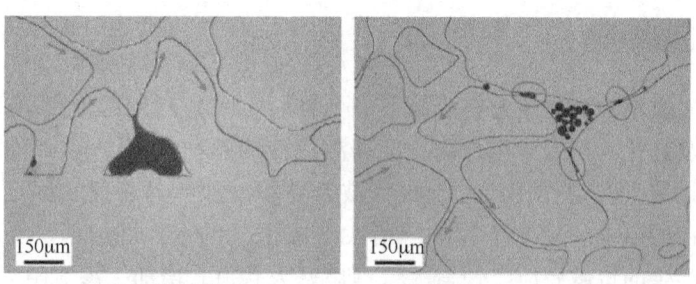

(a) 旋转乳化无法发生　　(b) 当液滴流入小喉道时,分流比为0

图 2-51　表面活性剂驱替后剩余油分布

4）讨论与分析

本实验通过分析界面张力（IFT）、乳化状态、稳定指数（TSI）和降黏率对不同浓度表面活性剂驱油效果进行分析。通过建立微观可视化模型，采用刻蚀玻璃模型对表面活性剂驱在孔隙尺度不同阶段的微观驱替过程进行了研究，得出以下认识：

（1）基于不同浓度的表面活性剂溶液的乳化降黏作用和稳定性、降黏效果实验及界面张力测量分析，确定了本实验表面活性剂的最佳驱油浓度。分析认为，阴离子—非离子表面活性剂具有良好的乳化降黏效果。当浓度为 0.5% 时，IFT 仅为 0.092mN/m，油水乳状液平均粒径为 7.1μm，降黏率高达 99.37%。

（2）用电子显微镜对驱油过程中稠油和表面活性剂溶液乳化状态进行连续观察，了解整个表面活性剂驱油过程。分析认为，表面活性剂驱油可分为三个阶段：第一阶段是大规模切割和进一步乳化的过程；第二阶段是表面活性剂溶液流动通道的形成和扩张；第三阶段是表面活性剂驱的无效波及。前两阶段稠油产量最高。

（3）基于微观可视化实验，对表面活性剂驱油早期、中期和后期的驱油机理进行了研究。分析认为，表面活性剂驱油早期以乳化为主，驱替过程相对稳定。随着表面活性剂溶液的注入，稠油液滴逐渐被切割、乳化、驱替。中期的主要机理是稠油滴暂时堵塞小孔喉，导致导流比发生变化。表面活性剂对黏附稠油膜的拉伸作用，切割小的孔喉和堵塞大的稠油油滴。后期的主要机理是表面活性剂溶液对滞流区稠油的拉升、剥离和带旋流作用，滞流区稠油受大孔喉控制。在小喉道控制的孔隙体系中，驱替作用的主要影响因素是表面活性剂溶液的携液和乳化切割。驱替结束后将剩余油类型划分为一次剩余油和二次剩余油。一次剩余油为死孔隙中的稠油，死孔隙由极小的孔喉控制，在整个表面活性剂驱油过程中，这部分油没有流动和运移。二次剩余油是指孔隙结构中受极小孔喉控制的残余油。此外，在目前的开发模式下，稠油液滴发生堵塞，驱油压力无法抵消稠油液滴通过外部小喉道的额外阻力。

第四节　泡沫驱油实验

泡沫驱油技术在扩大波及效率、提高驱油效率等方面具有独特作用，得到了日益广泛的关注，并逐渐在致密油等非常规油藏得到试验和应用。泡沫驱油实验主要包括泡沫液性能测定和岩心驱油模拟两大类型。本节在总结泡沫驱油机理的基础上，通过展示2个研究案例，详细介绍了下述4方面的泡沫驱实验：（1）静态泡沫稳定性实验；（2）显微镜下观察泡沫形态实验；（3）泡沫微观可视化模型驱替实验；（4）泡沫岩心驱替实验。

一、泡沫驱油机理

泡沫驱提高采收率的机理主要在于以下三个方面：（1）利用起泡剂降低油水界面张力，改变岩石润湿性及乳化、携带作用机制，提高注入液的驱油效率。（2）泡沫可以通过选择性封堵和大气泡封堵大孔道作用机制，扩大波及体积。泡沫具有遇水稳定、遇油消泡的特性，从而实现了在油层中"堵水不堵油、堵大不堵小"的选择性封堵。在油藏多孔介质中渗流通过喉道所产生的贾敏效应，使得大气泡堵塞大孔道，增加了渗流阻力，提高了油藏的驱动压差，改变了微观波及面积。（3）泡沫气体的气驱作用，如空气泡沫驱中，空气与原油发生低温氧化反应，产生二氧化碳及热量，具有烟道气驱的作用。

泡沫驱油体系是泡沫驱油技术的核心，室内评价实验是通过评价驱油体系与目标油藏储层物性和油藏流体物化性质的配伍性，研究驱替方式、方法、化学剂用量、段塞大小及组合方式对提高驱油效率和扩大波及体积的贡献，从而优化出最佳体系组成。实验包括两部分，一是静态评价实验，主要评价或优化体系的静态参数，以化学剂自身的物理化学性质为主体进行筛选；二是物理模拟实验（也称为动态评价实验）。

静态评价实验中主要有8个具代表性的泡沫性能特征：

（1）剪切发泡特征。主要评价起泡剂的发泡性能及泡沫的衰变特性。

（2）泡沫破灭再生特征。泡沫流体在多孔介质中并不是以整体形式流动的，在多孔介质的持续剪切作用下，气泡不断地破灭和再生，组成泡沫的气相和液相则以液膜破裂和再生成的方式在多孔介质中渗流。为了表征这种剪切作用对泡沫的再生性能的影响，可通过测量剪切后的发泡率及析液半衰期，以评价泡沫液的剪切作用下的发泡性能。

（3）泡沫增黏特征。通过定浓搅拌泡沫增黏、定速搅拌泡沫增黏和搅拌时间增黏实验，确定形成稳定泡沫的起泡剂浓度、搅拌速度、搅拌时间。

（4）泡沫流变特征。通过正向或反向剪切模式测定泡沫液的流变曲线，分析剪切速率对流变特性的影响，确定最佳剪切速率。利用不同浓度的起泡剂溶液完成泡沫流变性测定实验，分析起泡剂浓度对流变特性的影响，确定起泡剂浓度。

（5）空气泡沫黏弹特征。通过泡沫应力振幅扫描和动态振荡实验确定测试样品的黏弹特性。

（6）超低表/界面能特征。测定起泡剂溶液的表面张力及其与原油间的界面张力。

（7）油敏感特征。测定不同泡沫体系在加入原油后，对其发泡率、析液半衰期、泡沫半衰期的影响,评价泡沫体系的耐油性。

(8) 油藏配伍特征。模拟实际油藏条件,开展耐温抗盐性、抗吸附能力、稳泡剂浓度及类型对泡沫体系稳定性的影响实验,高温高压空气泡沫形态观察及性能评价实验,研究泡沫体系在地层中的驱油能力。

物理模拟实验所用模型分为两类:一是均质岩心或均质模型,二是非均质岩心或模型。通过分析不同实验方案的驱油效率提高幅度,确定包括气液比、起泡剂浓度、渗透率、注入速度等参数的合理注入方式。此外,微观物理模拟实验能直观地揭示不同润湿性和驱替剂的微观渗流特征。通过泡沫在多孔介质中的微观渗流实验,可以观察泡沫在孔隙介质中的产生、运移、破灭及再生过程,从微观角度对空气泡沫的微观驱油机理进行研究。

二、实验案例

本案例选自发表在期刊 *Fuel* 上的文章 *Synergy of hydrophilic nanoparticle and nonionic surfactant on stabilization of carbon dioxide-in-brine foams at elevated temperatures and extreme salinities*。该案例通过开展不同温度和盐度下非离子表面活性剂 $C_{12}E_{23}$ 与亲水性纳米颗粒 T40 纳米颗粒稳定的 CO_2 泡沫的稳定性评价实验和形态特征、均质性不同的微管可视化模型泡沫的流动特征及填砂管泡沫驱油实验,研究了 $C_{12}E_{23}$/T40 稳定的 CO_2 泡沫在高盐度和高温下的稳定性能及在多孔介质中的流动特性。

1. 实验概况

通过测定泡沫半衰期、泡沫体积、界面张力、黏弹性模量及黏度变化,对高温和极端盐度下 T40 和 $C_{12}E_{23}$ 协同稳定的 CO_2 泡沫的静态稳定性进行了评价;通过泡沫在均质、非均质微观可视化模型及填砂管中的流动特征实验,分析了泡沫的驱油机理和 $C_{12}E_{23}$/T40 泡沫的协同稳定效果。

2. 实验材料及装置

1) 实验材料

该实验主要材料包括:起泡剂十二醇聚氧乙烯醚($C_{12}E_{23}$)、纳米颗粒、去离子水、染色剂和液态 CO_2。

$C_{12}E_{23}$ 是一种非离子表面活性剂,摩尔质量约为 1199.55g/mol,分子结构如图 2-52 所示,用于制备实验中的 CO_2 泡沫。其外观为乳白色或淡黄色固体,水溶液清澈透明。亲水性 T40 纳米颗粒,比表面积为 400,可以被水润湿,并且可以很容易地分散在水中,直径约为 30nm。将纯度高于 99.0%(质量分数)的 NaCl、$MgCl_2$ 和 $CaCl_2$ 依次溶解在去离子水中,用来模拟不同盐度的地层水。纯度高于 90%(质量分数)的靛蓝用来给水染色。液态二氧化碳的纯度为 99.9%。

2) 实验装置

实验装置有:电子天平、磁力搅拌器、超声波处理器、机械搅拌器、泡沫扫描仪、界面张力计、流变仪及显微镜等。其中,如图 2-53 所示的 FoamScan 可通过图像分析和电导率测量来监测发泡性、泡沫稳定性以及液体含量等发泡性能,还可以使用单元尺寸分析(CSA)功能分析气泡尺寸及其分布,进而对不稳定过程进行可视化分析。

泡沫微观可视化模型驱油实验的装置如图 2-54 所示,泡沫发生器可以是不同渗透率的填砂管,该装置也可用于泡沫填砂管驱油实验。

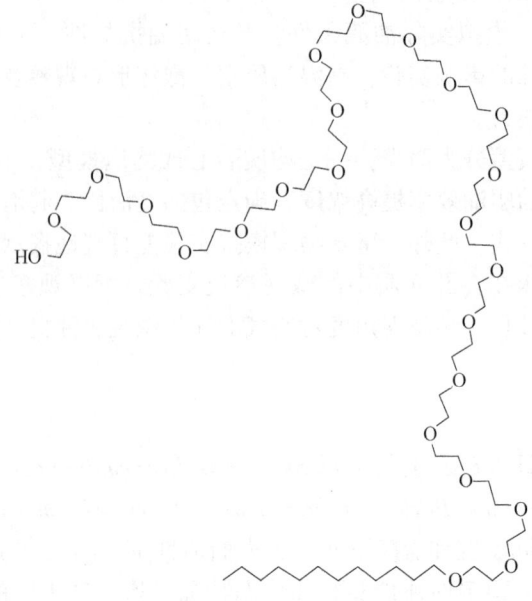

图 2-52 $C_{12}E_{23}$ 的分子结构图

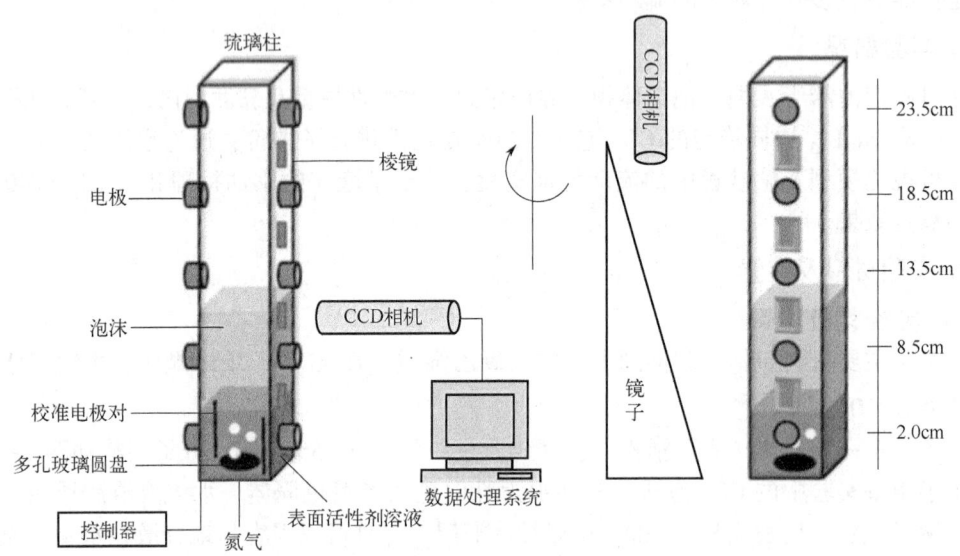

图 2-53 泡沫扫描仪的示意图

3. 实验步骤

1) 分散剂制备

(1) 制备浓度为 1.5%（质量分数）的亲水性 T40 纳米粒子的分散体；

(2) 将表面活性剂 $C_{12}E_{23}$ 和盐添加到分散体中，然后进行 2400s 的超声处理。在一个循环中，将分散体进行 180s 的超声处理和 60s 的静置，同时使用水浴将温度保持在 25℃；

(3) 最后分散体在室温下保持静止 24h，以实现表面活性剂在纳米粒子表面上的稳定吸附。

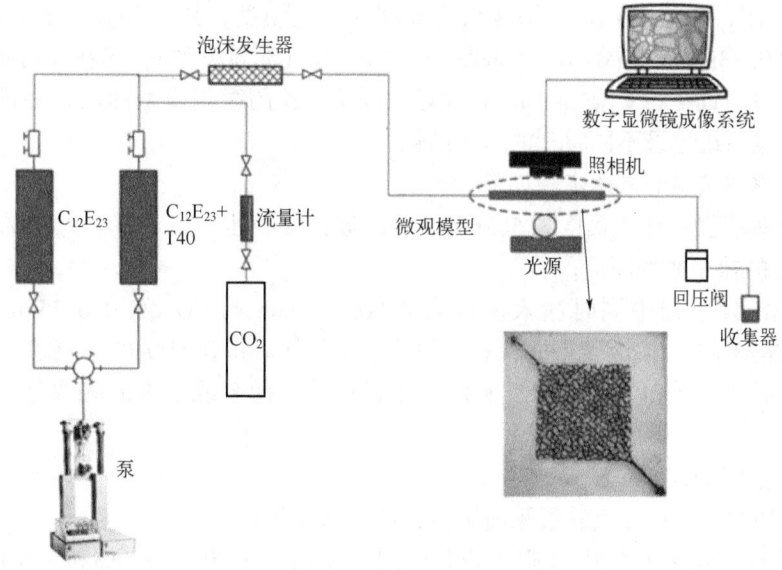

图 2-54　微观可视化模型驱油实验装置

2) 泡沫耐温性、耐盐性评价实验

(1) 将 CO_2 注入搅拌器杯中 1min，以确保所有空气都被替换。

(2) 通过装有减压阀的 CO_2 气瓶将 CO_2 注入搅拌器杯中。CO_2 的分子量为 44，空气的分子量为 29，因此在 CO_2 底部会与表面活性剂溶液作用产生 CO_2 泡沫。此外，需要用保鲜膜密封搅拌杯，以防止泄漏或空气侵入。

(3) 搅拌机以 8000r/min 的固定速度运行 180s，以产生稳定的 CO_2 泡沫。然后将 CO_2 泡沫迅速转移到量筒中，并用保鲜膜密封。

(4) 读取并记录初始泡沫体积。其中，起泡能力通过初始泡沫体积来评价，泡沫稳定性通过半衰期来评价。

此外，当测定盐度对 CO_2 泡沫性能的影响时，盐水以 NaCl、$CaCl_2$ 和 $MgCl_2$ 为原料，质量比为 8：1：1 制备。

3) 泡沫的形态微观演化实验

使用泡沫扫描仪测定泡沫在不同温度下的微观演变性。具体步骤如下：

(1) 采用矩形玻璃柱，通过多孔玻璃圆盘向溶液高度为 60mm 的液体中喷射氮气，产生恒定的泡沫体积 80mL。

(2) 泡沫体积由第一个相机监测，同时测量高度为 20mm 的第一个电极处液体的电导率。在玻璃柱上的固定位置，即液面高度在 25mm 以上的第二电极和液面高度在 45mm 以上的第二个相机的棱镜，同时进行电导率测量，即液相体积分数测定、泡沫尺寸和泡沫尺寸分布的 CSA 测定。此外，CSA 相机须每隔 20s 记录气泡的微观演化。

4) 微观可视化模型驱油实验

实验中微观可视化模型（后称微观模型）包括非均质和均质多孔介质。不同模型中泡沫流动特征实验的具体步骤如下：

(1) 在驱替过程中，微观模型背压保持 2.0MPa，同时向微观模型中注入盐度为 $1×10^5$mg/L 的盐水，实验过程中，预生成泡沫以 2：1 的气液比注入，流速保持在 0.005mL/min；

(2) 将 $C_{12}E_{23}$/T40 或 $C_{12}E_{23}$ 泡沫从底部注入微观模型，其中 $C_{12}E_{23}$ 和 SiO_2 纳米颗粒的浓度分别为 0.83mM（1mM=0.001mol/L）和 0.5%（质量分数），当在非均质微观模型的三个区域产生均匀致密的 $C_{12}E_{23}$/T40 泡沫时，停泵，关闭微观模型的出口和进口。同时利用数字显微成像系统记录不同时刻的泡沫图像。

微观模型驱油实验的具体步骤如下：

(1) 在微观模型中注入黏度为 502mPa·s 的原油驱替水，然后注入大于 2.0PV 且盐度为 $1×10^5$mg/L 的盐水驱替原油。

(2) 在泡沫发生器中同时注入流速为 0.005mL/min 的 CO_2 和 0.0025mL/min 的含有 SiO_2 纳米颗粒的 $C_{12}E_{23}$ 溶液，生成相对均匀的泡沫，然后将 0.5PV 的 $C_{12}E_{23}$/T40 泡沫注入微观模型，最后注入 2.0PV 的盐水。利用数字显微镜成像系统记录的图像分析微观模型中的泡沫流动特性。

5) 填砂管驱油实验

填砂管参数见表 2-6。填砂管驱油实验具体步骤如下：

(1) 将具有不同 SiO_2 浓度（质量分数分别为 0.0%、0.5%、1.0% 和 1.5%）的 $C_{12}E_{23}$ 溶液注入前 4 个填砂管；

(2) 每个填砂管首先用盐度为 $1×10^5$mg/L 的盐水饱和，以测量其渗透率和孔隙体积；

(3) 填砂管背压始终设置为 2.0MPa，盐水以 1.0mL/min 的流速注入，含有 SiO_2 纳米颗粒的 $C_{12}E_{23}$ 液体和 CO_2 以 0.5mL/min 和 1.0mL/min 的速度注入；

(4) 实验开始后，在不同的时间测量压力差以及产出水和原油的体积。

此外，在采油实验中，在残余水饱和度下进行了水驱，当采出液含水率达到 98% 时，注入泡沫驱替残余油。当含水率再次达到 98% 时，停止注入泡沫。

表 2-6 填砂管物理参数

编号	直径，cm	长度，cm	渗透率，mD	孔隙度，%	二氧化硅浓度（质量分数），%	$C_{12}E_{23}$ 浓度，mM	背压，MPa
1	2.54	60.0	4883	40.8	0	2.49	2.0
2	2.54	60.0	5106	40.2	0.5	0.83	2.0
3	2.54	60.0	5013	39.6	1.0	1.32	2.0
4	2.54	60.0	5188	42.1	1.5	2.49	2.0
5	2.54	60.0	4933	43.1	0.5	0.83	2.0

4. 实验结果

1) 不同温度和盐度下的泡沫稳定性

不同温度条件的泡沫体积、半衰期、$C_{12}E_{23}$/T40 溶液与 CO_2 的界面张力和黏弹性模量实验结果如图 2-55、图 2-56 所示。20℃时不同盐度 $C_{12}E_{23}$ 和 $C_{12}E_{23}$/T40 分散体系的黏度实验结果如图 2-57 所示。

2) 泡沫的微观形态

(1) $C_{12}E_{23}$/T40 泡沫的静态特征。利用超深视显微镜仪器可以得到 $C_{12}E_{23}$ 以及 $C_{12}E_{23}$/T40 稳定的 CO_2 泡沫体系在没有盖玻璃和盖玻璃的条件下泡沫体系的特征（图 2-58）。

(2) $C_{12}E_{23}$/T40 泡沫在高温条件的特征。利用超深视显微镜仪器记录泡沫在不同温度和时间的图像（图 2-59）。

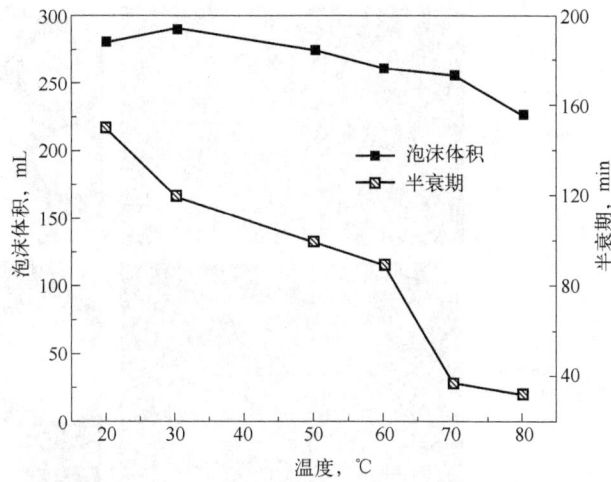

图 2-55　不同温度下 $C_{12}E_{23}$/T40 泡沫体积与半衰期变化曲线（无盐度）

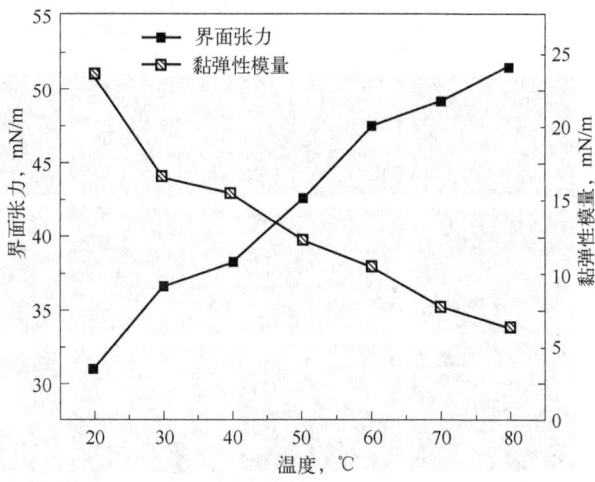

图 2-56　不同温度下 $C_{12}E_{23}$/T40 稳定的 CO_2 泡沫体系界面性能曲线（无盐度）

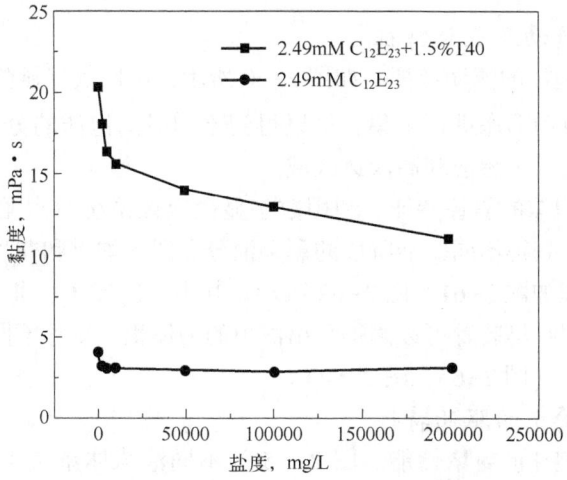

图 2-57　20℃不同盐度 $C_{12}E_{23}$/T40 分散体系的黏度变化曲线

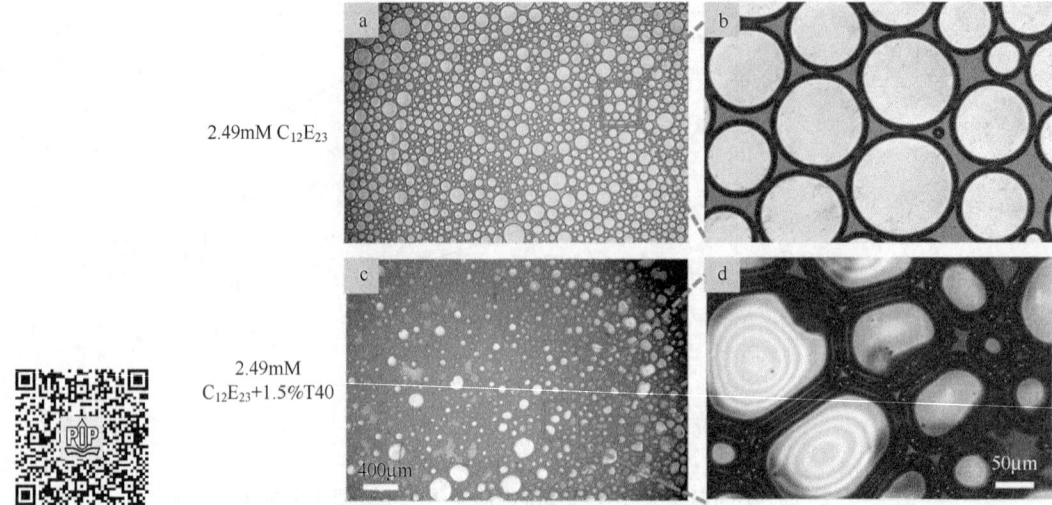

图 2-58　$C_{12}E_{23}/T40$ 和 $C_{12}E_{23}$ 稳定的 CO_2 泡沫体系的显微图

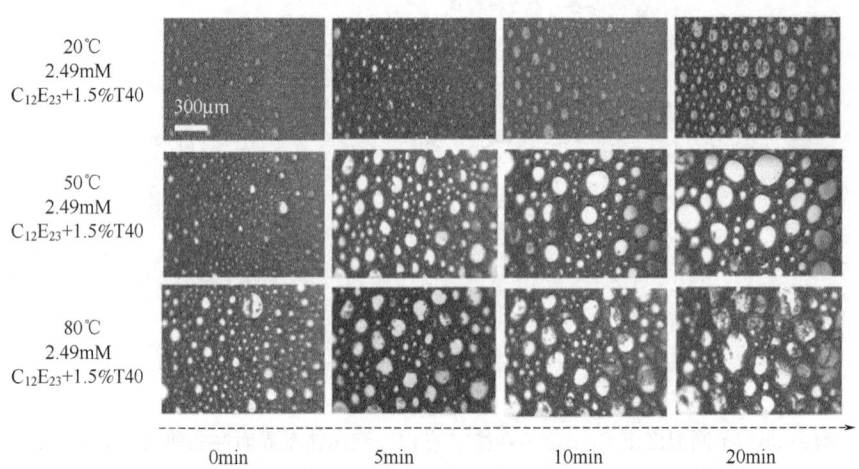

图 2-59　$C_{12}E_{23}/T40$ 稳定的 CO_2 泡沫在不同温度的微观演化图

3）泡沫的微观流动及驱替特征

（1）$C_{12}E_{23}/T40$ 泡沫的流动特征。如图 2-60 所示，利用数字显微成像系统对非均质微观可视化模型中泡沫流动形态进行采集，可以得到不同时间泡沫的分布图。其中，Ⅰ、Ⅱ、Ⅲ区域分别代表低渗透、中渗透和高渗透区域。

（2）$C_{12}E_{23}/T40$ 泡沫的驱替特征。利用数字显微成像系统对水驱和泡沫驱过程的剩余油分布进行图像采集，获得不同驱油阶段的剩余油分布图。均质和非均质微观模型的水驱和 $C_{12}E_{23}/T40$ 泡沫驱过程如图 2-61、图 2-62 所示。其中，区域Ⅰ、Ⅱ、Ⅲ分别代表低渗透、中渗透和高渗透。利用收集装置可以测得采出液中的油体积，得到不同注入量下均质和非均质微观模型的驱油效率（图 2-63、图 2-64）。

4）泡沫在填砂管中的驱油特性

（1）$C_{12}E_{23}/T40$ 泡沫的封堵性能。图 2-65 为不同泡沫体系及不同注入量下的封堵压力。图 2-66 为不同 T40 浓度下的压力梯度。

第二章 油气藏开发物理模拟实验 093

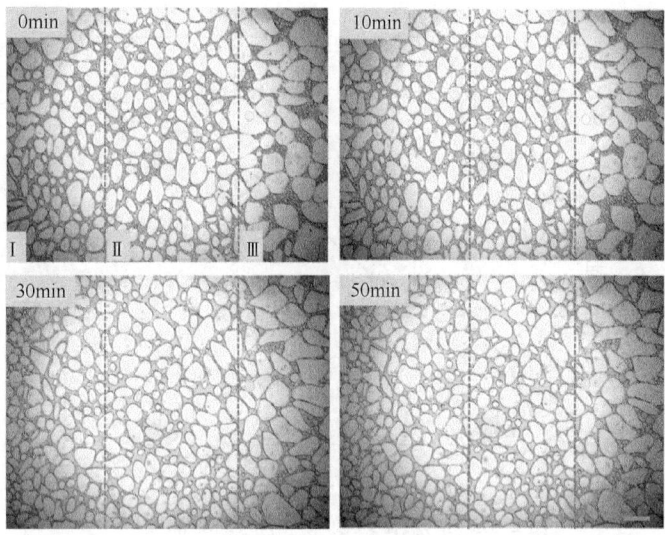

图 2-60 $C_{12}E_{23}$/T40 泡沫在非均质微观模型中的分布图

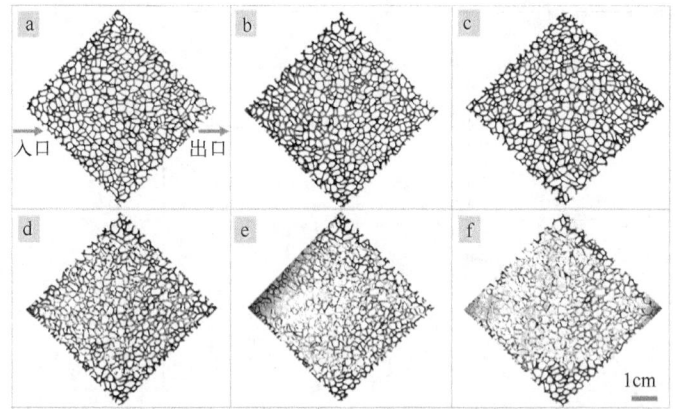

图 2-61 均质微观模型中的水驱和 $C_{12}E_{23}$/T40 泡沫驱

彩图 2-61

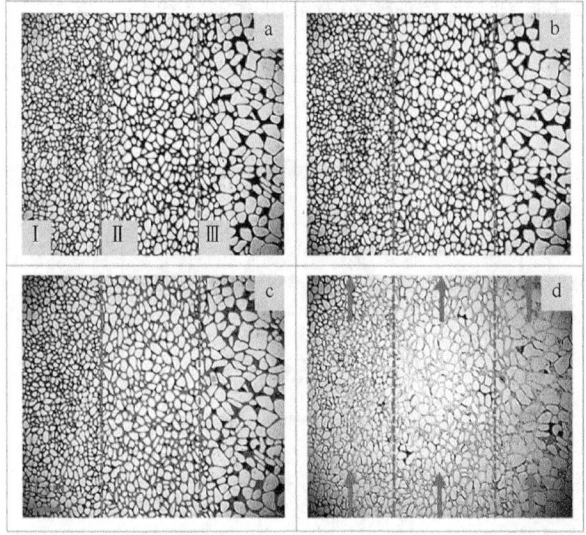

图 2-62 非均质微观模型的水驱和 $C_{12}E_{23}$/T40 泡沫驱

彩图 2-62

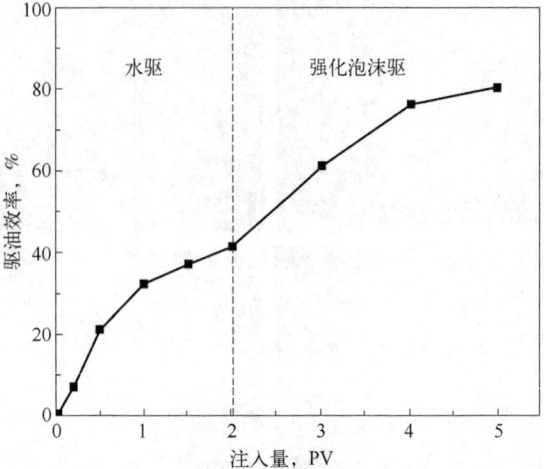

图 2-63 均质微观模型中泡沫的驱油效率

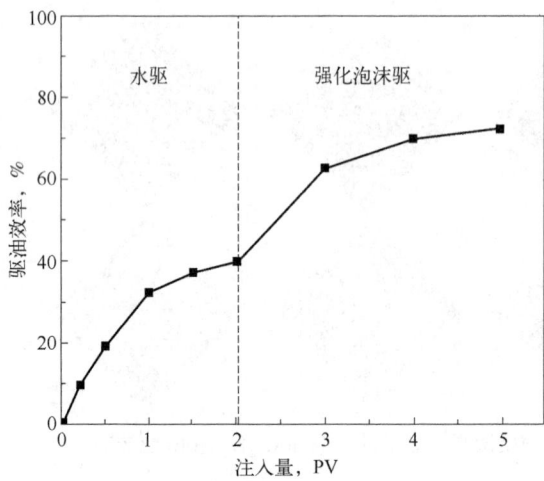

图 2-64 非均质微观模型中泡沫的驱油效率

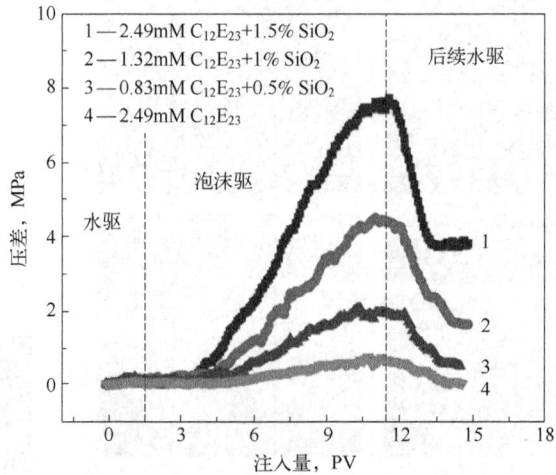

图 2-65 不同泡沫注入量与压差的关系图

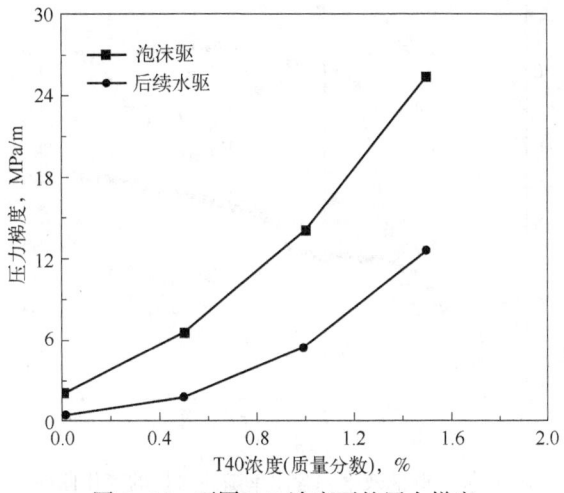

图 2-66　不同 T40 浓度下的压力梯度

（2）$C_{12}E_{23}$/T40 泡沫提高采收率的性能。渗透率为 4933mD 的填砂管在水驱和泡沫驱过程不同注入量时的驱替压差如图 2-67 所示。利用收集装置可以测得采出液中油和水的体积，得到不同注入量下驱油效率和含水率（图 2-68）。

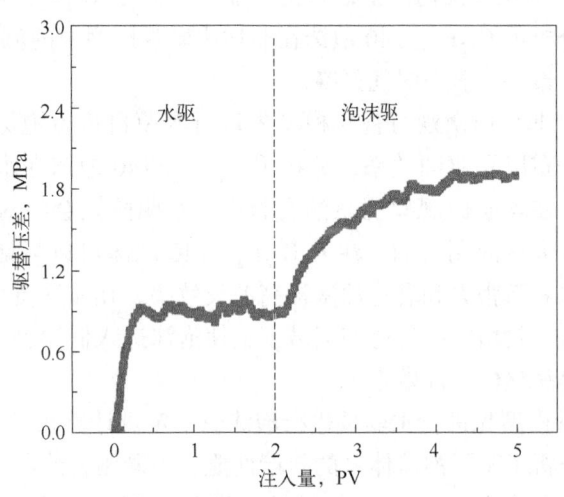

图 2-67　驱替压差随注入量的变化曲线（0.5% T40，0.83mM $C_{12}E_{23}$）

5. 讨论与分析

根据上述实验结果，对 $C_{12}E_{23}$/T40 泡沫体系的耐温度和耐盐性、$C_{12}E_{23}$/T40 泡沫体系在显微镜下的形态、$C_{12}E_{23}$/T40 泡沫在均质及非均质微观模型中的驱替特征、$C_{12}E_{23}$/T40 泡沫在填砂管中的驱油性能等进行了研究与讨论。得到了以下结论和认识：

（1）实验通过测定不同温度和盐度条件下的泡沫半衰期、泡沫体积、CO_2 与 $C_{12}E_{23}$/T40 溶液界面张力及黏弹性模量、泡沫体系的黏度等，分析了高温和高盐对泡沫稳定性的影响。该研究认为，以 1.5% 的 T40 和 2.49mM 的 $C_{12}E_{23}$ 稳定的 CO_2 泡沫为最佳配方，在高温高盐条件下仍然具备相对良好的性能。

（2）实验利用超深视显微镜仪器记录了不同时间和条件下的泡沫状态图像，分析了泡

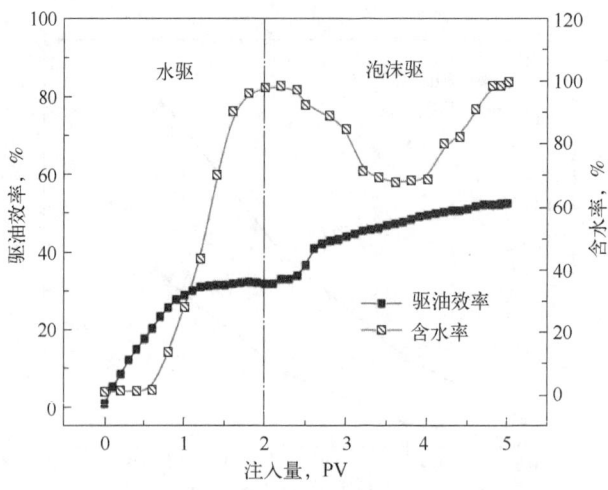

图 2-68　驱油效率和含水率随注入量的变化曲线

沫的形状、边界面积和数量等。该研究认为，$C_{12}E_{23}$/T40 泡沫的形状更不规则，泡沫膜看起来更厚，机械强度较高，能抵抗一定程度的变形。在高温条件下，$C_{12}E_{23}$/T40 在 20min 后仍然吸附在泡沫膜上，表现出了耐高温性。

（3）实验对非均质微观可视化模型进行泡沫驱，得到了 $C_{12}E_{23}$/T40 泡沫在非均质微观模型中的分布状态，分析了 $C_{12}E_{23}$/T40 泡沫在非均质微观模型中的流动特征。该研究认为，泡沫在高渗透区域发生聚并，破裂时间最晚。

（4）实验对均质及非均质微观可视化模型先进行水驱再进行泡沫驱，得到了不同模型在不同阶段的剩余油分布以及驱油效率，分析了 $C_{12}E_{23}$/T40 泡沫在水驱及泡沫驱阶段的驱替特征。该研究认为，在均质微观模型驱油实验中，水驱阶段会沿对角线方向快速形成水道，非主流线区域仍有大量的剩余油。注入 $C_{12}E_{23}$/T40 泡沫可以封堵主流线区域，通过增加波及面积、降低油水界面张力和乳化油滴提高波及效率。在非均质微观可视化模型驱油实验中，泡沫会优先进入并封堵中高渗透率区域，迫使泡沫进入低渗透率区域，通过增加波及面积和洗油效率大幅提高整体驱油效率。

（5）实验对填砂管模型先进行水驱再进行泡沫驱，定量计算得到了不同条件下的压差、含水率和驱油效率。分析了不同泡沫体系的封堵性能、不同驱替阶段驱油效率和含水率随注入量的变化规律。该研究认为，$C_{12}E_{23}$/T40 泡沫的稳定性越好，在填砂管中的封堵性能越好。$C_{12}E_{23}$/T40 泡沫能够更好地堵塞水驱后的水窜通道，增加波及面积，从而提高驱油效率。

第五节　气驱油实验

注气驱油技术是向油层中注入某种或多种混合性气体，包括二氧化碳气体、氮气、烟道气、天然气等，是目前油田中重要的三次采油技术。现行的注气开发方式主要有气水交注、注气吞吐、一次接触混相驱和多次接触混相驱等。各种注气驱油技术提高采收率作用机理有所差异，主要涉及以下几种：注入气溶解于原油后增大原油体积、降低原油黏度、改善毛细管吸渗作用；抽提原油轻质组分降低残余油饱和度；使原油达到混相状态改善渗流能力；保持油气藏压力。

一、细管实验测定混相压力

细管实验是指在细管模型中进行的模拟驱替实验，它是实验室常用的测定最小混相压力的较好方法。它比较符合油层多孔介质中油气驱替过程的特征，并能尽可能排除不利的流度比、黏性指进、重力分离、岩性的非均质等因素所带来的影响。尽管细管实验得出的驱油效率不一定与油藏采收率成比例，但得到的最低混相压力（MMP）可以代表所测定的油气系统真实的混相压力。

1. 实验原理

注入气在细管模型提供的多孔介质中驱替原油，在最大程度上消除流度比、重力分异、非均质性等因素所带来的影响。驱替过程中能否形成混相是影响驱油效率的关键因素，非混相驱替时驱油效率较低，驱油效率随混相程度的增加而增大，形成混相驱后驱油效率不会再发生实质性变化。对于给定的地层原油和油藏温度，驱替压力和注入气组分组成是影响能否混相的主要因素，通过改变驱替压力或注入气组分组成，获得相同注入孔隙体积倍数条件下驱油效率与驱替压力（或注入气组分组成）的关系曲线，曲线拐点所对应的压力（或组分组成）即为最低混相压力（或最低混相组成）。

2. 实验装置

最低混相压力测定实验装置主要包括模型子系统、注入子系统、出口与计量子系统、温压子系统和控制与采集子系统，实验装置示意图如图 2-69 所示。

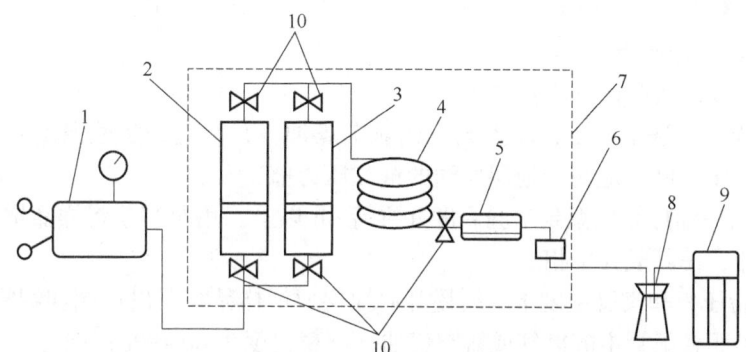

图 2-69　最低混相压力细管法测定实验装置示意图
1—高压驱替泵；2—地层原油活塞容器；3—气体活塞容器；4—细管模型；5—高压观察窗；
6—回压调节器；7—恒温箱；8—分离瓶；9—气量计；10—阀门

1）模型子系统

实验装置中模型子系统主要是细管模型。细管模型的技术要求如下：
（1）长度：不低于10m；
（2）内径：3.5~8.0mm；
（3）填充物：石英砂或玻璃珠；
（4）气测渗透率：1000~5000mD。

2）注入子系统

注入子系统包括：

(1) 高压驱替泵：流量精度不低于 0.5%；

(2) 注入气体活塞容器：容积不小于细管孔隙体积的 1.5 倍。

3) 出口与计量子系统

出口与计量子系统包括：

(1) 压力传感器或压力表：压力传感器精度不大于 0.25% FS，压力表精度为 0.25 级；

(2) 密度仪：测量密度值分辨率不低于 0.0001g/cm^3，控制温度精度±0.05℃；

(3) 气相色谱仪：天然气组分分析到庚烷以上，摩尔分数精确到 0.0001，原油组分分析到碳 30 以上，质量分数精确到 0.0001；

(4) 分子量测定仪：测量范围为 150~700，测量误差不大于 5%；

(5) 气体流量计：精度不低于 0.1cm^3；

(6) 天平：量程不小于 160g，感量不大于 0.1mg；

(7) 大气压力表：精度为 0.4 级；

(8) 回压调节器：压力控制精度不低于 0.05MPa，死体积不大于细管模型孔隙体积的 5%；

(9) 高压观察窗。

4) 温压子系统

温压子系统为恒温箱，其控温精度为±1℃。

5) 控制与采集子系统

控制与采集子系统由各模块电脑与传感器组成。

3. 实验步骤

1) 细管模型饱和油

细管模型饱和油按照以下步骤操作：

(1) 细管模型清洗干净后，注入氮气或航空煤油，并恒定到实验温度和压力。将回压设置到实验所需压力值（应高于地层原油的饱和压力值）。

(2) 将地层原油样品恒温到实验温度并维持 4h 以上，用驱替泵将样品增压至实验压力以上，充分搅拌，使其成为单相。

(3) 在实验压力和实验温度下，缓慢开启地层原油样品容器出口阀和细管模型入口阀，用地层原油样品驱替细管中的氮气或航空煤油，驱替速度为 60~90cm^3/h。

(4) 当驱替 2 倍孔隙体积后，每隔 0.1~0.2 倍孔隙体积，在细管出口端测量产出的油、气体积（按 GB/T 26981 的要求执行），并取油、气样分析其组成。如产出样品的组分组成、气油比均与地层原油样品一致，停止驱替。

(5) 驱替实验须在细管饱和油完毕后 2h 内进行，以防止原油在细管内发生油气分离。

2) 气体驱替

气体驱替过程按照以下步骤操作：

(1) 将注入气样品恒定在实验温度下。

(2) 用注入气充满并冲洗至细管模型入口阀的管线。将注入气压力调整到高于实验压力 0.05~0.1MPa，记录该压力下泵的初读数。

(3) 在实验温度、实验压力下，恒定注入速度，用注入气驱替细管模型中的地层原油样品，驱替速度一般为 6~15cm^3/h。

(4) 在驱替过程中，细管模型注入压力与回压调节器设定的实验压力之间的驱替压差应小于 0.5MPa，如果驱替压差过高，应降低注入速度。

（5）在驱替过程中，每注入 0.1～0.15 倍孔隙体积，测量一次产出油（称重法测量）、气体体积，记录泵读数、注入压力和回压，并可测定产出油、气的组分组成及性质，并观察高压观察窗中流体的相态和颜色变化。在气体突破后，尽量加大数据采集密度。

（6）当累积注入超过 1.20 倍孔隙体积或不再产油后，停止驱替。

3）最低混相压力的确定

最低混相压力的确定按照以下步骤操作：

（1）一般首先在原始地层压力下实验，根据混相与否及其程度，采用逐次逼近最低混相压力的方法，确定其他驱替实验压力。

（2）在混相段和非混相段应至少各有三个以上的实验压力点。

（3）绘制细管实验注入 1.20 倍孔隙体积时驱油效率与驱替压力的关系曲线图，非混相段与混相段曲线的交点所对应的压力即为最低混相压力。

4）混相评价标准

细管实验中的混相驱替，应同时满足下列两个指标：

（1）注入 1.20 倍孔隙体积时的驱油效率，一般不应低于 90%，而且实验压力大于最低混相压力后，其驱油效率与最低混相压力下的驱油效率相比不应有明显增加。

（2）在高压观察窗中可以观察到混相现象，即在驱替气体和原油之间不存在明显的界面。

4. 数据处理

注入孔隙体积倍数的计算见式(2-4)：

$$PV_i = \frac{V_i}{V_{sti}} \tag{2-4}$$

式中 PV_i——第 i 时刻注入孔隙体积倍数；

V_i——第 i 时刻累积注入体积（在实验温度和压力下），cm^3；

V_{sti}——在实验压力和实验温度下细管模型总孔隙体积，cm^3。

气油比的计算见式(2-5)：

$$GOR_i = \frac{T_0 p_1 V_{gi}}{p_0 T_1 V_{oi}} \tag{2-5}$$

式中 GOR_i——第 i 时间间隔内采出样品气油比，cm^3/cm^3；

T_0——常温，293.15K；

p_1——实验时大气压力，MPa；

V_{gi}——第 i 时间间隔内采出气体在室温、大气压力下的体积，cm^3；

p_0——标况压力，0.101325MPa；

T_1——室温，K；

V_{oi}——第 i 时间间隔内采出的脱气油体积（293.15K 时），cm^3。

驱油效率的计算公式见式(2-6)：

$$E_{Di} = \frac{V_{toi} B_{oi}}{V_{sti}} \times 100\% \tag{2-6}$$

式中 E_{Di}——第 i 时刻注入孔隙体积倍数时的驱油效率，以百分数表示；

V_{toi}——第 i 时刻注入孔隙体积倍数时的累积采出脱气油体积（293.15K 时），cm³；

B_{oi}——在实验温度和实验压力下地层原油体积系数。

二、CO_2 驱油实验

1. CO_2 驱油机理

把 CO_2 注入油层中后，其与地层原油初次接触时并不能形成混相，但在合适的压力、温度和原油组分的条件下，CO_2 可以形成混相前缘。超临界流体将从原油中萃取出分子量较大的碳氢化合物，并不断使驱替前缘的气体浓缩。于是，CO_2 和原油就变成混相的液体，形成单一液相，从而有效地将地层原油驱替到生产井。上述过程称为 CO_2 与原油多次接触混相。相比之下，非混相 CO_2 驱更为常见，但整个过程依然是动态的相态平衡过程。注 CO_2 不仅能够减少向大气中排放的 CO_2 的量，同时还能够将以往认为是废气的 CO_2 利用起来，提高油田的采收率。

具体来说，CO_2 驱油机理的机理体现在下述 4 个方面。

1）高溶混能力驱油

尽管在地层条件下 CO_2 与许多原油只是部分溶混，但是当 CO_2 与原油接触时，一部分 CO_2 溶解在原油中，同时 CO_2 也将一部分烃从原油中提取出来，这就使 CO_2 被烃富化，最终使得 CO_2 溶混能力大大提高。这个过程随着驱替前缘不断前移而得到加强，驱替演变为混相驱，这也使 CO_2 混相驱油所需要的压力要比任何一种气态烃所需要的混相压力都低得多。气态烃与轻质原油混相需要 27~30MPa 的压力，而 CO_2 与轻质油的混相压力只要 9~10MPa。

在高温高压下 CO_2 与原油溶混机理主要体现在烃从原油中蒸发出来与 CO_2 混相，即主要是蒸发作用；在低温条件下主要是 CO_2 向原油的凝聚作用和吸附作用，体现为 CO_2 的溶解。当压力低于混相压力时，CO_2 和原油混合物有三相存在：气态 CO_2 并含有原油的轻质组分、失去部分轻质组分而呈液态的原油、从原油中分离出来的以固体沉淀方式存在的沥青和蜡。

2）降黏作用

CO_2 在原油中溶解，导致原油黏度大幅度降低。原油初始黏度越高，CO_2 降黏效果越明显。

3）膨胀作用

CO_2 在油中溶解时，除了原油黏度降低之外，同时伴随液体体系体积的显著增大，原油发生膨胀。油中溶解 CO_2 之后，体积一般要增大 1.5~1.7 倍。与 CO_2 降黏所提高的高黏度稠油采收率相对比，CO_2 使原油膨胀将导致轻质油油田采收率大大提高。

4）解堵作用

CO_2 能溶解有机溶剂，对于高黏度原油，近井带含有较多沥青质、胶质和蜡，这些物质被 CO_2 溶解后起到解堵作用。

2. 实验案例

本案例选自发表在期刊 *Fuel* 上的文章 *Oil recovery mechanisms and asphaltene precipitation phenomenon in immiscible and miscible CO_2 flooding processes* 中的实验。本实验可为 CO_2 驱油实

验装置设计、混相和非混相驱油实验参数确定、CO_2驱油机理分析提供借鉴。

1) 实验方案设计

实验使用砂岩油藏岩心，在非混相、近混相和混相条件下，使用5种不同的注入压力进行了5次CO_2驱油实验。在每次实验中，在不同CO_2注入量和不同温度的情况下，测量驱油效率、产出气油比（GOR），并对组成成分进行分析，研究了致密轻质油藏CO_2驱油机理。

2) 实验材料与装置

实验用油来自加拿大阿尔伯塔省的 Pembina Cardium 油田；实验用水为采自同一油田的地层水；实验岩心采自井下1600~1648m的储层，每次测试之前，使用抽提仪清洗岩心4~7天；二氧化碳的纯度为99.998%（摩尔分数），正戊烷纯度为99.76%（摩尔分数）。

图2-70为实验装置示意图。模型子系统包括岩心夹持器和复合长岩心（由多个现场岩心串联组合而成），5次CO_2驱油实验中使用的复合长岩心的长度为8~10in，直径为2in。注入子系统包括自动排量泵和3个中间容器，使用自动排量泵向高压岩心夹持器内的复合长岩心注入中间容器中的原油、地层水和CO_2。出口与计量子系统包括气体流量计、气体取样瓶、油样计量器和回压调节器，实验中使用气体流量计测量采出油和CO_2突破期间释放的累积气体量，在每次CO_2驱油实验期间，使用回压调节器保持预先规定的回压，并且始终保持回压比注入压力低0.5~1.0MPa。温压子系统包括热电偶、加热器、温度控制器和围压调节泵，实验中使用热电偶、加热器、温度控制器和恒温空气浴将实验环境保持在恒定的储层温度；使用注射泵泵送水，以施加围压，该压力始终比岩心夹持器的入口压力（即注入压力或实验压力）高3~5MPa。控制与采集子系统包括各模块的计算机、压力传感器和温度

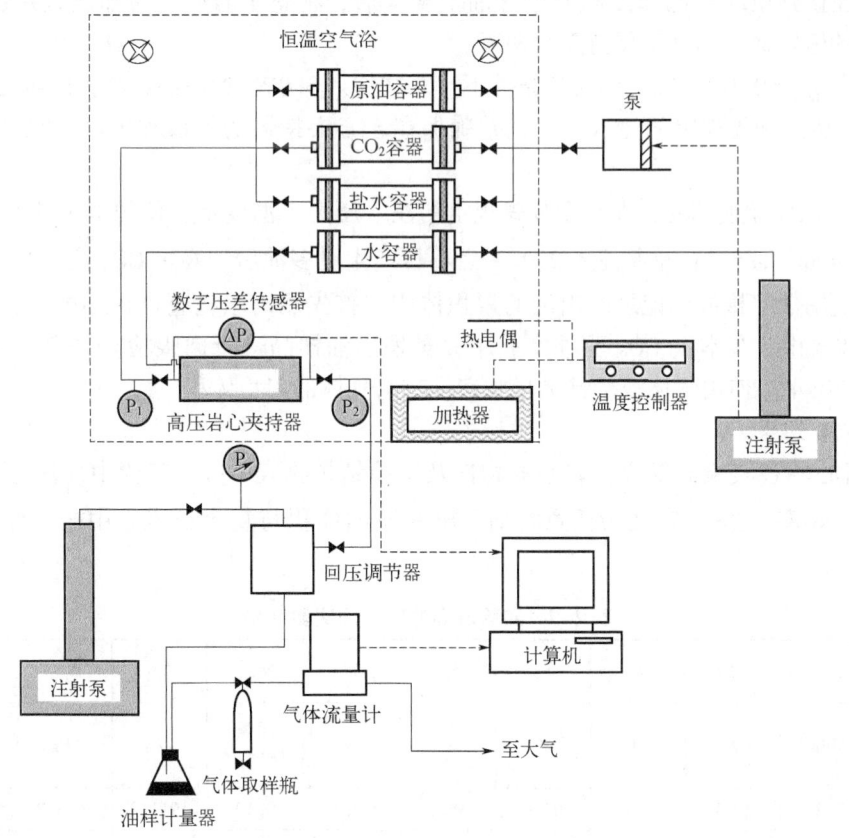

图2-70 高压CO_2驱油装置原理图

传感器，在储层盐水、原始原油和 CO_2 注入过程中，通过使用数字压差传感器测量岩心夹持器入口和出口之间的压差。以 10s 的预设时间间隔，在计算机中自动测量、记录并存储压差数据和产生的油气累积量。

3) 实验步骤

在非混相、近混相和混相条件下，采用不同注入压力在储层温度下连续进行了 5 次 CO_2 驱油实验。其中，编号为 1、2 的实验为非混相 CO_2 驱油过程，3 号实验为近混相 CO_2 驱油过程，4、5 号实验为混相 CO_2 驱油过程。采用恒定的 CO_2 体积注入速率 $q_{CO_2}=0.4 cm^3/min$，研究注入压力对采油过程的影响。CO_2 驱油实验的一般步骤如下：

（1）将砂岩储层岩心串联放置在分离器内，然后依次用甲苯、甲醇和氯仿清洗，以分别去除碳氢化合物、盐和黏土。

（2）清洁并干燥砂岩岩心后，将其串联在水平岩心夹持器中，抽真空 24h。

（3）注入清洁的储层盐水以测量复合储层岩心的孔隙度。然后以不同的流速（q_w 为 0.1~0.5 cm^3/min）注入清洁的储层盐水，以测量复合储层岩心的绝对渗透率。测量的孔隙度在 12.7%~16.1%的范围内，测量的绝对渗透率在 0.8~1.7mD 的范围内。

（4）在温度为 22.0℃的条件下用原油饱和已饱和地层水的复合长岩心，达到束缚水饱和度和初始含油饱和度。通过这种方式，获得了较高的初始含油饱和度，以模拟实际储层情况。最终束缚含水饱和度 S_{wc} 在 23.3%~39.8%之间，初始含油饱和度 S_{oi} 在 60.2%~76.7%的范围内。

（5）在达到束缚水饱和度和初始含油饱和度后，将整个岩心夹持器放置在恒温箱内，并在 53℃的恒定储层温度下保持至少两天。

（6）在 $q_{oil}=0.1 cm^3/min$ 的初始条件下，总共注入 3.0PV 的原始原油，以对复合长岩心加压，确保达到预先规定的注入压力，并确保在岩心夹持器的入口和出口之间实现稳定的压差。

（7）在 CO_2 驱油期间，在每个预先规定的注入压力、温度下，使用恒定的 CO_2 注入速率 $q_{CO_2}=0.4 cm^3/min$，在总共注入 2.0PV 且不再产生更多油后，终止 CO_2 注入。

（8）使用数字摄像机记录产出油的累积体积。首先用肉眼检查产出油样品，然后离心分离油相和水相。在本次 CO_2 驱油实验中，对采出油样品进行肉眼检查并离心的过程中，均未发现产出水。使用气体流量计测量并记录产出气体的累积体积。

4) 实验结果

5 次岩心驱替实验的复合长岩心的物性及实验结果见表 2-7。实验中，任意 CO_2 注入量下的驱油效率（RF）定义为任意时刻采出的原油体积与复合长岩心中初始原油体积的比值。

表 2-7 实验岩心的物性及实验结果

编号	p_{inj} MPa	ϕ %	K mD	S_{oi} %	S_{wc} %	RF %	w_{asp} 质量分数,%	Δp_1 kPa	Δp_2 kPa	$\dfrac{\Delta K_o}{K_o}$
1	7.2	16.1	1.7	63.9	36.1	63.1	0.19	1911.3	2643.7	27.70
2	9.2	15.9	1.0	70.7	29.3	69.0	0.20	4403.1	5230.2	15.81

续表

编号	p_{inj} MPa	ϕ %	K mD	S_{oi} %	S_{wc} %	RF %	w_{asp} 质量分数,%	Δp_1 kPa	Δp_2 kPa	$\dfrac{\Delta K_o}{K_o}$
3	10.4	14.1	0.8	60.2	39.8	81.0	0.11	610.0	708.3	13.88
4	12.1	12.7	1.5	76.7	23.3	85.3	0.12	1314.1	1471.3	10.68
5	14.0	13.0	1.7	70.5	29.5	87.0	0.014	404.8	452.9	10.62

注：W_{asp}——CO_2产出油中沥青质的平均含量（正戊烷不溶物）；Δp_1——在CO_2驱替前初始原油注入过程中，岩心夹持器进出口之间的稳定压差；Δp_2——在CO_2驱替后最终原油再注入过程中，岩心夹持器进出口之间的稳定压差；$\dfrac{\Delta K_o}{K_o}$——CO_2驱替后油的有效渗透率降低百分比。

实验中监测了不同注入压力下和不同温度下的驱油效率、产出气油比、烃类组成成分等参数，实验结果如图2-71所示。图2-71(a)显示了在五种不同注入压力下，岩心驱替测试中测得的驱油效率与CO_2注入量的对比。图2-71(b)显示了累积产出气油比（GOR）与CO_2注入量之间的关系，通过实验可以研究CO_2突破对累积产出气油比的影响，从而对生产制度进行优化。图2-71(c)为实验中采集的原始原油和岩心剩余油成分分析结果。图2-71(d)显示了不同温度和阶段下驱油效率与注入压力关系图。

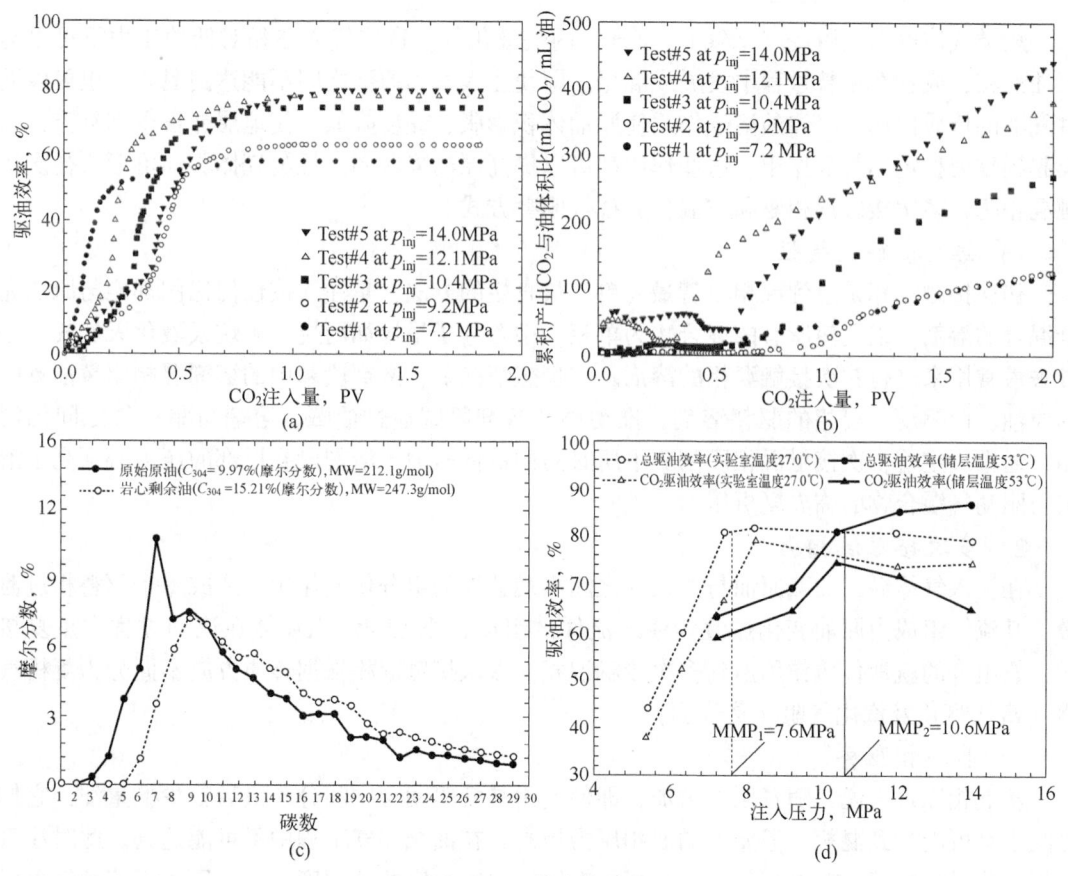

图 2-71 实验结果图
MW—摩尔质量

5) 讨论与分析

根据上述实验结果，对致密砂岩储层岩心中非混相、近混相和混相 CO_2 驱油过程的采油机理和沥青质沉淀现象进行了研究与讨论，并取得了一定的结论与认识。

(1) 基于五种不同注入压力下岩心驱替实验中测得的驱油效率与 CO_2 注入量的对比，研究了在不同注入压力下，不同混相方式的原油驱油效率的改变趋势。该研究认为，在非混相 CO_2 驱油过程中，压力越大，驱油效率越高。一旦压力超过 MMP，驱油效率有所增加，并最终在混相 CO_2 驱油过程中达到几乎恒定的最大值。

(2) 基于原始原油和岩心剩余油成分分析结果，对 CO_2 驱不同混相方式下沥青质的抽提现象进行了分析。该研究认为，在每次驱替实验中，由于 CO_2 的抽提作用，采出油中沥青质含量随 CO_2 注入量的增加而降低。非混相条件下采出油的平均沥青质含量较高，混相条件下采出油的平均沥青质含量较低。

(3) 基于不同温度下驱油效率与注入压力之间的关系，对混相条件下不同温度对驱油效率的影响进行了分析。该研究认为，混相条件下，温度越高，驱油效率越高。因此，如果 CO_2 驱在实际的油藏温度下可混相，则需要较高的油藏温度才能获得较高的驱油效率。

三、烃类气体驱油实验

1. 烃类气体驱油机理

烃类气体可以是甲烷（干气）、富气、丙烷液化气。这些气体在相对低的压力下可以与原油混相，或者在驱替过程中发展成混相。即使注入气和原油之间不能达到混相，也可以通过气液的传质作用、气体的溶解作用使原油体积膨胀、黏度降低，使地层能量得到补充，以及起到重力稳定驱替等作用。这些作用都可以提高原油采收率。烃类气体驱油可形成初次接触混相驱、多次接触混相驱和非混相驱替等驱替方式。

1) 初次接触混相驱

初次接触混相是达到混相驱替最简单、最直接的方法，是注入按任何比例都能与原油完全混合的溶剂，以便使所有的混合物为单相。中等分子量烃如丙烷、丁烷或液化天然气，是过去最常用来进行初次接触混相的溶剂。在理想情况下，溶剂段塞中的溶剂混相驱替油藏中的原油，而驱动气混相的驱替溶剂，推动小的溶剂段塞通过油藏。溶剂与驱动气之间的混相，通常决定着初次接触混相段塞驱中所必需的最低压力。溶剂段塞尾部的压力必须高于溶剂与驱动气混合物的临界凝析压力。

2) 多次接触混相驱

在注入气体后，油藏原油与注入气之间出现就地的组分传质作用，形成一个驱替相过渡带，其流体组成由原油变化过渡为注入流体的组成，原油与注入流体在流动过程中重复接触，靠组分的就地传质作用达到多次接触混相。多次接触混相根据传质方向不同分为凝析气驱（富气驱）及汽化气驱（贫气驱）。

3) 非混相驱替

从混相原理上说，随着压力增加，即使使用贫气驱动含中间分子量烃较少的重油，它们之间也有可能达到混相，但要求的混相压力极高，在油藏注气工程中不可能达到。此时注气只能是非混相驱替。非混相条件下，烃气在原油中有一定的溶解度，一定压力下溶解气可以改变油流特性，同时不混相的气液之间还存在传质作用。因此，非混相驱替也会使原油的采收率有所提高。非混相驱所需的压差不大，对注入气性质要求不严，即非混相驱更容易做到，注入气价格也较低，并且还能回收一些原油。如果能合理利用气—液密度差减小流度比，选择适宜的地层，控制黏性指进、重力舌进，非混相驱替的驱油效果也是相当可观的。

烃类气体驱油的机理则有以下几种：

（1）分子扩散作用。非混相注气驱，主要建立在气溶于油，引起油的特性改变的基础上，为了使油最大限度地降低黏度，增加体积，就要使气饱和原油。一般情况下气是通过分子缓慢扩散作用溶于原油的，因此，必须有足够的时间，使气充分扩散到原油中。

（2）降低原油的黏度。注入气溶于原油后，在同一温度下，压力升高，注入气的溶解度升高，原油的黏度随之降低（但超过饱和压力时黏度上升），改善了原油与水的黏度比，提高了原油的流动能力。

（3）使原油的体积膨胀。增加了液体的内动能，把原油驱替到大的或连通的孔道，从而提高原油的采收率。

（4）混相效应。注入气与原油混相以后，不仅能萃取和汽化原油中的中轻质烃，而且还能形成注入气和轻质油的混合油带。油带的移动是最有效的驱动过程，采收率可以达到90%以上。

（5）降低界面张力。注入气驱的主要作用是萃取和汽化原油中的中轻质烃，大量的烃与注入气混合，大大降低了油水界面张力，也降低了残余油的饱和度，从而提高了原油的采收率。

（6）溶解气驱作用。大量的注入气溶于原油，具有溶解气驱的作用，提高了驱替的效果。

（7）维持地层的压力。将地层的流体压力维持在一定的水平上，例如使其处于露点压力、泡点压力、现有地层压力上，以保持单一的相态或使产油井具有一定的产液能力。

（8）扩大波及效率。在非混相驱中这一作用更加明显，一部分气体溶解在油中，另一部分则呈游离态，在油气之间形成一个界面分开的两相——气相和液相。注气非混相驱的主要机理就是利用重力驱油和水气交替注入扩大波及体积，从而使水驱时难以波及的正韵律厚油层顶部的剩余油驱替出来。

（9）作为其他混相溶剂的工作液。烃类气体可作为其他混相溶剂如 CO_2、富天然气、其他混相溶剂的工作液，使得混相溶剂的用量大大减少，提高经济效益。

（10）提高重力泄油能力（指倾角较大的油藏）。由于注入气的密度通常比储层流体的密度低，向构造的顶部注气可以促使油藏流体沿下倾方向驱替，即利用倾斜油层或厚油层的排泄潜能提高重力泄油能力。

2. 实验案例

本案例为崔茂蕾发表在《油气地质与采收率》期刊上的文章《高压低渗透油藏回注天然气驱微观驱油机理》中的实验，实验应用自主研发的高温高压微观可视化实验装置，在玻璃刻蚀的仿真多孔介质模型上，开展衰竭前后注入气与地层流体间的微观作用过程研究，明确衰竭后天然气的流动规律及水对气驱过程的影响，从而揭示高压低渗透油藏天然气驱微观驱油机理，以此实验为基础对天然气微观驱油实验的实验过程和结果进行简述和分析。

1）实验方案设计

利用高温高压微观可视化装置，研究不同压力条件下天然气驱微观驱油特征以及水对微观作用过程的影响，设计实验方案4组：

(1) 饱和油后直接开展气驱至不出油，然后水驱至不出油。
(2) 饱和油后先衰竭至目前地层压力，然后气驱至不出油，最后水驱至不出油。
(3) 饱和油后先水驱至不出油，然后气驱至不出油。
(4) 饱和油后先衰竭至目前地层压力，然后水驱至不出油，最后气驱至不出油。

2) 实验材料与装置

目标油藏温度为130℃，原始地层压力为45MPa，目前地层压力为30MPa，储层平均渗透率为 $12.5 \times 10^{-3} \mu m^2$；地层原油黏度为 $0.25 mPa \cdot s$，地层水黏度为 $0.5 mPa \cdot s$，地层水矿化度为 $27.6 \times 10^4 mg/L$，天然气与原油的最小混相压力为42~45MPa。图2-72为实验自主研发的高温高压微观可视化驱油装置，其与二氧化碳驱替实验装置大体类似，但多了2个核心部件：

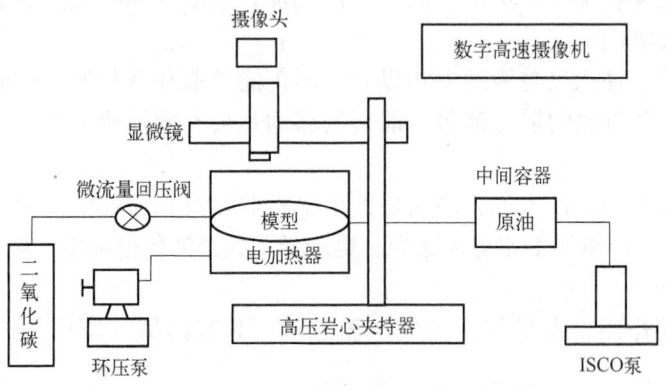

图2-72 高温高压微观可视化驱油装置图

(1) 带有视窗的高压岩心夹持器，其工作温度为0~200℃，最高工作压力为70MPa。
(2) 数字高速摄像机，能够捕捉相当于1320帧/s、分辨率为1920×1080的图像，记录流体相互作用的过程，能够满足实验的精度要求。模型采用铸体薄片刻画的多孔介质微观物理模型（图2-73）。

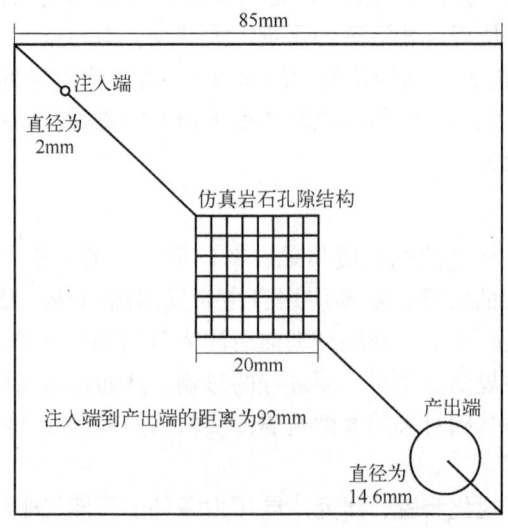

图2-73 多孔介质微观物理模型示意图

3) 实验步骤

高温高压微观天然气驱替实验的具体步骤主要包括：

（1）将多孔介质微观物理模型（简称模型）装入高压岩心夹持器中。

（2）对环形空间和模型同时抽真空。

（3）饱和水：采用自吸方法先饱和环形空间，再用甲基蓝染色后的水饱和模型；待稳定后用泵低压向环形空间和模型同时泵入水直至出液为止。

（4）将模型和环形空间升压：高温高压岩心夹持器出口安装回压阀，设定回压略大于泵压，逐步升压至设定压力。

（5）饱和油：根据目标油藏投产初期的生产气油比，利用现场取的脱水油样，在原始地层压力下（45MPa）复配地层原油。将盛装地层原油的中间容器升压至饱和压力以上，实验采用油样的饱和压力为38~40MPa，故将中间容器升压至45MPa（大于泡点压力），连通油样与模型进行饱和油。

（6）气驱：首先关闭高温高压岩心夹持器以及环空的注入端，并对管线原有流体进行排空，随后将注入端压力升至高温高压岩心夹持器的压力及环空压力，同时打开模型及环空的注入端阀门，进行气驱。

（7）水驱步骤与气驱相同。

（8）驱替系统泄压。实验完毕后，先逐步泄回压，同时打开注入端的放空阀，尽量做到同步泄压，直至到达常压为止。

4) 实验结果

实验中监测记录了不同注入方式和不同注入阶段下的驱油效率、剩余油分布变化、流体分布规律等参数，实验结果如下。图2-74为直接注天然气时不同注气阶段剩余油分布状态图；图2-75为衰竭后注天然气，注气前后不同阶段流体分布规律图；图2-76为未衰竭条件下，先后进行水驱和天然气驱时剩余油的分布；图2-77为水驱后天然气与原油在不同时刻的微观接触图；图2-78为衰竭条件下，水驱后进行天然气驱时不同阶段流体分布状态图；表2-8和表2-9分别为未衰竭油藏原始压力条件下和模型衰竭开发至目前地层压力下不同注入方式的驱油效率。

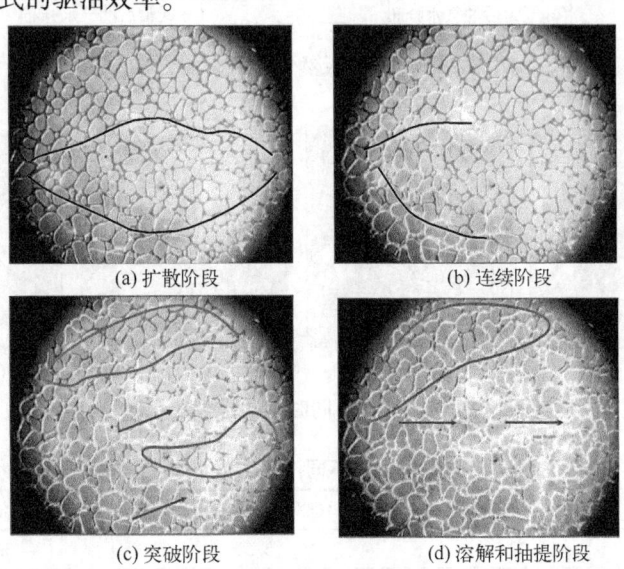

(a) 扩散阶段　　　　　(b) 连续阶段

(c) 突破阶段　　　　　(d) 溶解和抽提阶段

图2-74　不同注气阶段剩余油分布状态图　　　　彩图2-74

108　油气藏开发模拟实验（富媒体）

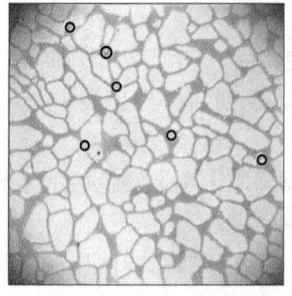
(a) 衰竭至泡点压力

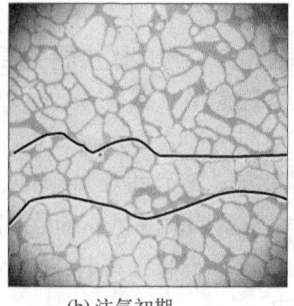
(b) 注气初期

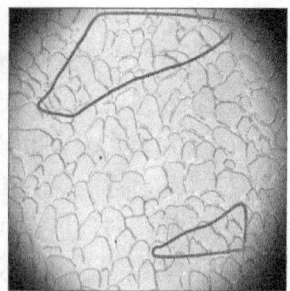
(c) 注气结束

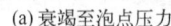 剩余油富集区　　—— 气体通道

彩图 2-75　　　　　图 2-75　注气前后不同阶段流体分布规律图

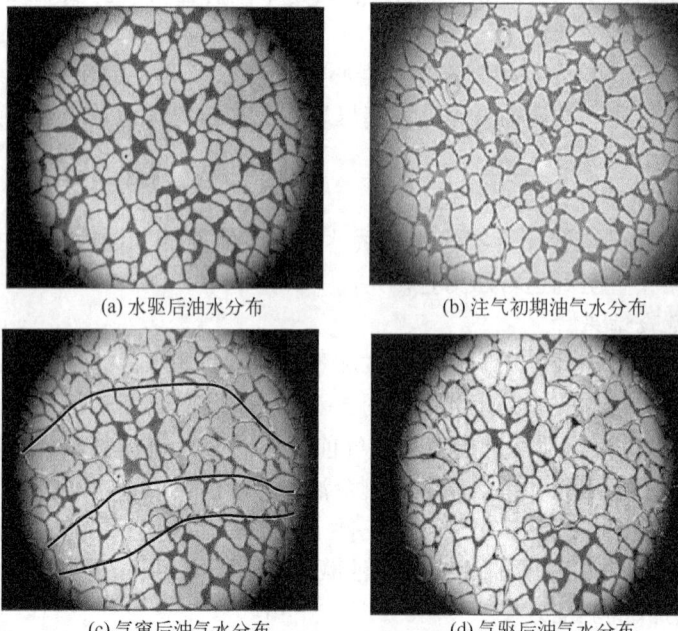

(a) 水驱后油水分布　　(b) 注气初期油气水分布

(c) 气窜后油气水分布　　(d) 气驱后油气水分布

—— 气体通道

彩图 2-76　　　　　图 2-76　水驱后天然气驱剩余油分布图

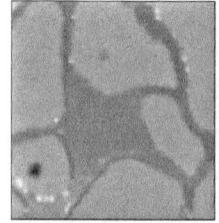 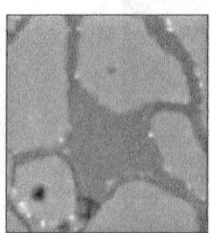 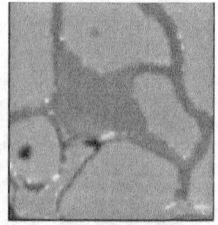 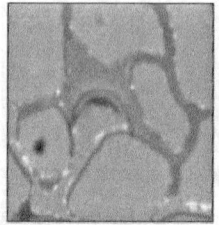 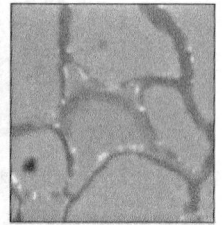

(a) 0min　　(b) 2min　　(c) 5min　　(d) 10min　　(e) 20min

图 2-77　水驱后天然气与原油在不同时刻的微观接触图

表 2-8　未衰竭油藏原始压力条件下不同注入方式的驱油效率　　　　单位：%

注入方式	水驱阶段驱油效率	气驱阶段驱油效率	驱油效率
先水驱后气驱	51.22	5.57	56.79
先气驱后水驱	1.82	61.95	63.77

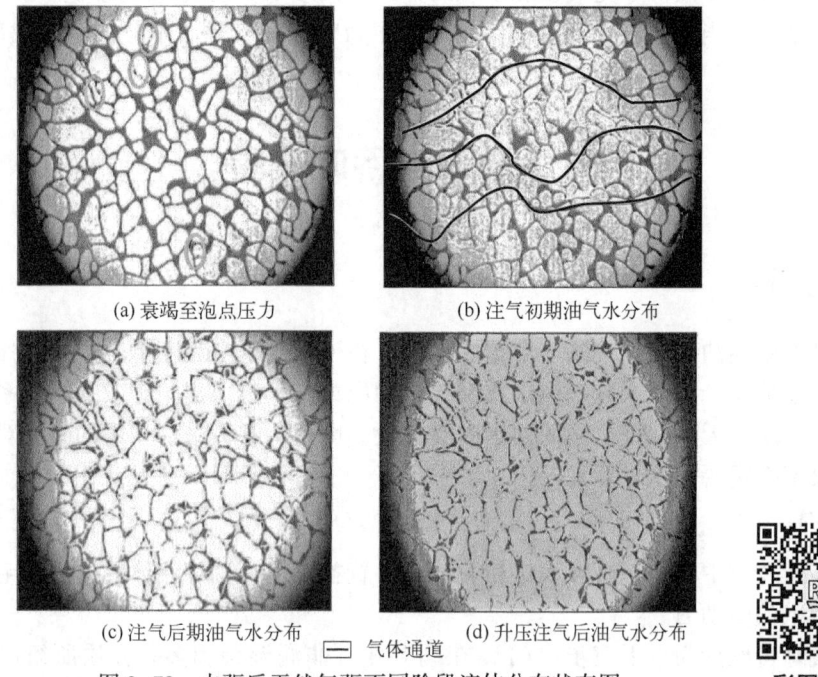

(a) 衰竭至泡点压力　　(b) 注气初期油气水分布
(c) 注气后期油气水分布　　(d) 升压注气后油气水分布
▭ 气体通道

图 2-78　水驱后天然气驱不同阶段流体分布状态图　　彩图 2-78

表 2-9　模型衰竭开发至目前地层压力下的不同注入方式驱油效率　　单位：%

注入方式	衰竭驱油效率	水驱阶段提高驱油效率	气驱阶段提高驱油效率	升压气驱提高驱油效率	驱油效率
先水驱后气驱	39.44	7.83	4.54	2.78	54.59
先气驱后水驱	41.68	1.59	22.82	—	66.12

5）讨论与分析

该实验在高温高压条件下开展天然气微观驱油机理影响因素研究，根据上述实验结果，对衰竭开采和注水开发对天然气驱油效果的影响规律进行了研究与讨论，并取得了一定的结论与认识。

（1）基于天然气驱不同注气阶段剩余油分布状态图，对天然气驱不同阶段主要驱油机理进行了研究。该研究认为，天然气驱过程中以驱替作用为主，溶解抽提作用为辅。

（2）基于衰竭开采后注气不同阶段流体的分布规律图，对衰竭开采后天然气驱提高驱替效率机理进行了研究。该研究认为，衰竭开采过程中原油脱气会产生贾敏效应，注入天然气能够缓解贾敏效应给原油流动带来的影响。

（3）基于不同开发方式下的剩余油分布和原油与模型在不同时刻的微观接触图，研究了含水对天然气驱过程的影响。该研究认为，天然气在水中的扩散能力较弱，因此水能够屏蔽天然气与原油的接触；在波及区内，天然气逐渐剥离水膜后与水驱剩余油接触，在溶解抽提的作用下将剩余油驱替出来，但在未波及区内，天然气无法与原油直接接触，被水膜封存的剩余油很难被动用。

（4）采用图像分析软件，通过对模型中剩余油的识别，定量计算得到了不同方案下的注气驱油效率，对高压低渗透油藏不同驱替方式组合对驱替效率的影响进行了研究。该研究认为，油藏未衰竭在高压条件下先气驱后水驱的方式驱油效率明显较高，先水驱后气驱的方式驱油效率相对略低。当模型衰竭开发至目前地层压力时，先气驱后水驱的驱油效率更高、驱油效果更优。

第六节　渗吸与吞吐实验

一、渗吸实验

渗吸采油是低渗透油藏开发中的一个重要机理，在油藏开发中起着十分重要的作用，特别是对油藏中压裂造缝未波及区域，储层致密，启动压力高，难以建立有效的驱替系统，产油主要依靠储层基质—天然裂缝之间的油水渗吸交换。因此，渗吸采油技术的研究对于低渗透油藏提高采收率有重要的指导意义。

1. 渗吸机理

渗吸是指多孔介质中自发地吸入润湿相流体，并置换出非润湿相流体的过程。毛细管力是最主要的渗吸采油驱动力。

渗吸微观机理可概括为以下三步：(1) 在润湿相、非润湿相和多孔介质所组成的系统中，在附着张力的作用下可以沿着多孔介质的孔喉向多孔介质内部吸入润湿相，同时在多孔介质孔喉中的润湿相和非润湿相的界面会形成一个弯液面，随之就会产生渗吸的动力毛细管力；(2) 因为毛细管力的存在，多孔介质会不断地吸入润湿相。当多孔介质同时从四面吸入润湿相时，多孔介质的孔隙系统就会瞬时封闭。多孔介质孔隙系统中的非润湿相被包围挤压，能量增大，具有向介质外部流出的趋势；(3) 随着多孔介质进一步吸入润湿相，吸入能量降低，非润湿相溢出能量增加，开始向多孔介质外部溢出。由于多孔介质喉道大小分布不均一，小的喉道吸入润湿相而大的喉道排出非润湿相的过程可以同时发生。

2. 实验案例

本书选取发表在《石油勘探与开发》期刊的《渗透率对致密砂岩储集层渗吸采油的微观影响机制》一文作为研究案例，系统展示了渗吸采油实验的原理、方法、结果及分析。

毛细管力的自发渗吸作用是低渗—致密储层水驱采油的重要机理。通过自发渗吸对渗吸采油效率的影响规律，发现对于润湿性与含水饱和度一定的致密砂岩储层，岩石渗透率(孔喉结构)是影响渗吸采出程度的关键。由于在低渗储层中重力的作用基本可以忽略，而毛细管力起着绝对支配作用，加上复杂缝网系统的存在，所以在低渗储层开发过程中发生着大规模的自发逆向渗吸，渗吸是低渗透油藏储层基质出油的主要方式。

本实验展示了自发渗吸物理模拟以及核磁共振与CT扫描实验和分析手段，以此为手段开展了渗透率对致密储层渗吸采出程度影响的研究，得到了渗吸实验的微观影响机制的研究方法。

1) 实验装置及方案设计

实验由3部分组成：自发渗吸模拟、核磁共振检测、岩心CT扫描。

(1) 实验设备。

实验主要设备有Zeiss510亚微米CT扫描仪、MicroMR12-025V岩心核磁分析仪和体积法渗吸仪，辅助设备有BROOKFIELD黏度计、美国ISCO柱塞泵、V9500压汞仪、分析天平、高压驱替装置、恒温箱、CMS-300型孔渗测量仪、索氏抽提器及实验玻璃仪器等。

（2）实验设计方案。

① 自发渗吸模拟。将饱和好模拟油的岩样放入渗吸仪中，向渗吸仪内注入适量地层水后置于恒温箱内，进行自发渗吸驱油实验。通过体积法测量不同时刻渗吸仪刻度管中渗吸驱油体积，计算渗吸驱油速度和采出程度。

② 核磁共振。核磁共振是一种无损的检测方法，饱和单相流体的岩石的核磁共振T_2谱可以反映岩石内部孔隙结构。

横向弛豫时间T_2与孔径r_C理论上成线性正比关系，然而由于天然岩心孔隙结构复杂，前人通过大量的统计实验发现T_2与r_C成幂函数关系：$r_C=CT_2^n$。

以高压压汞数据为依据，求出C值和n值，代入$r_C=CT_2^n$即可完成T_2到r_C的幂函数转换，进而根据渗吸前后T_2谱曲线包围面积的差值计算得出不同孔径对应的采出程度。

③ CT扫描。岩心X射线CT扫描技术可对非透明物质的组成和结构进行无损化检测，X射线源向载物台上的物品发出X射线，与检测样品发生一系列作用后被接收器接收，接收器将其转化为电信号返回给计算机进行切面重构。扫描完成后便可得到样品不同切面上的多组投影数据，将所有二维投影叠加起来，便可得到三维图像信息。

（3）实验材料。

实验用岩心、原油及地层水均取自鄂尔多斯盆地富县地区中生界延长组长8段致密储层，为排除润湿性差异对实验结果的影响，本文岩心样品均取自同一口取心探井。

岩心样品：长度为2.544~5.067cm，直径2.5cm左右，覆压气测渗透率为（0.048~0.262）$\times 10^{-3} \mu m^2$，孔隙度为4.26%~9.23%，岩心润湿性为弱亲水，相对润湿指数为0.28左右。具体参数见表2-10。由表可知：实验样品渗透率整体与孔隙度正相关，与束缚水饱和度负相关。渗透率越高，储层物性越好。

表2-10 致密储层岩心样品基本数据表

岩心编号	长度，cm	直径，cm	气测渗透率$10^{-3}\mu m^3$	孔隙度，%	束缚水饱和度，%	实验种类
1	5.051	2.512	0.262	8.74	38.27	自发渗吸
2	5.062	2.496	0.223	8.25	39.83	
3	5.024	2.489	0.178	7.36	41.24	
4	5.067	2.516	0.135	8.63	40.25	
5	5.043	2.532	0.117	9.23	40.20	
6	4.983	2.524	0.102	6.07	44.24	
7	5.061	2.531	0.093	6.42	42.55	
8	5.045	2.521	0.073	7.19	47.53	
9	5.037	2.532	0.052	4.26	54.86	
10	2.661	2.497	0.048	5.62	47.56	核磁共振 CT扫描
11	2.544	2.511	0.138	8.23	42.44	
12	2.632	2.523	0.257	8.62	40.22	

实验用水：采用氘水配置，矿化度为15100mg/L左右，水型为$CaCl_2$型，黏度为

0.98mPa·s（50℃），pH 值为 7.1。

实验用油：长 8 段原油与煤油按体积比 1:2 混合而成，黏度为 2.75mPa·s（50℃），与地层水的界面张力为 16.7mN/m，密度为 0.81g/cm³。

2）实验步骤

(1) 自发渗吸实验。

① 利用常规油层物理方法标定岩心孔隙度与气测渗透率。

② 岩心抽真空稳定至 0.1MPa 保持 24h 以上，饱和地层水，然后放入夹持器内饱和模拟油，待出口端无水流出且压力稳定时，计算束缚水饱和度，放入 50℃ 烘箱内，老化 36h 后备用。

③ 将老化后的岩心放置于体积法渗吸仪内，向渗吸仪缓慢加入地层水，待液面上升至刻度线时，停止注入，之后每隔一段时间（1~2h）记录刻度管读数并采集图像信息，待刻度管内读数 24h 不变时，记录最终采出程度。

④ 鉴于标定样品渗吸采出程度时"挂壁现象"与"门槛跳跃"等效应会造成渗吸中采出程度过程值测量不准确，该实验忽略过程值变化，仅测定岩心样品的最终渗吸采出程度。

(2) 自发渗吸核磁共振实验。

① 开启核磁共振监测仪器，设置主要测试参数：等待时间 2.5s，回波间隔 0.504ms，回波个数 2500，以此测试岩心饱和油状态时的 T_2 谱。

② 将岩心放入渗吸仪内，渗吸仪内介质为含有 $MnCl_2$ 的地层水溶液。设定恒温箱温度为 50℃，观察岩心表面再无油滴渗出后，继续浸泡 48h 以上，将样品取出，测定渗吸终止后的 T_2 谱。

③ 将完成以上步骤的岩心重新洗油、烘干，放入压汞仪进行压汞实验，设定最高进汞压力为 241MPa，可识别出的最小喉道直径为 0.003μm。

(3) 岩心 CT 扫描实验。

① 岩心压汞实验前，将岩心固定于扫描转台上，利用 Zeiss510 亚微米 CT 扫描仪对岩心干样中部 801 个截面进行扫描，设定扫描工作电压为 $50×10^3$V，曝光时间 1.5s，扫描尺寸为 2048×2048 个像素，像素尺度为 0.7μm，可满足亚微米级以上的孔隙识别需要。

② 为消除岩心边界伪影的影响，截取 500 个 CT 扫描图像的矩形部分作为研究区域，对 500 张二维图像进行中值滤波降噪处理，使得图像的清晰度与对比度得到提高。

③ 根据岩石骨架与孔隙的灰度差峰值差异，对获取的二维图像进行二值化分割处理，获取切片内孔隙信息。

④ 利用三维容积重建技术，将所有的二维图像叠加还原岩心模型内孔隙的三维信息，并通过最大球算法获取亚微米级—微米级孔径分布。

⑤ 在岩心模型孔隙结构三维重构的基础上，定义岩心模型内孔隙体像素点与岩心切面边界重合且体像素点连续的孔隙为连通孔隙，否则视为不连通孔隙，从而将岩心模型内三维空间及二维切片内连通孔隙与不连通的孔隙区分开。

3）实验结果

对 9 块不同渗透率的天然岩心样品进行自发渗吸模拟实验，得到渗透率与采出程度的关系曲线如图 2-79 所示。图 2-80 为致密砂岩样品等时间（5h）内渗吸油滴分布结果。

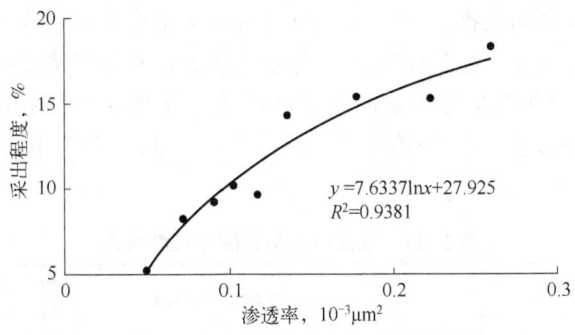

图 2-79　渗透率与采出程度的关系

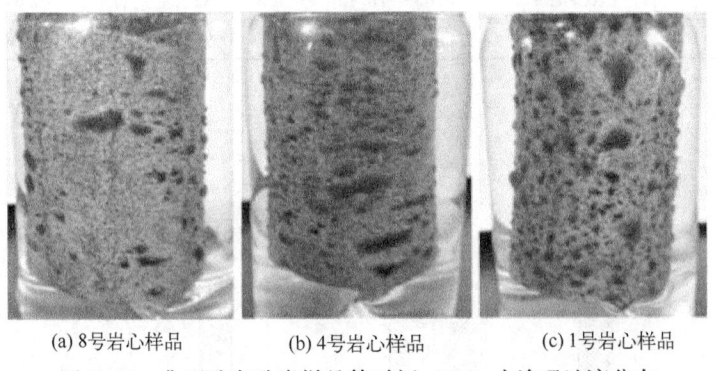

(a) 8号岩心样品　　　(b) 4号岩心样品　　　(c) 1号岩心样品

图 2-80　典型致密砂岩样品等时间（5h）内渗吸油滴分布　　彩图 2-80

通过对 10 号、11 号、12 号岩心样品开展自发渗吸核磁共振实验，得到岩心样品渗吸前与渗吸终的 T_2 谱曲线，如图 2-81 所示。

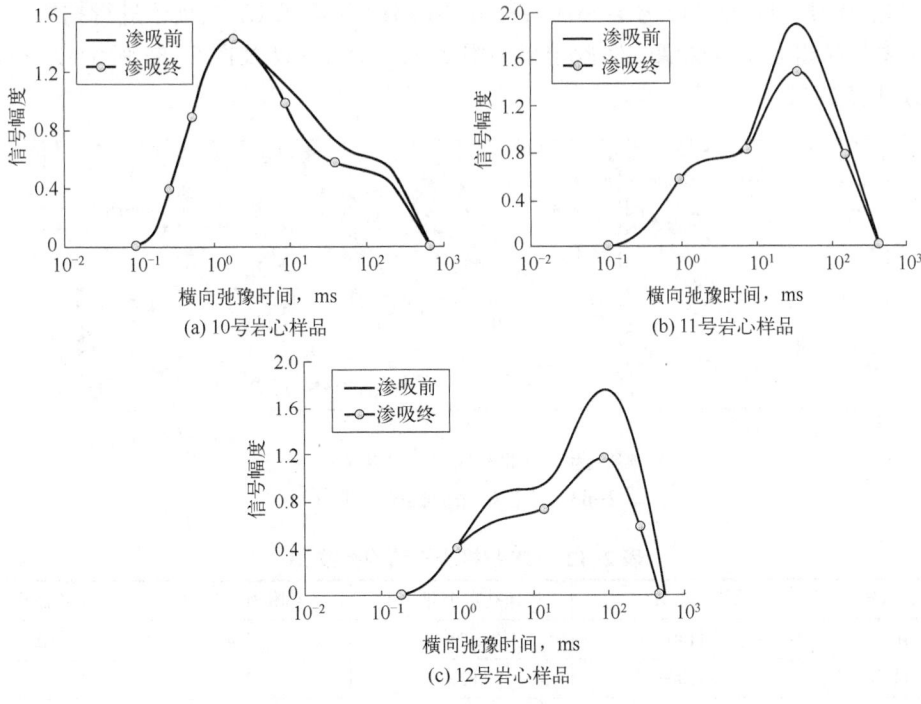

图 2-81　砂岩样品自发渗吸 T_2 谱

以实验样品压汞资料为依据，利用多元回归的方法拟合获得参数 C 和 n（见表 2-11），将弛豫时间转化为孔隙半径，得到不同孔径内渗吸采出程度分布情况。定义孔隙度分量开始出现差异的 T_2 所对应的孔隙半径为渗吸驱油孔隙半径下限，根据孔隙度分量差异累计值，统计得到了不同渗透率样品中孔径值小于 $1\mu m$、$1\sim10\mu m$、大于 $10\mu m$ 孔隙的渗吸采出程度，结果如图 2-82 所示。

表 2-11 弛豫时间与孔隙半径转化表

岩心编号	C，m/ms	n	孔隙半径，μm	开始流动 T_2 值，ms	渗吸驱油孔隙半径下限，μm
10	0.183	0.7785	0.005~27.390	4.50	0.59
11	0.169	0.8423	0.003~28.120	4.82	0.64
12	0.194	0.8247	0.004~39.080	0.91	0.18

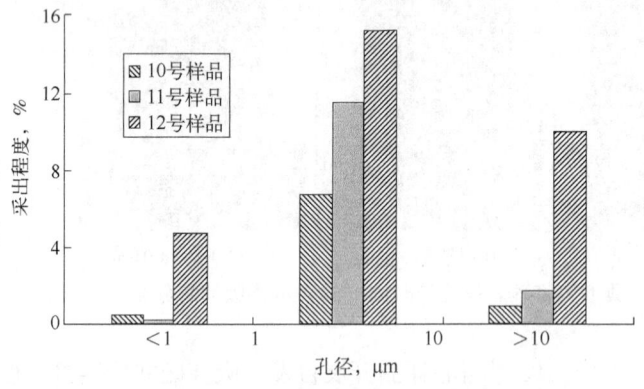

图 2-82 不同孔径孔隙对渗吸采出程度贡献

通过对 10 号、11 号、12 号岩心样品利用 Zeiss510 亚微米 CT 扫描仪进行扫描，获取了不同渗透率样品岩心结构图像，实验结果如图 2-83、图 2-84 及图 2-85 所示 CT 扫描岩心结构参数见表 2-12。

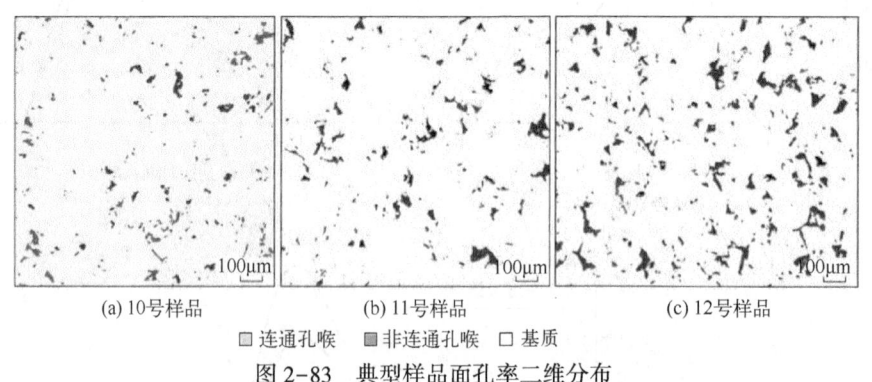

图 2-83 典型样品面孔率二维分布

表 2-12 CT 扫描岩心结构参数表

岩心编号	总孔喉个数，个	连通孔喉个数，个	孔喉连通率,%	平均面孔率,%
10	11403	624	5.4	1.9
11	12006	881	7.3	3.4
12	16857	1641	9.7	5.2

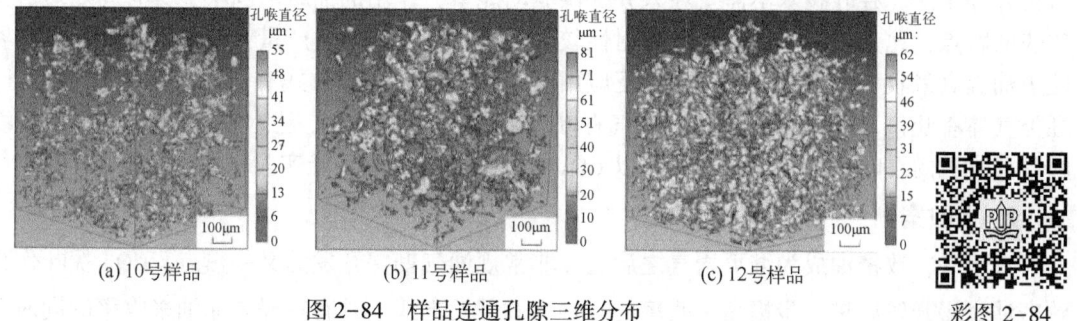

(a) 10号样品　　　　　(b) 11号样品　　　　　(c) 12号样品

图 2-84　样品连通孔隙三维分布

彩图 2-84

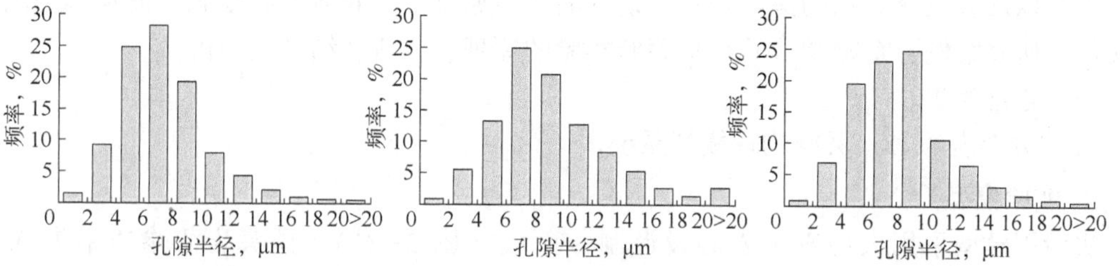

(a) 10号样品　　　　　(b) 11号样品　　　　　(c) 12号样品

图 2-85　典型样品连通孔隙半径分布

4）讨论与分析

根据上述实验结果，通过致密砂岩储层样品自发渗吸模拟实验，结合核磁共振与CT扫描分析，对致密储层渗透率对渗吸采油效率的微观影响机制进行了研究与讨论，并取得一定的结论与认识。

（1）通过不同岩样自发渗吸实验，研究了渗透率对自发渗吸采出程度的影响。研究认为，基质自发渗吸排驱在致密砂岩储层注水开发中起着至关重要的作用，研究区岩心样品自发渗吸采出程度可以达到 5.24%~18.23%，且基质的渗透率越大，渗吸采出程度越高。

（2）通过对岩心样品开展自发渗吸核磁共振实验，研究了渗透率对自发渗吸可动流体分布的影响。研究认为，受孔壁固—液吸附层厚度的影响，亚微米级以上孔隙在渗吸驱油过程中起主导作用，纳米—亚微米级孔隙对渗吸采出程度贡献相对较弱。

（3）通过对岩心进行CT扫描，获取了岩心结构特征，分析研究了不同渗透率样品岩心结构参数。研究认为，孔喉连通性对致密储层渗吸驱油效率起着至关重要的作用，不同渗透率样品亚微米—微米级孔隙尺寸分布的差异并不大，但随着渗透率的增加，连通孔喉个数与连通面孔率均呈指数递增，渗吸排驱时油滴被卡断的概率大大降低，使渗吸排驱采出程度显著提高。

二、吞吐实验

1. 吞吐实验概况

近年来吞吐采油常应用于三次采油之中，吞吐采油是一种高效开发方式。吞吐采油是一项针对单井，提高单井产量的提高采收率技术，其主要过程为向储层注入一定量的气体或液体，并焖井一段时间，注入储层内部的气体或液体与原油之间相互作用，补充地层能量，之后再开井生产。吞吐技术不需要注入井提供驱动能量,作用的油藏范围小,具有周期短、见效快的特点,尤其是对于提高那些密封性较好的小块油藏的单井产量,效果更佳。因此,吞吐采油提高采收率技术已经得到了广泛应用。常见的吞吐采油方式有 CO_2 吞吐、蒸汽吞吐、烃类气体吞吐、表面活性剂吞吐、氮气吞吐、多元热流体吞吐、注水吞吐等。其中 CO_2 吞吐是最常见的吞吐采油方式,本文将以 CO_2 吞吐实验为例对吞吐实验作详细介绍。

2. 实验案例

近年来,致密油成为继页岩气之后全球非常规油气勘探开发的又一热点。CO_2 吞吐作为致密油衰竭开发后进一步提高采收率的一种高效开发方式,具有在提高原油采收率的同时对 CO_2 进行有效埋存的优势。

本节以发表在《石油勘探与开发》期刊的《致密油二氧化碳吞吐动态特征及影响因素》一文作为研究案例,系统展示了 CO_2 吞吐实验的原理、方法、结果及分析。

1)实验装置

(1)方形岩心 CO_2 吞吐物理模拟系统。

① 实验模型:

实验用模型采用大型露头岩心设计制作而成(图 2-86),露头岩心渗透率为 $0.98 \times 10^{-3} \mu m^2$,孔隙度为 10.94%。

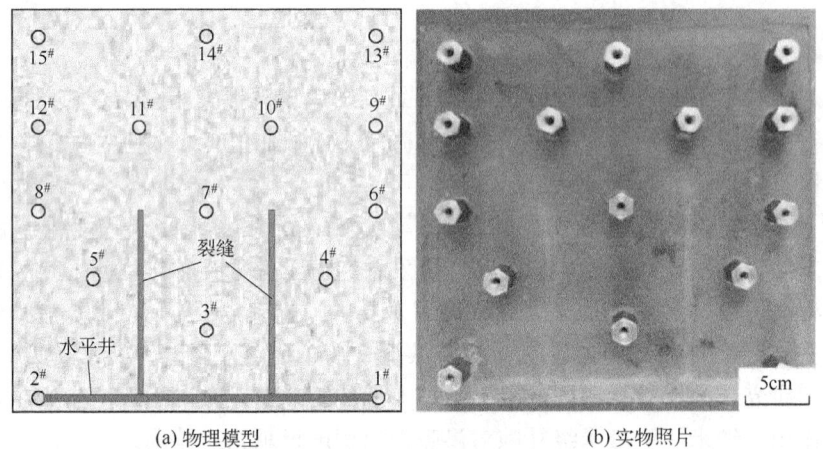

(a)物理模型 (b)实物照片

图 2-86 方形岩心 CO_2 吞吐物理模型

② 高温高压实验系统:

高温高压物理模型实验系统(图 2-87)主要包括:岩心模型、高温高压实验舱、多点压力采集系统、温度采集控制系统、节流阀、油气水分离计量装置、恒压恒速泵等。其中,高温高压实验舱为可密封的圆柱形钢制舱体,一侧端面舱门可打开,密封后舱内充满变压器油,配合温度采集控制系统及围压泵,可为岩心模型提供高温高压的外部环境。

多点压力采集系统主要是基于岩心模型上所布的多个压力监测孔(图 2-86),通过管线连接到舱外压力传感器,实现对实验中岩心模型内多点压力的实时监测,节流阀则用于开发时采出速度的控制。

吞吐实验的实验装置注采时为同一管线注入和采出的一个整体系统,驱替实验的注入与采出系统是分开的两个系统,这是吞吐实验与驱替实验装置系统的一个重要区别。

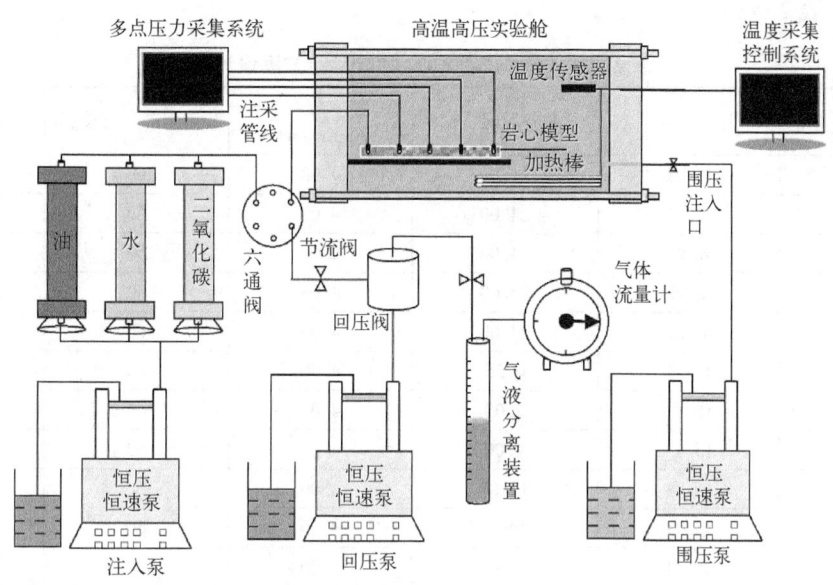

图 2-87 高温高压实验系统装置示意图

(2) 长岩心 CO_2 吞吐物理模拟系统。

为保证长岩心吞吐实验与方形岩心吞吐实验具有一定的相似性，长岩心与方形岩心均取自同一块大型露头，且实验条件与方形岩心相同，注采压差保持在 8.8MPa。实验岩心直径 2.5cm，长 30cm，实验装置如图 2-88 所示。因长岩心孔隙体积较小，吞吐采油量也相对较小，依据传统计量方式获取的油量数据计算采收率具有较大的误差。故采用称重法计算吞吐采收率，即岩心实验前后分别进行称重，通过质量差计算采出油量。

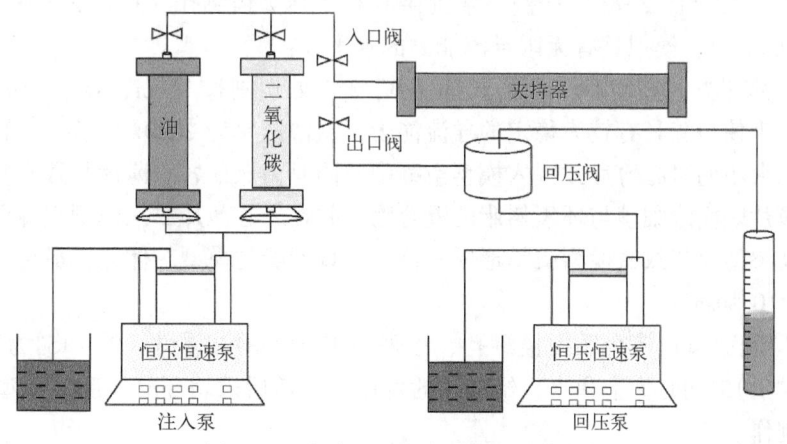

图 2-88 长岩心吞吐实验装置示意图

2) 实验方案设计及步骤

(1) 方形岩心 CO_2 吞吐实验。

① 实验条件：实验温度 35℃，模型外部围压 15MPa。

② 实验材料：实验选用模拟油 35℃时黏度为 4.1mPa·s；实验用水为模拟地层水，矿化度为 25000mg/L，35℃时黏度为 0.73mPa·s；实验用 CO_2 气体纯度 99.9%。

③ 实验方案：根据实验要求，按不同 CO_2 注入量、焖井时间、注入速度等共设计 16 组

实验方案（表2-13）。

表2-13 方形岩心 CO_2 吞吐实验方案设计表

实验编号	CO_2注入量, g	焖井时间, h	注入速度, (mL/min)	节流阀开启程度, %	采收率, %
1	15.71	24.00	4.00	60	3.13
2	11.77	24.00	4.00	60	2.85
3	8.32	24.00	4.00	60	2.55
4	5.64	24.00	4.00	60	2.04
5	1.68	24.00	4.00	60	1.55
6	15.71	0.25	4.00	60	1.62
7	15.71	2.00	4.00	60	2.13
8	15.71	4.00	4.00	60	2.55
9	15.71	14.00	4.00	60	3.09
10	15.71	48.00	4.00	60	3.48
11	15.71	24.00	4.00	20	3.85
12	15.71	24.00	4.00	40	3.33
13	15.71	24.00	4.00	80	2.08
14	15.71	24.00	4.00	100	1.18
15	15.71	24.00	0.02	60	3.27
16	15.71	24.00	0.14	60	3.18

④ 模型制作步骤：

a. 在大型致密砂岩露头上切割出30cm×30cm×3.5cm的方形岩心；

b. 在岩心一侧（图2-86）切割一条贯穿1#和2#压力监测孔（1#和2#孔间距26cm）的空槽（槽宽0.2cm），模拟具有无限导流能力的水平井；

c. 垂直于水平井，在岩心平面边长的1/3、2/3处切割长15cm、宽0.2cm的空缝以模拟水力裂缝，为使裂缝具有较为稳定的导流能力，从渗透率为$2000×10^{-3}\mu m^2$的岩心上切割出与空缝相同大小的岩心薄片并嵌入模型空缝中，同时为保证岩心薄片与致密模型之间无间隙，在岩心薄片表面涂细砂与环氧树脂的混合物，并在岩心薄片放入模型空缝后进行整体加热老化，使高渗薄片与致密模型胶结形成一体，实现裂缝与模型一体化，最终形成的裂缝渗透率为$2000×10^{-3}\mu m^2$；

d. 在模型表面布置多个压力监测孔、注采井1#为实验注采井，2#~15#为压力监测孔，其中13#、14#、15#同时为饱和水、饱和油的备用井，随后采用环氧树脂对模型进行整体浇注密封完成制作。

⑤ 实验步骤：

a. 将岩心模型放入高温高压实验舱内，抽真空24h以上，直至真空表显示为真空状态；

b. 从1#孔对模型实施恒压（0.1MPa）注水，累计饱和3d后逐步提压，待远端井（13#、14#、15#）监测压力开始上升后，打开远端井出液口，提高压力至13.8MPa实施水驱，水驱至2PV（孔隙体积倍数）后结束水驱完成岩心饱和水，随后根据注采液量计算模型饱和水量与孔隙度；

c. 通过水平井注油、远端井采液的方式对岩心饱和油，注入压力逐步提升至原始地层压力（13.8MPa），保证累计注入油量达3PV且出液口不再有水产出后关闭出液口，水平井继续注油至模型内压力（达原始地层压力）分布均衡并静置老化3d，计算原始含油饱和度；

  d. 打开1#注采井回压阀，控制出口压力为5MPa并保持恒定，进行衰竭式开发，实时监测模型各点压力与采出液量，出液口不出液后停止；

  e. 衰竭开发结束后关闭节流阀，恒速向1#注采井注入CO_2，到达设计量后停止并关井焖井，实时监测焖井期间模型各监测点压力；

  f. 焖井结束后，打开1#注采井，控制出口压力为5MPa恒压生产，实时监测模型各监测点压力，计量采出液量、气量，待出口不出液后停止；

  g. 控制1#注采井井口压力为5MPa，同时以13.8MPa恒压从13#、14#、15#注入油，驱替2PV以上且保证出口无水、气产出后停止注入，观察1#注采井，无液体采出即可认为岩心已恢复至衰竭开发后的状态；

  h. 根据实验方案，重复进行步骤e~f，完成所有CO_2吞吐实验。

（2）长岩心CO_2吞吐实验。

实验方案设计见表2-14。

表2-14　长岩心吞吐实验方案表

实验编号	岩心尺寸，cm 直径	岩心尺寸，cm 长度	渗透率，$10^{-3}\mu m^2$	孔隙度，%	注入类型	焖井时间，h
17	2.5	29.8	0.97	10.41	注CO_2升压	0.25
18	2.5	29.8	0.97	10.41	注CO_2升压	48.00
19	2.5	29.8	0.99	10.42	注油升压	0.25
20	2.5	29.8	0.99	10.42	注油升压	48.00

长岩心CO_2吞吐实验分为注CO_2升压和注油升压两种注入方式，实验步骤为：

① 岩心抽真空后饱和油称重，随后将岩心放入夹持器内。

② 对于实验17、18，打开入口阀注CO_2，升压，保证入口压力持续稳定在8.8MPa，按方案设计时间焖井。

③ 对于实验19、20，打开入口阀注油升压，岩心内部压力持续稳定在8.8MPa超过30min后停注；打开出口阀（出口压力设置为8.8MPa），在入口端恒压8.9MPa（略大于8.8MPa）注CO_2，快速排清夹持器入口端及岩心外围多余油，完毕后关闭出口阀，重新将入口压力稳定在8.8MPa，保持入口端开启，保压慢注，按方案设计时间焖井。

④ 关闭入口阀，打开出口阀进行降压开采，出口端压力降至大气压且无流体产出时结束实验，取出岩心称重，计算采收率。

3）实验结果

通过方形岩心和长岩心的CO_2吞吐实验，得到以下实验结果。图2-89为衰竭开发过程中，产量与产量递减率的关系，图2-90为注CO_2焖井阶段的井底压力曲线，图2-91为焖井阶段4个不同时刻模型内的压力场分布。

图2-92为开发阶段井底压力、累积产油量、累积产气量（标况）随时间的变化曲线。图2-93为井底压力、气油比与产油速率随时间的变化关系曲线。图2-94为4个开发阶段某时刻的压力分布。

图2-95为采出程度与井底压力的关系曲线。图2-96为降压过程中CO_2因密度变化导

致的体积膨胀增加倍数曲线。

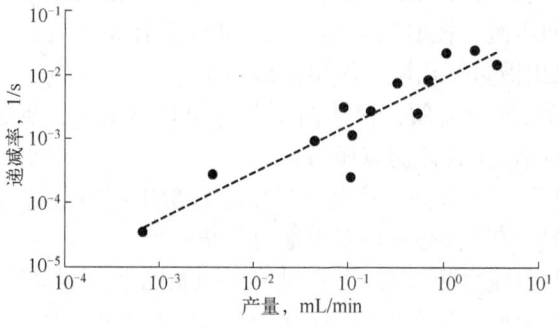

图 2-89 衰竭开发递减率与产量的关系

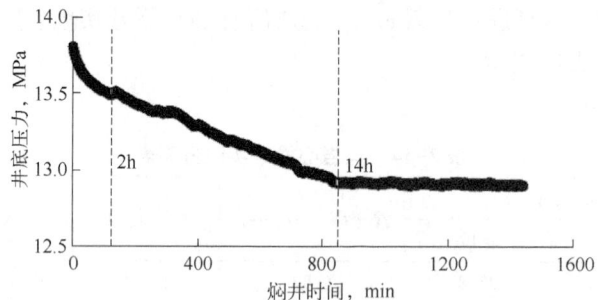

图 2-90 注 CO_2 焖井阶段井底压力变化曲线

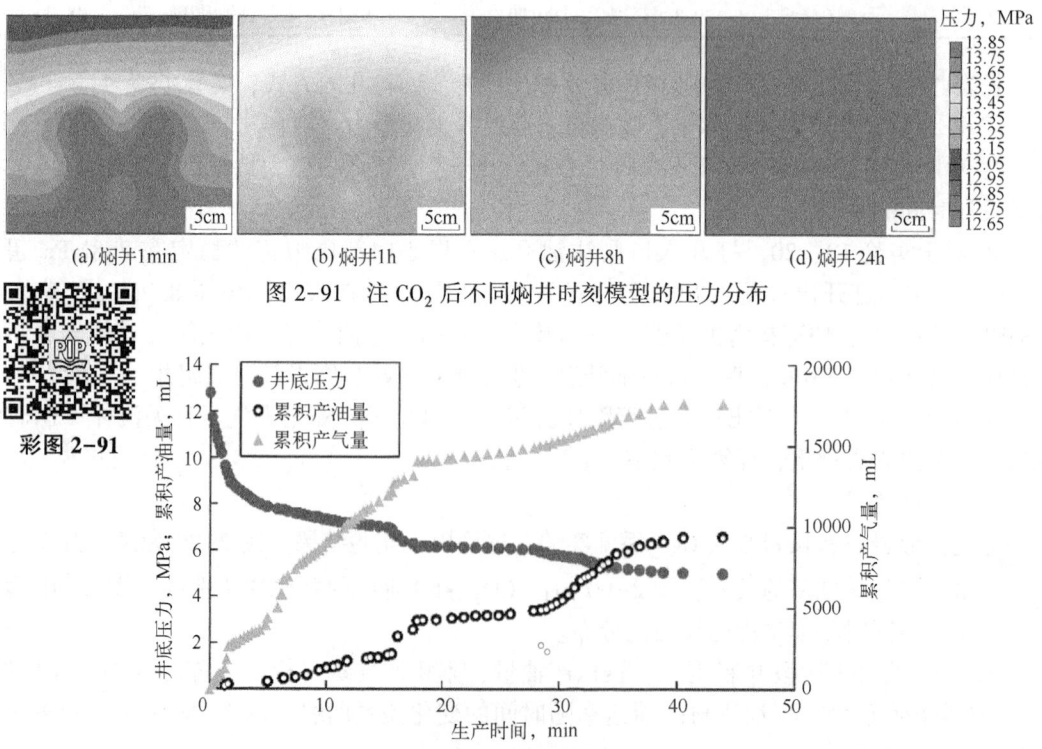

(a) 焖井1min (b) 焖井1h (c) 焖井8h (d) 焖井24h

图 2-91 注 CO_2 后不同焖井时刻模型的压力分布

彩图 2-91

图 2-92 CO_2 吞吐开发阶段生产动态曲线

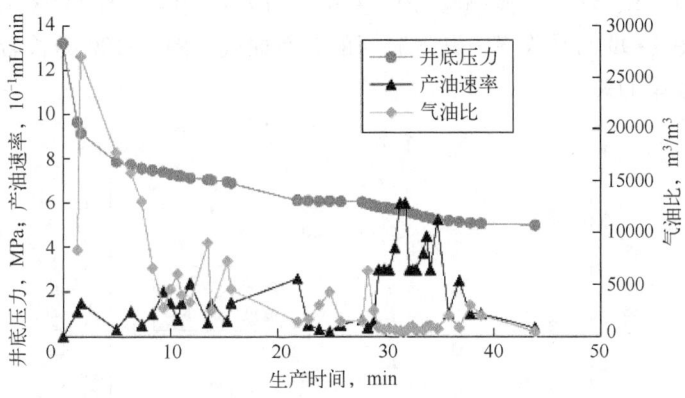

图 2-93　生产动态参数与生产时间关系曲线

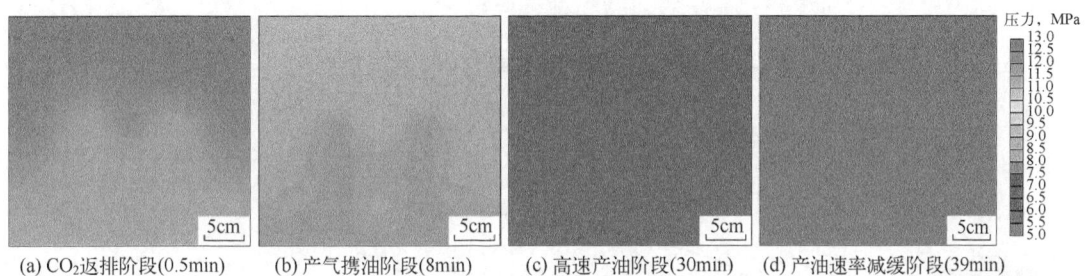

(a) CO₂返排阶段(0.5min)　(b) 产气携油阶段(8min)　(c) 高速产油阶段(30min)　(d) 产油速率减缓阶段(39min)

图 2-94　不同开发阶段模型的压力分布

彩图 2-94

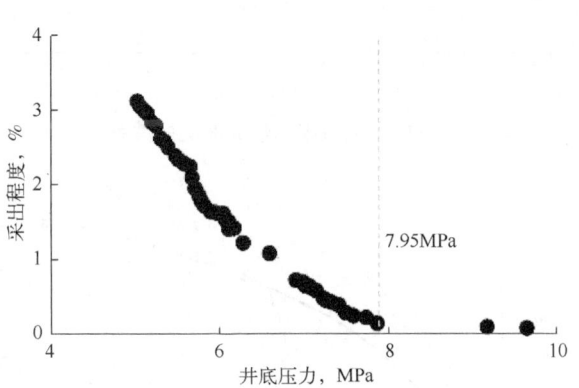

图 2-95　采出程度与井底压力的关系

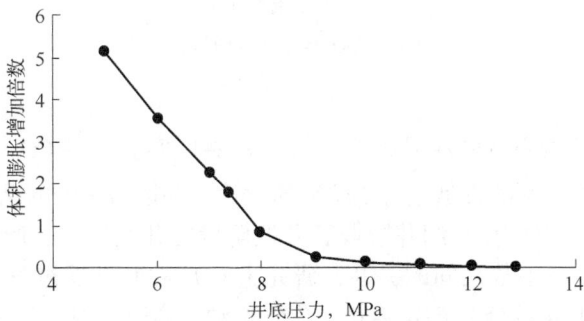

图 2-96　CO_2气体体积膨胀增加倍数与井底压力的关系

图 2-97 为采收率、油气置换率与 CO_2 注入量的关系曲线，图 2-98 为采收率与焖井时间的关系曲线，图 2-99 为采收率与开发时间的关系曲线，图 2-100 为长岩心注 CO_2 吞吐实验焖井时间与采收率的关系。

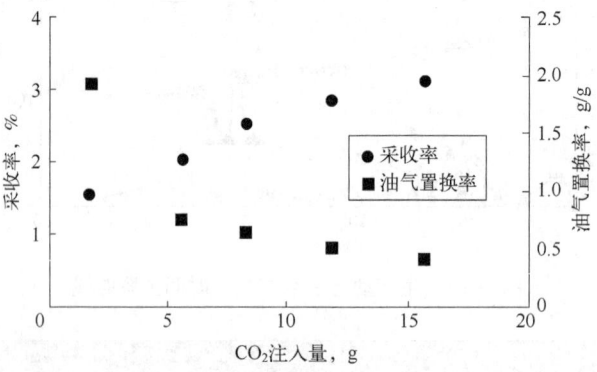

图 2-97 采收率、油气置换率与 CO_2 注入量关系

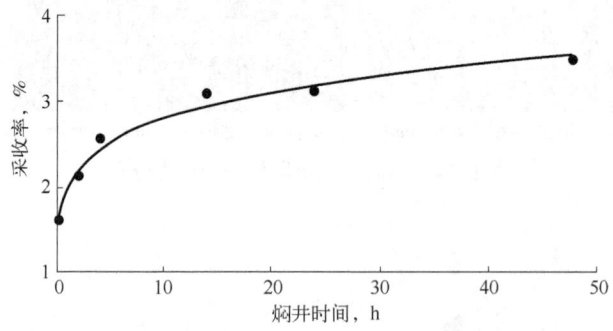

图 2-98 采收率与焖井时间的关系

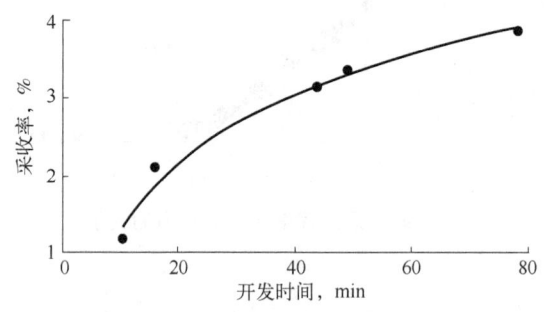

图 2-99 采收率与开发时间的关系

4）讨论与分析

通过方形岩心与长岩心不同注采条件下的 CO_2 吞吐实验，对 CO_2 吞吐的动态特征、影响因素及波及方式对采收率的贡献进行了研究与讨论，并取得一定的结论与认识。

（1）基于方形岩心 CO_2 吞吐焖井阶段和开发阶段的井底压力、产油量、产气量、气油比与采出程度等生产动态参数之间的关系，研究了 CO_2 吞吐开发过程的生产特征。研究认为，进行的 CO_2 吞吐开发可分为 CO_2 返排、产气携油、高速产油、产油速率减缓 4 个阶段，产气携油阶段以游离气驱为主，高速产油阶段以溶解气驱为主。

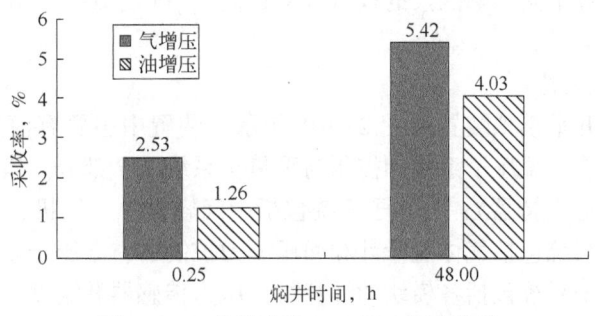

图 2-100　长岩心注 CO_2 吞吐实验结果

（2）基于不同注入速度、注入量、焖井时间与采收率的关系，研究了 CO_2 吞吐效果的影响因素。研究认为，CO_2 注入量与开采速度是影响吞吐效果的主要因素，CO_2 注入量越大，开采速度越低，采收率越高，合理的 CO_2 注入量与开采速度须结合现场需求及经济评价确定。CO_2 吞吐开发存在合理焖井时间，超过该时间继续焖井对提高采收率贡献不大，现场应用中，可通过井底压力是否稳定判断焖井是否充分。

（3）基于焖井时间与注气升压采收率之间的关系，研究了 CO_2 吞吐的采油机制。研究认为，CO_2 吞吐开发对采收率的贡献主要来源于流动波及与扩散波及两部分，焖井时间足够长时，采收率的贡献主要来源于扩散波及，溶解气驱起主导作用。

第七节　天然气开采实验

一、天然气衰竭开采实验

1. 天然气衰竭开采实验概况

纯气藏基本上是依靠天然气弹性能量生产，严格意义上讲，气井一旦投入生产即开始了递减。气田开发实践表明，按照一定层系和井网投入开发的气田，几乎都可以维持一段产量稳定的生产时期，然后进入产量递减阶段。通过天然气衰竭开采实验研究和分析递减类型，预测未来的产量变化，确定可采储量，是天然气开发中的重要任务之一。现以页岩气为例对天然气衰竭开发实验进行介绍。

2. 实验案例

该案例选自发表在期刊《天然气勘探与开发》上的《页岩气衰竭开采规律影响因素室内模拟》中的实验。该研究研制了地层条件下页岩气衰竭开采模拟实验装置，模拟了页岩气衰竭开采过程，开展了系列的不同条件下的页岩气衰竭开采实验，研究了页岩气衰竭开采递减规律、递减特征，建立了递减模型，划分了页岩气衰竭开采时流态，并对最终采出程度影响因素、合理开采速度、递减期的递减参数等进行了分析。

1）实验方案设计

通过改变实验条件（调整流量和围压、控制回压模拟废弃压力、改变定压或定产生产方式等），开展衰竭开采实验，对页岩气衰竭开采规律进行研究。同时开展不同地质条件下（渗透率、孔隙度、应力敏感）的页岩气衰竭开采实验，并采用偏最小二乘法（PLS）模块大数据分析方法，计算不同影响因素的权重（VIP 值），确定最终采出程度和产能的主要影响因素。

2) 实验材料与装置

实验使用的衰竭开采模拟装置如图 2-101 所示，装置中主要有模型子系统、注入子系统、出口与计量子系统、温压子系统和控制与采集子系统几个部分。模型子系统包括岩心夹持器（可替换为长岩心夹持器）；注入子系统包括中间容器、空压机、增压泵、缓冲罐和真空泵；出口与计量子系统包括气体流量计和回压压力控制器；温压子系统包括恒温箱和环压跟踪泵；控制与采集子系统包括各模块的计算机、压力传感器和温度传感器等。

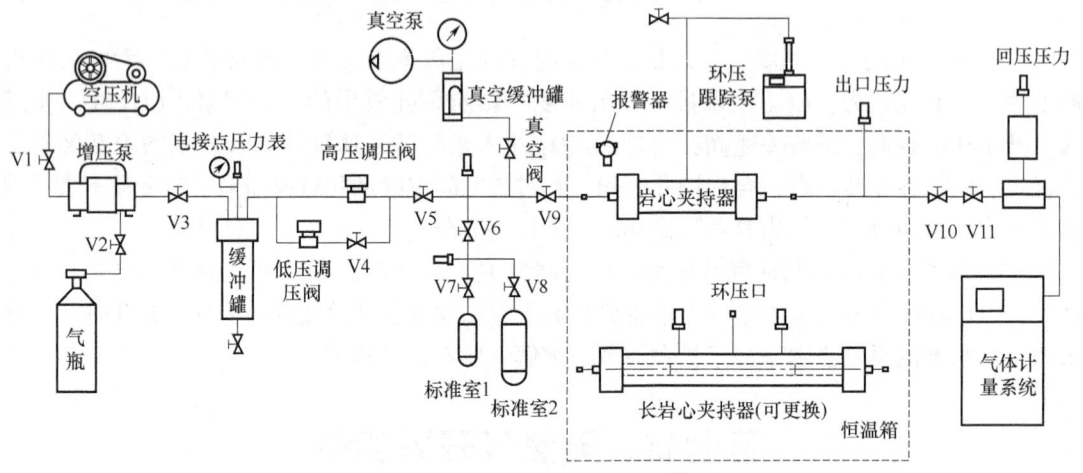

图 2-101　页岩气衰竭开采模拟装置图

3) 实验步骤

(1) 将钻取的岩心在 120℃下烘干 24h，冷却后装入模型，加环压 35MPa，充入气体试压，不渗漏后将系统压力升至地层压力 30MPa，并及时补压，直到模型入口和出口压力稳定并达到平衡。

(2) 压力稳定后将环压提高到 42MPa，模型加压稳定 48h，达到模拟地层渗透率的要求。

(3) 打开气体流量计，打开出口阀门，调节出口流量控制阀，将流量控制在设定的流量值，开始衰竭开采实验，记录不同时间的进、出口压力及出口气体累积流量；并不断调节流量阀，使流量控制在设定值，直到出口压力降为 0 后，则不再调节，继续让入口压力自然下降，流量降为 0.3mL/min 时开始降环压，记录累积气量。

(4) 降低环压到 2MPa，计量模型总气量，用于计算采出程度、采收率参数。

(5) 改变实验条件（如调整流量和围压模拟渗透率，控制回压模拟废弃压力、定压方式等），开展定产、定压式衰竭开采等实验。

(6) 选择现场不同渗透率级别（高、中、低）的岩心在不同的围压（35MPa、42MPa、47MPa）下，模拟地层压力和温度开展了页岩气衰竭开采实验，流量设计为 10mL/min，对比不同渗透率、不同围压下页岩气稳产期和最终采出程度，找出不同地质条件对页岩气开发的递减规律的影响因素。

4) 实验结果

实验中监测了流量、压力、累积体积、瞬时渗透率、驱油效率等参数随时间的变化。使用以上数据分析了衰竭开采压力、稳产期及递减期的变化规律及稳产期和最终采出程度的影响因素。同时实验得到了不同地质条件下（渗透率、孔隙度、应力敏感）衰竭开采实验的采出程度，并采用大数据分析方法确定最终采出程度和产能的主要影响因素，实验结果如下。图 2-102 为定产衰竭开采时流量与时间关系图，图 2-103 为岩心模型衰竭开采规整化产量与物质平衡时间关系图，图 2-104 为递减阶段流速与时间关系曲线图，图 2-105 为不同渗透率岩心衰竭开采压力差与累积排量的关系图，表 2-15 为不同围压下衰竭开采后渗透率和最终采出程度对比表。

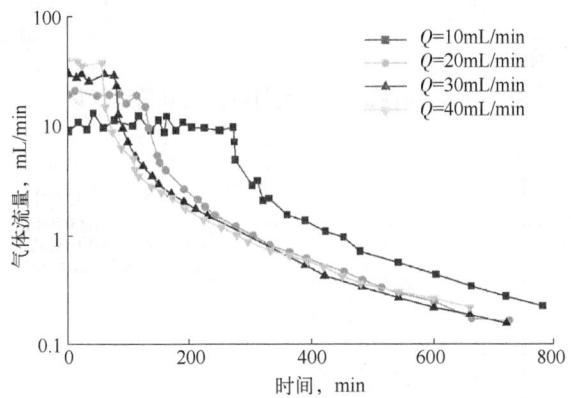

图 2-102 定产衰竭开采时流量与时间关系图

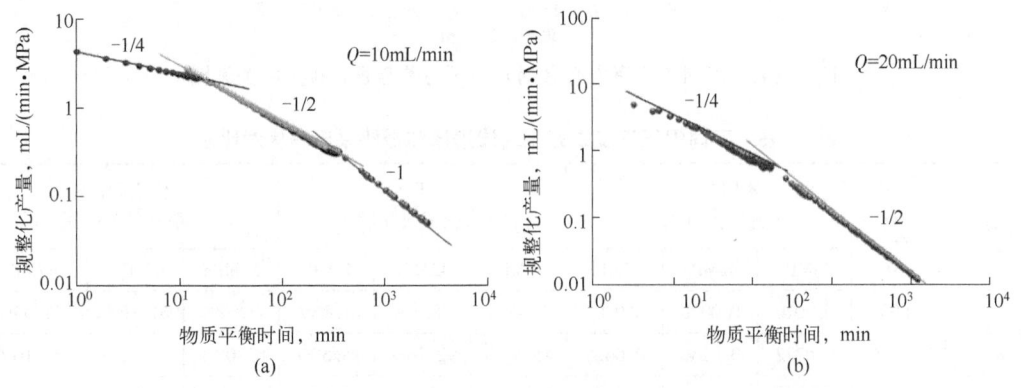

图 2-103 岩心模型衰竭开采规整化产量与物质平衡时间关系图

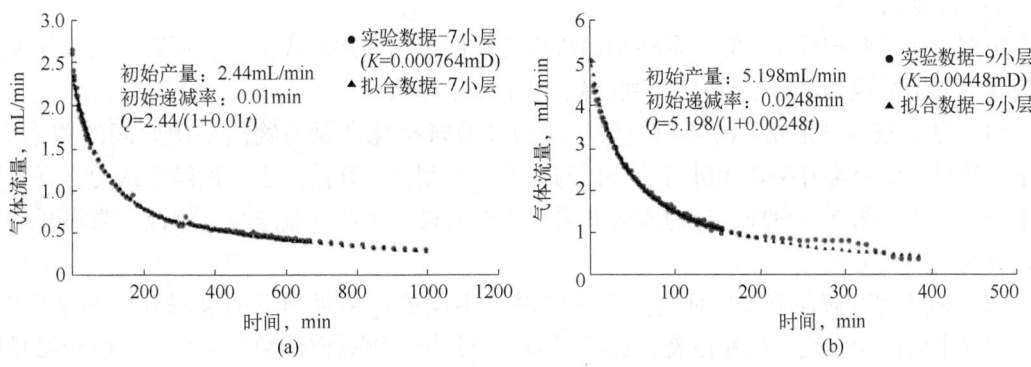

图 2-104 递减阶段流速与时间关系曲线图

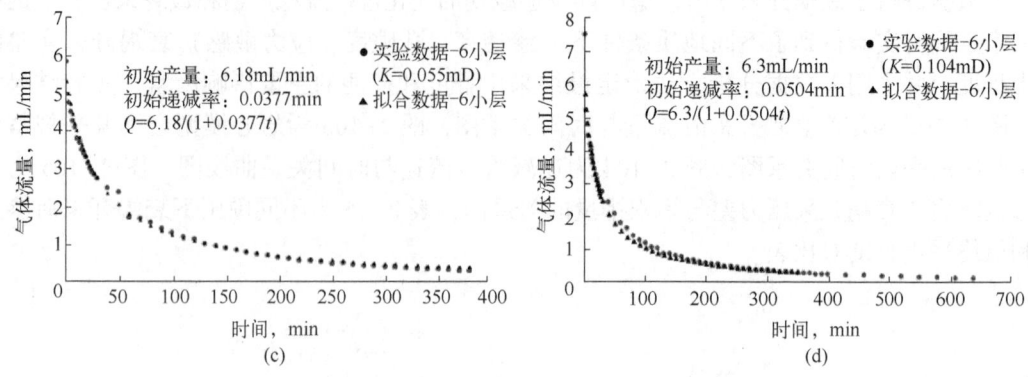

图 2-104 递减阶段流速与时间关系曲线（续）

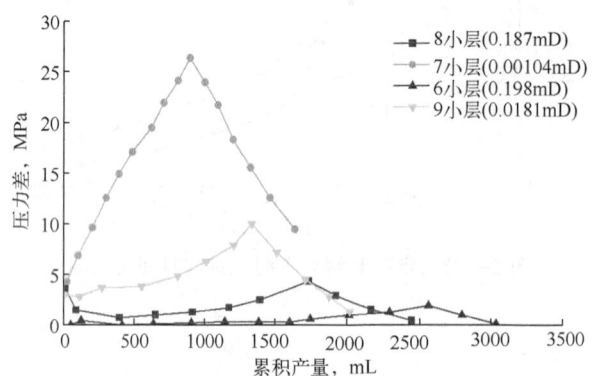

图 2-105 不同渗透率岩心衰竭开采压力差与累积排量的关系图

表 2-15 不同围压下衰竭开采后渗透率和最终采出程度对比表

小层	初始渗透率 mD	不同围压下渗透率，$10^{-3} \mu m^2$			不同围压下渗透率损害率			不同围压下最终采出程度		
		35MPa	42MPa	47MPa	35MPa	42MPa	47MPa	35MPa	42MPa	47MPa
7	0.0035	0.0010	0.0008	0.0007	70.40%	78.1%	81.23%	75.38%	67.10%	61.95%
8	0.1866	0.0272	0.0136	0.0028	85.42%	92.74%	98.50%	87.08%	86.92%	86.10%
9	0.0181	0.0045	0.0031	0.0022	75.25%	82.76%	87.73%	88.31%	83.15%	78.13%

5）讨论与分析

根据上述实验结果，计算了最终采出程度的不同影响因素的权重，对页岩气衰竭开采递减规律及其影响因素进行了研究，并取得了以下结论和认识。

（1）基于衰竭开采获得的累积产量与压力差及规整化产量与物质平衡时间的关系图，对不同流量下的衰竭开采规律进行了分析与研究，并划分了开采流态。该研究认为，页岩气高速衰竭开采分为 2 个阶段，低速衰竭开采分 3 个阶段，生产井流态与之相似，衰竭开采时流速存在一个临界值。

（2）基于递减阶段流速与时间关系曲线图和不同渗透率级别下的衰竭开采递减模型，对页岩气室内试验衰竭开采递减特征进行了判断和分析。该研究认为，页岩气室内衰竭开采特征的递减阶段表现为调和递减，初始递减率与渗透率成正相关关系。

(3) 基于不同渗透率下、不同围压下页岩气衰竭开采的稳产期和最终采出程度，对不同地质条件下页岩气衰竭开发的递减规律主要影响因素进行了分析与研究。该研究认为，最终采出程度的主要影响因素是渗流能力、开采压力及页岩品质。

二、天然气多层合采实验

1. 多层气藏开发概况

1) 多层气藏的地质特征

（1）单层厚度薄，但分布稳定。层状气藏储层厚度一般为几米至十几米，层内岩性较均一。平面上储层呈席状连续分布，具有较好的平面连通性。

（2）每个小层均为独立的气藏。由于纵向上有稳定分布的隔层，因此各小层一般互不连通，每个小层为一个独立的压力系统。在分层开发过程中，除井筒外一般不发生层间窜流。但是多层合采下会发生层间干扰。

（3）存在层间差异。由于受沉积和成岩等地质条件的差异影响，层间往往表现出一定的非均质性。一般采用渗透率的变异系数、突进系数和渗透率级差描述储层非均质性。渗透率的变异系数、突进系数或级差越大，则储层非均质性越严重。

2) 多层气藏开发特征

（1）多层渗流特征受层间非均质影响严重。层状或块状气藏中流体均是在同一渗流单元内流动，而多层气田的流体来自多个互不连通的产层，因此渗流特征受层间差异的影响严重。分层产能受分层渗流能力大小影响，分层产量与流动系数成正比，高渗透层产量高，低渗透层产量低；渗透率级差越高，产量差异越大，甚至导致低渗透层无产量。气井的稳产能力与分层储量规模配置关系及其储量品质有关，如果高渗透层储量比例高，则稳产能力强；否则，气井的稳产能力差，单井产量递减快。在多层合采的气井中，由于存在层间非均质性，导致分层储量动用的差异性，以及分层压力的差异性，因此纵向上会形成十分复杂的压力剖面，给后期生产带来困难。

（2）开采与稳产接替方式。对于单井而言一般采用多层合采的方式开采。但由于存在层间非均质性、含气层过多，又会产生层间干扰，因此对于层数多的气田，需要划分层系开发。层系划分需要综合考虑流体特征、储层物性、隔层特征、压力特征和储量规模等因素，将流体、压力、物性条件等相近，具有较好封隔条件且具有一定储量规模的层进行组合，作为一套开发层系。对于多层气藏稳产接替，一般采用层系接替方式保持气田稳产。

3) 多层合采渗流特征

对于多层气藏，由于纵向上含气层数多，即使细分开发层系，多层合采仍是该类气田开发的主要技术之一。然而，在气井进行多层合采时，合采产量有时远低于单层分采的产量之和，这种现象有悖于人们的直观想象。因此通过对多层气藏进行开发模拟实验，有助于分析和解释多层合采气井生产动态、分析气井真实产能和计算动态储量、确定气井合理生产压差及合理配产、准确预测未来气井的生产动态，这对多层气藏开发具有重要的指导意义。

2. 实验案例

该案例选自发表在期刊 *Fuel* 上的 *Experimental evaluation of interlayer interference during commingled production in a tight sandstone gas reservoir with multi-pressure systems* 中的实验，实验对天然气多层合采的混合生产特性和层间干扰特征进行了研究。该研究采用三组长岩心进

行分采和合采条件下的衰竭实验，对生产特征和累积产气量进行测量和对比，通过分析产气量和压力来表征层间干扰，并分析和讨论流量和关井对层间干扰的影响。下面将以此实验为基础对天然气多层合采实验的实验过程及结果进行简述和分析。

1) 实验方案设计

该实验使用三组长岩心在不同流量、不同开采方式和开关井时间下进行衰竭开采实验，对致密砂岩气藏分层开采和混合开采进行了模拟。实验根据相似性原则，考虑了以下五个方面。

(1) 岩石物性：根据现有测井资料，选取现场代表不同层位的致密气藏岩心；

(2) 流动介质：实验流体为纯度为99.999%（摩尔分数）的氮气；

(3) 混采模式：通过3次长岩心衰竭实验模拟多层混采；

(4) 初始条件：3个长岩心根据目标致密气藏不同层位压力分别饱和；

(5) 生产条件：根据一口井的实际产气量设计出口实验流量。

2) 实验材料与装置

实验装置如图2-106所示。模型子系统包括三个并联的长岩心（每一个长岩心由同一地层中7个岩心串联组成）和岩心夹持器；注入子系统包括三个气瓶和高压排量泵；出口与计量子系统包括气体流量计、流量控制计和回压控制器；温压子系统包括恒温箱和围压控制器；控制与采集子系统包括各模块的计算机、压力传感器和温度传感器等。

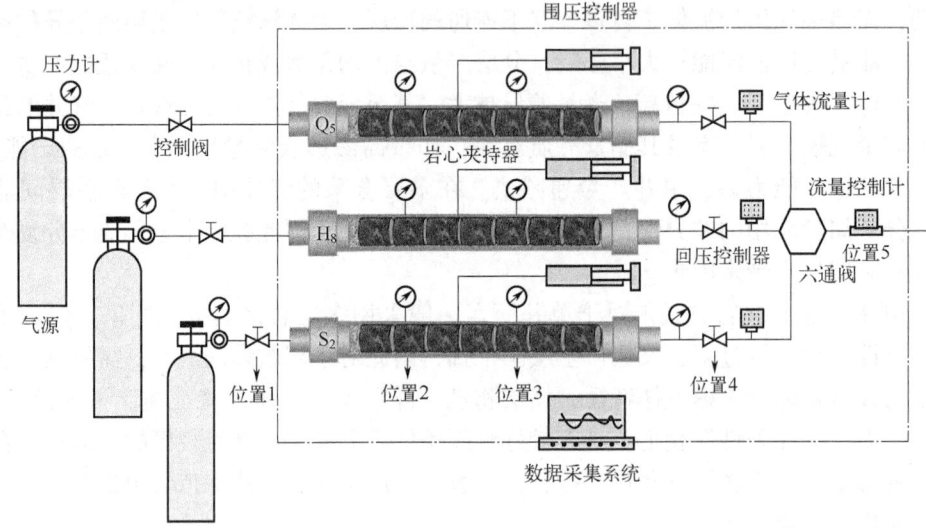

图2-106 实验装置图

3) 实验步骤

(1) 将采集的岩心置于三个岩心夹持器中，模拟3个渗透率不同的地层，然后注入氮气。

(2) 将三个夹持器（Q_5、H_8和S_2）内的初始流动压力分别设定为7.00MPa、13.00MPa和18.00MPa，模拟多压力致密气藏的产气动态。每次实验设置的围压均比入口压力高2.00MPa。

(3) 关闭位置4的每个出口阀，使每个岩心夹持器达到预定的压力，并保持实验确定的压力8h。压力稳定后，关闭位置1的所有阀门，同时打开位置4的所有出口阀。

(4) 实验净产气量由气体流量控制计控制，采用定容衰竭法，模拟致密砂岩气藏多压力系统的混合产气量。连续监测并记录位置 3 各层的压力、产气时间和产气量，直到实验结束。

4) 实验结果

实验中监测不同开发方式下的气体流量、不同位置压力、气体累积体积和回流时间的变化。使用以上数据分析了天然气多层合采的混合生产特性和层间干扰特征，实验结果如下。该研究中上游压力指位置 1 的测量压力，下游压力指位置 4 的测量压力。图 2-107 为混采实验产气速率、累积产气量和上下游压力变化图；图 2-108 为长岩心 Q_5 不同测点的压力变化曲线；图 2-109 为净产气速率与回流时间关系图；图 2-110 为关井 60min 与不关井混合生产的上、下游压力比较。

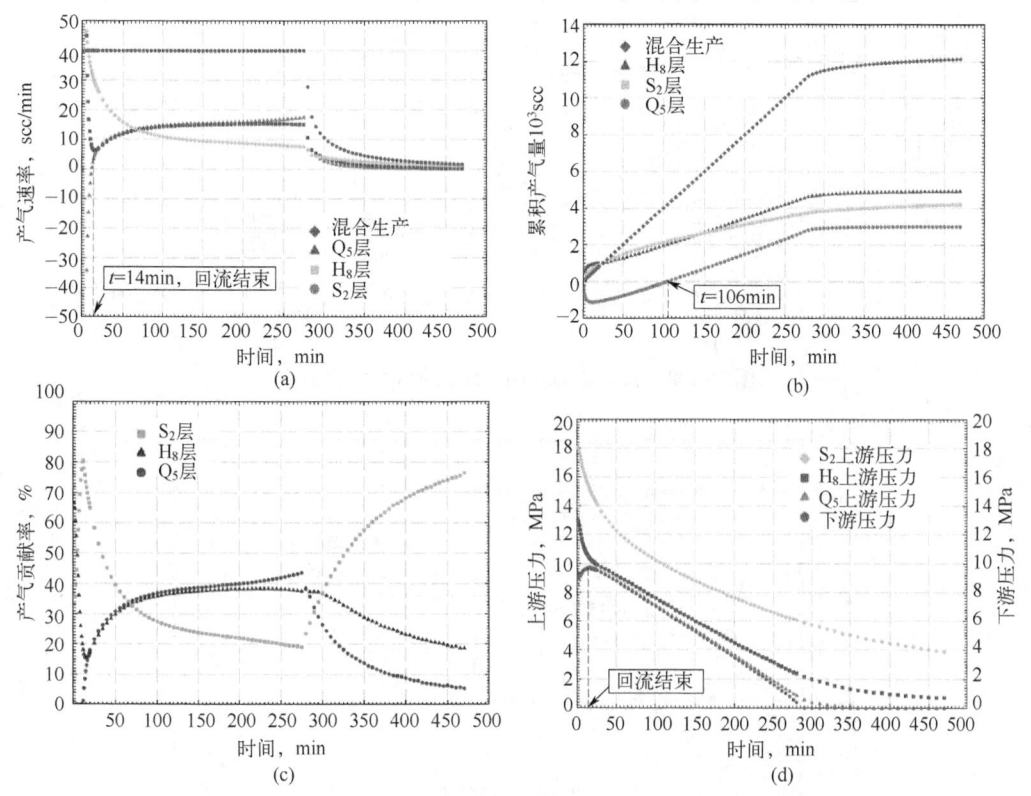

图 2-107　混采实验产气量、累积产气量和上下游压力变化图

5) 讨论与分析

该研究通过长岩心衰竭开采实验，建立了评价气藏多层合采动态特征的实验技术，对天然气多层合采的混合生产特性和层间干扰特征进行了研究与谈论，并取得了以下结论和认识：

(1) 基于产气速率、累积产气量和上下游压力变化图，对多层合采的生产特征进行了分析和研究。该研究认为，当不同压力和物性的多层气藏同时生产时，由于相对高压层为主产气，低压层在早期会发生回流。

(2) 基于关井与不关井混合生产的上、下游压力和产量变化，对开关井操作对多层合采生产的影响进行了研究与分析。该研究认为，为减少层间干扰，多层混合开采气井应尽可能避免关井作业。

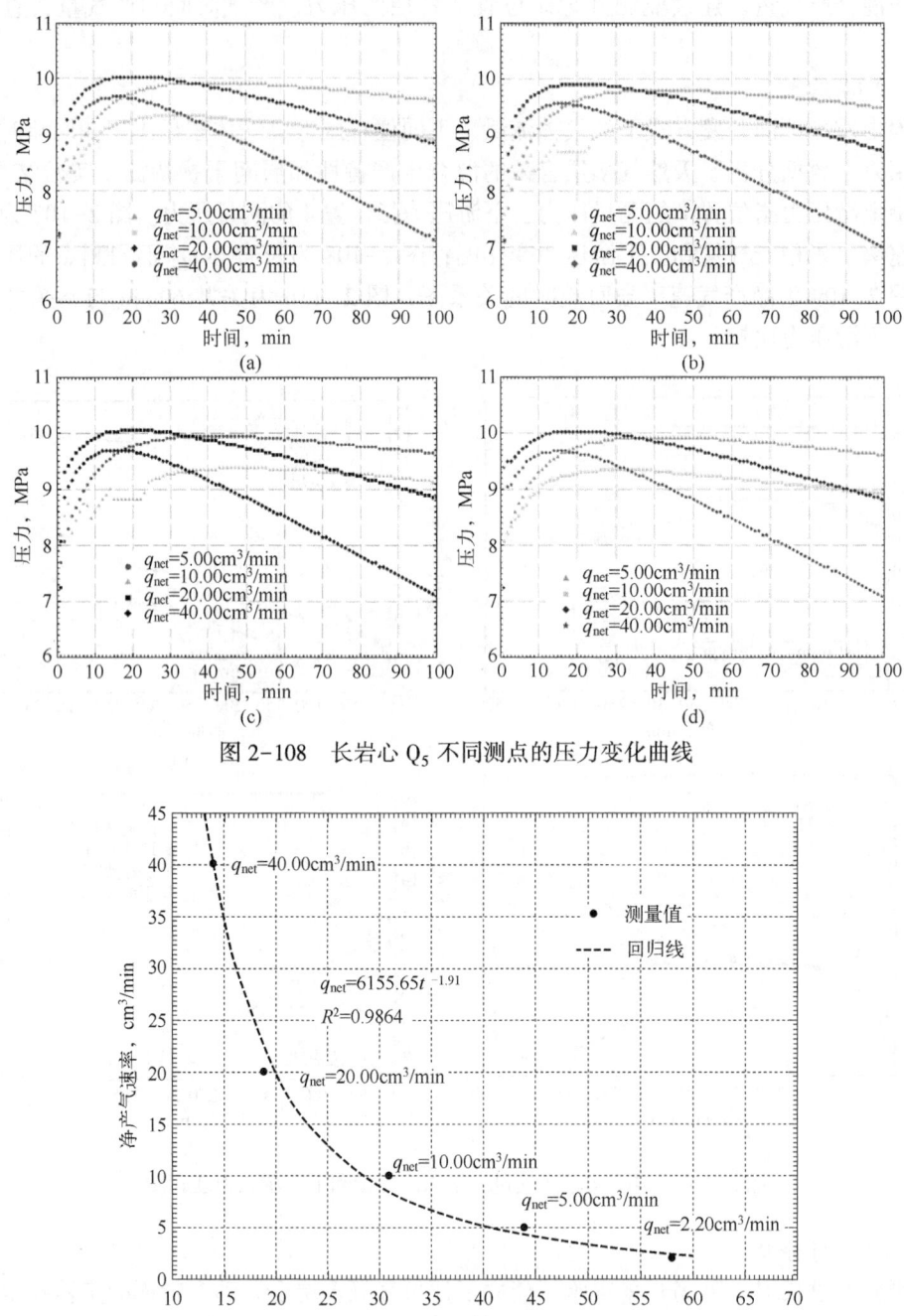

图 2-108　长岩心 Q_5 不同测点的压力变化曲线

图 2-109　净产气量与回流时间关系图

三、凝析气相态开发模拟实验

1. 凝析气藏开发概况

凝析气藏是一种特殊、复杂且经济价值很高的气藏，开采过程中同时采出天然气和凝析

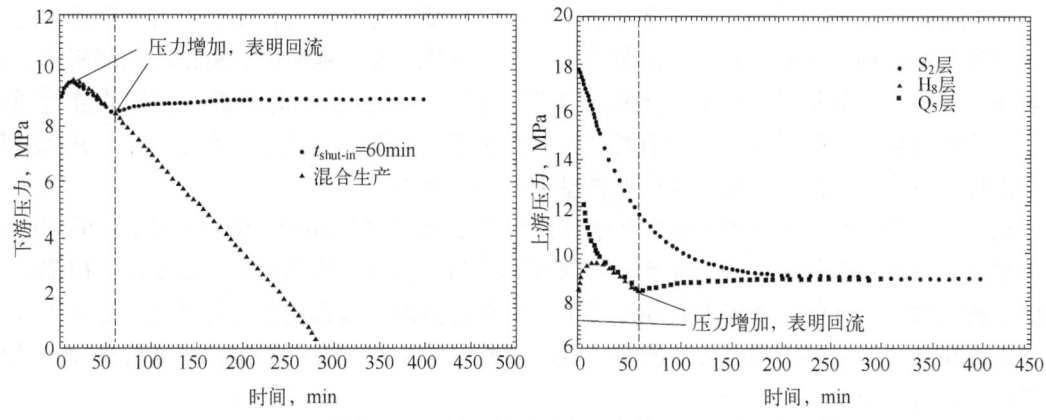

图 2-110 关井 60min 与不关井混合生产的上、下游压力比较

油。凝析气藏的气体中戊烷（C_5）以上的重碳氢化合物含量较大、气油比较高，凝析油主要为煤油馏分，密度为 $0.66\sim0.84\text{g/cm}^2$。凝析气藏储层流体在地层压力高于初始凝析压力条件下处于气态，但当地层压力低于初始凝析压力时，从气相中析出的液态烃将黏附在岩石颗粒表面而造成损失。因此，凝析气藏的开采具有特殊性。

1) 开发方式

凝析气藏分为纯凝析气藏和带油环凝析气藏（与原油共存的凝析气藏）两大类型。对这两类凝析气藏，都要考虑采气和采凝析油，而对存在原油的带油环凝析气藏，其原油储量具有工业开采价值的，还须同时考虑开采原油，尽可能提高干气、凝析油和原油的采收率。对高含凝析油的凝析气藏，要尽可能防止地层压力降至露点压力以下，以避免大量凝析油损失在地层中，同时对有边底水的凝析气藏还要防止边底水的侵入。凝析气藏的开发方式主要有衰竭式开采和保持压力开采等方式。

(1) 衰竭式开采方式：按衰竭开采方式设计凝析气藏开发时，原则上与干气、湿气气藏相同。但是，由于地层中析出凝析油，需要确定凝析油产量和凝析油析出对地层内气体流动的影响，所以必须开展凝析油气组分组成在不同程度压力下降时的变化规律研究。

(2) 保持压力开采方式：保持压力开采原理是以注入剂驱替富含凝析油的湿气，同时保持压力，避免在储层中发生反凝析作用，以及保持油气和油水带的压力平衡，从而达到提高凝析油和天然气采收率的目的。尤其是在凝析油储量大和含量较高的情况下，应尽可能地采用保持压力开采方式，避免大量凝析油损失在地层中，实行资源保护政策。保持压力开采是提高凝析油采收率的主要方法。对凝析油含量比较高的凝析气藏来说，如不保持压力开采，凝析油损失量可达原始储量的一半。保持地层压力的有效性取决于凝析油含量、凝析油和气的储量、埋藏深度、钻井设备、凝析油加工和其他因素等。采用保持压力开采方式需要大量投资（如要购置高压压缩机），而且在相当长的时间内无法利用天然气。

2) 凝析气藏开发特征

凝析气藏的开发阶段除了和常规气藏一样可划分为产量上升阶段、稳产阶段、产量递减阶段，以及可采用定产量、定井口压力、定生产压差等工作制度进行开采外，因其气藏的气体中 C_5 以上的重烃化合物含量较大，而且超临界的气态甲烷含量占有优势，同时又具有一定量 C_3—C_4 组分和液态烃（C_{5+}），地层压力和温度高，因此在气井开采时还具备自身的显著特点。

例如凝析气藏储层一般具有异常高温、高压的特征。在开发过程中，随着地层压力的下降，出现反凝析和再蒸发现象。当地层压力低于露点压力时，地层中会析出液相凝析油，且随着压力下降析出凝析油量增大，当压力下降达到第二露点压力时，析出凝析油量达到最高，此后压力再下降凝析油量则逐渐减少，出现再蒸发过程，直到废弃为止。且在开采过程中，随压力下降，气油比上升，凝析油含量则会迅速增加。

近十几年来，在世界各国的许多产油气区域内发现在深至 3000~4000m 或更深的圈闭中多形成凝析气藏及干气藏，缺乏油藏。我国黄骅坳陷板桥气田和四川盆地黄瓜山气田都是典型的凝析气藏，近几年在塔里木盆地发现了塔中隆起奥陶系和石炭系凝析气藏、塔北吉拉克三叠系凝析气藏等众多不同时代的凝析气藏。因此开展实验对凝析气藏的形成机理和开发规律进行研究是十分重要的。

2. 实验案例

该案例选自发表在《石油学报》期刊上的文章《致密多孔介质中凝析气定容衰竭实验及相态特征》中的实验，该研究基于常规 PVT 定容衰竭实验原理，建立了致密多孔介质中凝析气定容衰竭模拟装置及实验方法，模拟研究了凝析气在裂缝性致密储层中的衰竭开发动态，分析了多孔介质对凝析气藏开发效果的影响，明确了致密多孔介质中凝析气相态特征。现以此实验为基础对凝析气藏开发实验进行分析和介绍。

1) 实验方案设计

该实验控制出口端回压阀调整产气速度模拟不同压降速度，分别进行了 3 组不同压降速度下的衰竭实验，计算了天然气采出程度、凝析油采出程度和产出气油比，并根据凝析油、天然气组分的色谱数据分析凝析油气体系的相态变化随压力变化的特征。同时分别在 PVT 容器中和长岩心中分别开展同等温压下的定容衰竭实验，并对不同时刻下的油气产出物进行色谱分析。

2) 实验材料与装置

致密多孔介质中凝析气定容衰竭模拟实验装置如图 2-111 所示。模型子系统包括定容全直径模型容器和根据全直径容器的大小经过切割、打磨的实验岩心；注入子系统包括驱替

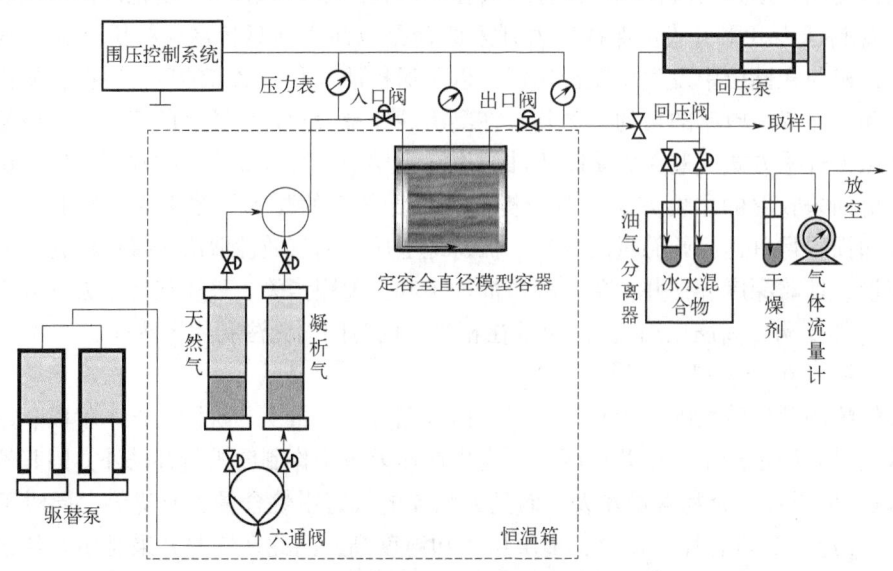

图 2-111 凝析气定容衰竭模拟实验装置图

泵和两个中间容器；出口与计量子系统包括油气分离器、气体流量计、回压阀和回压泵；温压子系统包括恒温箱和围压控制系统；控制与采集子系统由油气全组分气相色谱仪、液相色谱仪和各模块的计算机、压力传感器和温度传感器等组成。

3）实验步骤

（1）实验前先对定容全直径容器的内腔体积进行标定。另取一个已知容积的容器作为对比容器，将其抽真空后充满氦气（压力约为5MPa），待压力稳定后，记录对比容器内的压力值；然后将抽过真空的实验容器和对比容器用管线连通，待压力稳定后记录平衡后的压力，通过计算得到实验所用定容全直径容器的内腔体积。

（2）装填岩心并制作人造裂缝。将全直径岩心称重后放置在定容全直径容器中，并将刻有凹槽的圆铅板（便于凝析气均匀流动）分别垫在岩心上下端面处，在覆盖岩心上端面的圆铅板相应位置处开一个直径约为2cm的孔，保证岩心与出口孔的连通。再将薄铅片和铅丝塞入岩心与内壁的微小空隙中并压实，减小死体积的同时模拟人造裂缝（死体积大小即为人造裂缝的体积）。装填完毕后用分子真空泵抽真空48h。

（3）对装填完成的岩心的孔隙体积和裂缝体积进行标定。采用与步骤（1）相同的方法，可以计算出岩心孔隙体积和裂缝体积。体积标定完成后，重新对装有岩心的实验容器抽真空48h。

（4）建立原始凝析气藏体系。将分离器气注入定容全直径容器中，逐渐建立系统压力，并将恒温箱升温至地层温度。待系统压力稳定后，将复配凝析气通过注入管线从岩心底部缓慢注入容器中，速度恒定为0.02mL/min，确保凝析气从底部缓慢地向上驱替出分离器气。通过回压阀控制出气速度，出气速度与注入速度一致。当凝析气驱替体积达到3~4PV时，在出口端计量产气量和产油量，计算产出气油比，并对出口端油气进行色谱分析。当出口端的气体组成与复配凝析气的组成和气油比基本一致时，则饱和凝析气完成。

（5）开始衰竭实验。控制出口端回压阀调整产气速度模拟不同压降速度，分别模拟3组不同压降速度下的衰竭实验。快速衰竭是在尽量快速的前提下，保证出口端的油气分离瓶不会因气量过大而出现胶塞崩开泄漏的现象，经过多次反复实验选择压降速度为0.2MPa/min；慢速衰竭是在尽量慢速的前提下，保证出口端能有连续稳定的气流产出，经过多次反复实验确定慢速压降速度为0.06MPa/min。每组衰竭实验中保持出口端产气速度不变。其中，快速衰竭实验压降速度为0.2MPa/min，用时为5h；中速衰竭实验压降速度为0.1MPa/min，用时为8h；慢速衰竭实验压降速度为0.06MPa/min，用时为12h。出口处的油气分离瓶浸没在0℃冰水混合物的大烧杯中，以确保产出的凝析气充分油气分离。分别开展不同压降速度下的衰竭实验，实验过程中准确记录压力随时间的变化、产气量和产油量。此外，实验过程中在不同气藏压力下，在出口端的取样口采集产出气样和油样，并对油气组分进行分析。

4）实验结果

实验中监测了不同实验条件下的天然气采出程度、凝析油采出程度和产出气油比，并对不同时刻下的油气产出物进行色谱分析，获得了凝析油、天然气组分的色谱数据，实验结果如下图。图2-112(a)为不同衰竭速度下生产气油比对比图；图2-112(b)为3种不同模拟实验中凝析油采出程度对比图；图2-112(c)为不同衰竭方式下产出天然气中C_1含量对比图；图2-112(d)为PVT筒中与多孔介质中凝析气相图对比图。

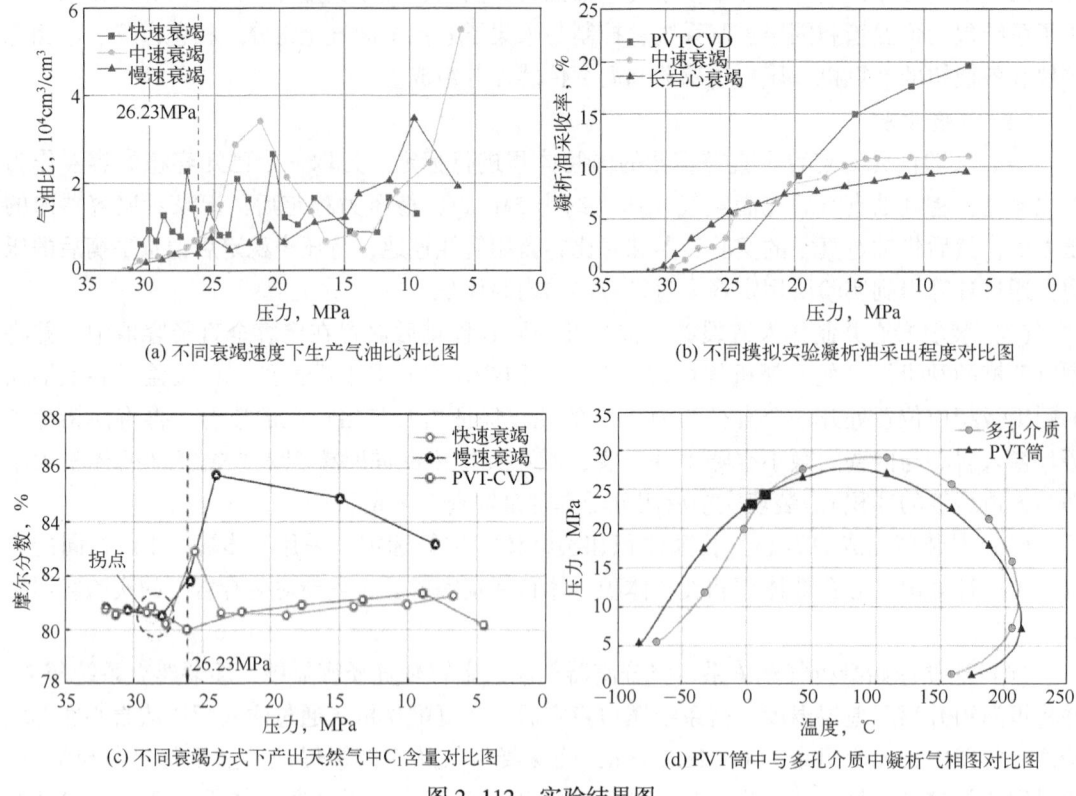

图 2-112　实验结果图

5) 讨论与分析

根据上述实验结果，该研究对衰竭速度及多孔介质对凝析气藏开发效果的影响进行了分析，明确了致密多孔介质中凝析气相态变化特征，取得了以下结论和认识。

(1) 基于不同衰竭速度下的天然气采出程度、凝析油采出程度和生产气油比，对衰竭速度对凝析气藏开发效果的影响进行了分析与研究。该研究认为，在定容全直径快速衰竭方式下，天然气采出程度较低，而凝析油采出程度较高；在慢速衰竭方式下，天然气采出程度较高，而凝析油采出程度较低，即衰竭速度是影响凝析气开发效果的主要因素之一。在实际开发中，在考虑经济效益前提下，衰竭生产速度应尽量放缓，以获得较高的天然气采出程度，同时也能降低储层中凝析油的析出量，减小反凝析伤害。

(2) 基于定容全直径衰竭实验和长岩心衰竭实验获得的天然气采出程度和凝析油采出程度，对凝析气在多孔介质中的相态变化特征以及裂缝对凝析气藏开发效果的影响进行了研究和分析。该研究认为，定容全直径衰竭实验的天然气采出程度和凝析油采出程度均大于长岩心衰竭实验的，说明裂缝能够有效增大基质中凝析油气的泄油面积，减小凝析油析出对油气两相的渗流阻力，提高油气两相采出程度。

(3) 基于不同衰竭方式下产出天然气中 C_1 含量对比图和多孔介质中凝析气的 p-T 相图，对多孔介质对凝析气开发过程中相态的影响进行了研究和分析。该研究认为，多孔介质的存在加速了凝析气的反凝析进程，导致多孔介质中测得的露点压力比 PVT 筒中的测量值高近 9.42%；多孔介质作用下的凝析气相图与 PVT 筒中的凝析气相图存在较明显的差异，在油藏数值模拟计算中应采用多孔介质中所测得的高压物性参数，以提高模拟精度。

第三章 NMR与X-CT岩心实验

第一节　NMR 岩心实验原理

一、NMR 基本原理

核磁共振（NMR）基本原理是：利用特定频率的电磁波辐照静磁场中具有不同共振频率的流体介质内的氢原子核时，相应频率的电磁波被吸收极化后即实现核磁共振。

视频 3　NMR 与 X-CT 岩心实验方法与应用

核磁共振主要是由原子核的自旋运动引起的。原子核是带有正电荷的粒子，不能自旋的核没有磁矩，而能自旋的核带有循环的电流，会产生磁场，形成磁矩。当自旋核处于磁场中时，除了进行自旋以外，还会围绕着磁场进行运动，如图 3-1 所示。此时在水平方向加上一个交变的电磁场，在交变磁场的作用下会发生共振现象，即整个质子体系发生聚相，各质子旋转相位相同，当加入 90°射频脉冲信号时，质子旋转轴在 z 方向分量为 0，在水平方向上的分量最大，相当于核磁矩在 xy 平面上绕原点旋转。当关闭水平方向的射频信号时，如图 3-2 所示，共振的质子体系散相恢复到初始状态。从聚相到散相是核磁信号在竖直方向从无到有、在水平方向从有到无的过程，这一过程叫弛豫过程，所需的时间叫弛豫时间。

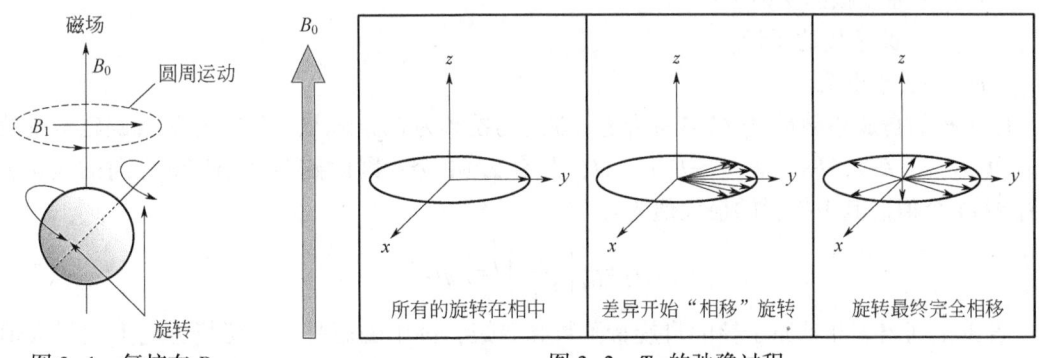

图 3-1　氢核在 B_1 磁场中的运动

图 3-2　T_2 的弛豫过程

H 原子的弛豫时间是核磁共振谱研究的主要参数。在低场均匀磁场中测量时，流体横向弛豫时间 T_2 表达式为：

$$\frac{1}{T_2} = \frac{1}{T_{2B}} + \frac{1}{T_{2D}} + \rho \frac{S}{V} \qquad (3-1)$$

式中　T_{2B}——流体固有的体积弛豫时间，ms；

　　　T_{2D}——流体的扩散弛豫时间，ms；

　　　ρ——流体所处孔隙横向表面弛豫率，是由岩石性质所决定的常数，$\mu m/ms$；

　　　S/V——流体所处孔隙的表面积与体积之比，$\mu m^2/\mu m^3$。

由于水的固有弛豫时间 T_{2B} 较长，且在快扩散条件下扩散弛豫项可忽略不计，故其横向弛豫时间由 $\rho S/V$ 决定，因此流体的横向弛豫时间与孔隙形态存在数学相关性。利用 NMR 实验能够获取储层岩石物性、孔喉大小和分布、储存空间及流体类型等信息。

1. 原子核的磁矩

核磁共振从饱和流体中获取各种信息的基础是基于原子核的自旋弛豫。因此，要深入理解核磁共振的原理，首先要从了解原子核磁矩开始。

原子核具有自旋的性质，可以其自旋角动量 P_i 来表示：

$$P_i = \sqrt{I(I+1)}\,\hbar \qquad (3-2)$$

式中　I——自旋量子数，可取整数或半整数；

　　　$\hbar$——约化普朗克常数。

原子核的自旋角动量 $\boldsymbol{P}_i$ 在空间 z 方向的投影 P_{iz} 为：

$$P_{iz} = m_i \hbar \qquad (3-3)$$

m_I 为自旋磁量子数，取值为 $m_I = I, I-1, I-2, \cdots, -I+1, -I$，通常情况下用核自旋在给定方向投影的最大值表示核自旋的大小。对于 ^1H 核，m_I 有两种取值，分别为 $+1/2$ 和 $-1/2$，故其自旋只能是：$P_0 = \frac{1}{2}\hbar$，$P_1 = -\frac{1}{2}\hbar$。

原子核的磁矩 $\boldsymbol{\mu}_I$ 与角动量的关系为：

$$\boldsymbol{\mu}_I = g_I \left(\frac{e}{2m_p}\right) \boldsymbol{P}_I = \gamma \boldsymbol{P}_I \qquad (3-4)$$

式中　g_I——原子核的 g 因子；

　　　m_p——原子核的质量；

　　　e——质子电荷。

原子核的自旋角动量 $\boldsymbol{P}_I$ 在空间给定 z 方向的投影为 $P_{Iz} = m_I \hbar$，其中 m_I 为自旋磁量子数，取值为 $m_I = I, I-1, I-2, \cdots, -I+1, -I$，共有 $2I+1$ 个，因此磁矩在给定 z 方向的投影 μ_{Iz} 也有 $2I+1$ 个值。其中投影的最大值为：

$$\mu_I = g_I \left(\frac{e\hbar}{2m_p}\right) I = g_I \mu_N I \qquad (3-5)$$

表 3-1 列出了几种原子核的自旋量子数和磁矩，其中磁矩是它在磁场方向上的最大值，以核磁子 μ_N 为单位。$\mu_N = \frac{e\hbar}{2m_p} = 5.0508 \times 10^{-27}\,J/T$，为核的玻尔磁子，简称核磁子。

表 3-1　常见原子核的自旋量子数和磁矩参数表

原子核	自旋量子数 I	磁矩 μ/μ_N	原子核	自旋量子数 I	磁矩 μ/μ_N
^1H	1/2	2.7978	^{27}Al	5/2	3.6413

续表

原子核	自旋量子数 I	磁矩 μ/μ_N	原子核	自旋量子数 I	磁矩 μ/μ_N
^{12}C	0	—	^{28}Si	0	—
^{16}O	0	—	^{35}Cl	3/2	0.8218
^{23}Na	3/2	2.2175	^{39}K	3/2	0.3914
^{24}Mg	0	—	^{40}Ca	0	—

由表中数据可以看出，自旋量子数 $I=0$ 的原子核没有磁性；自旋量子数 $I>0$ 的原子核会在自旋中产生磁场。岩石骨架中的主要核素 ^{12}C、^{16}O、^{24}Mg、^{28}S、^{40}Ca 等均为偶—偶核，自旋量子数为 0，没有磁性，因此对核磁共振的测量没有影响；而 ^{23}Na、^{35}Cl、^{39}K 虽然有磁性，但是由于丰度低，核磁信号较弱；只有 ^{1}H 核丰度高（99.99%），磁矩大，可以得到最明显的核磁信号，因此作为核磁共振中探测的核素。

2. 核磁共振现象

具有磁矩 μ_I 的原子核在磁场 $\boldsymbol{B}$ 的作用下获得相互作用能 E 为：

$$E = -\boldsymbol{\mu}_I \boldsymbol{B} = -\mu_{Iz}B = -g_I\mu_N m_I B \tag{3-6}$$

其中 m_I 为在外磁场方向投影的磁量子数，有 $2I+1$ 个取值，即原来的能级 E 分裂成 $2I+1$ 个子能级。对于氢核来说，磁矩在外磁场方向只有两种取向，对应的能量只可能有两个值，即只有两个能级。当 $m=1/2$ 时，氢核与外磁场同向，且能量最低，即处于低能态，能量为：

$$E_0 = -\frac{1}{2}g_I\mu_N B \tag{3-7}$$

当 $m=-1/2$ 时，氢核与外磁场反向，且能量最高，即处于高能态，能量为：

$$E_0 = \frac{1}{2}g_I\mu_N B \tag{3-8}$$

原子核在相邻两个能级之间进行跃迁，跃迁的能量为：

$$\Delta E = g_I\mu_N B \tag{3-9}$$

当外界电磁波作用于原子核上，且满足 $h\nu = g_I\mu_N B$，原子核将会吸收高频磁场的能量而使核的取向发生改变，发生从低子能级向高子能级跃迁，同时高频信号减弱，高频磁场的能量将被原子核强烈吸收，称为共振吸收，此时的频率称为共振频率，这种现象就称为核磁共振现象。

3. 自旋进动

图 3-3 是一个旋转的陀螺，当其旋转轴偏离垂线时，重力所产生的力矩试图使其倒下不动，但是由于陀螺绕着轴中心自转，因此陀螺的轴沿着图中圆环所示方向作圆周运动，自转轴的方向不断改变，这种运动称为进动。

下面分析具有磁矩和角动量的磁性原子核运动情况。

以氢原子核为例，假设质子的自旋角动量为 $\boldsymbol{J}$，相应的磁力矩为 $\boldsymbol{\mu}$，因为它们相互平行，可以写为

$$\boldsymbol{\mu} = \gamma \boldsymbol{J} \tag{3-10}$$

其中 γ 称为旋磁比，在应用中是一个常数，随不同的原子核而实际值不同。对于质子，$\gamma = 2.675197 \times 10^8 \text{rad}/(\text{s} \cdot \text{T})$。

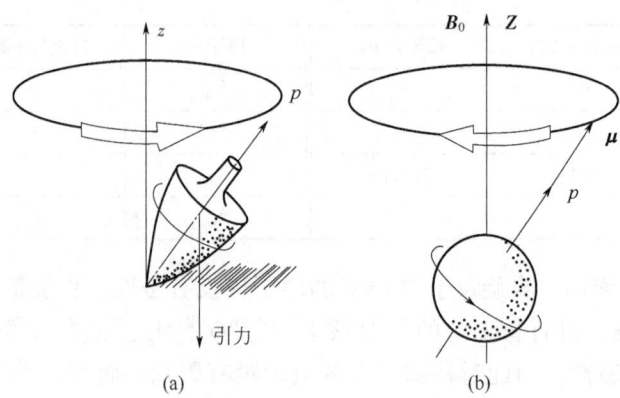

图 3-3 原子核在外磁场作用下的进动示意图

当氢原子核放在外磁场 H 中时，磁场会在磁矩 $\boldsymbol{\mu}$ 上产生一个大小为 $\boldsymbol{\mu} \times \boldsymbol{H}$ 的力矩，在外磁场的力矩作用下使其朝外磁场取向，最后稳定到某一位置；同时由于氢原子核具有自旋角动量，会发生自转，在外磁场的作用下，原子核的磁矩沿图 3-4(b) 所示方向作进动，称为拉莫尔进动。

力矩等于角动量的变化率，所以进动的运动方程可以写为：

$$\frac{\mathrm{d}\boldsymbol{J}}{\mathrm{d}t} = \boldsymbol{\mu} \times \boldsymbol{H} \tag{3-11}$$

由于 $\boldsymbol{\mu} = \gamma \boldsymbol{J}$，可以得到：

$$\frac{\mathrm{d}\boldsymbol{\mu}}{\mathrm{d}t} = \boldsymbol{\mu} \times (\gamma \boldsymbol{H}) \tag{3-12}$$

旋动频率为 $\omega_0 = \gamma B_0$，显然拉莫尔频率与静磁场的磁感应强度成正比。

为便于分析，引入旋转坐标系 x'-y'-z'，它以角速度 ω_0 相对于 x-y-z 沿 $\boldsymbol{\mu}$ 的进动方向转动，如图 3-4(a) 所示，且其 z' 轴与固定坐标系 x-y-z 的 z 轴以及 $\boldsymbol{B}_0$ 重合。在原子核系统加一个垂直于 $\boldsymbol{B}_0$ 的磁场 $\boldsymbol{B}_1$，设其与 x' 轴永远重合，即两者的角速度一致，则在旋转坐标系 x'-y'-z' 中 $\boldsymbol{B}_1$ 是静止的。如果所加的旋转磁场的角频率 ω 正好等于核磁矩在固定坐标系中的进动频率 ω_0，则在 x'-y'-z' 中观察 $\boldsymbol{\mu}$ 也是静止的。加上磁场 B_1 后，$\boldsymbol{\mu}$ 相当于受到静止场 $\boldsymbol{B}_1$ 的作用，将围绕着 $\boldsymbol{B}_1$ 进动，进动的频率为 $\omega_1 = \gamma B_1$；在固定坐标系 x-y-z 观察到的将是

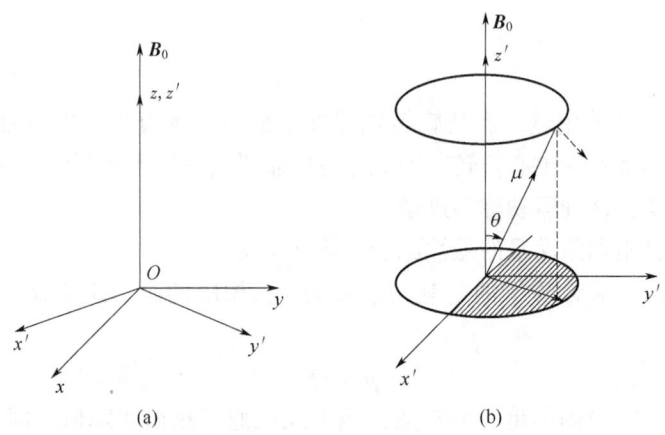

图 3-4 利用旋转坐标系分析磁场 $\boldsymbol{B}_1$ 的作用

这两种进动的合成，而围绕着 B_1 的进动使 $\boldsymbol{\mu}$ 和 B_0 的夹角变化，由于 $B_1 \ll B_0$，故这种进动很慢。

根据能量公式 $E = -\boldsymbol{\mu} \cdot \boldsymbol{B}_0 = -\mu B_0 \cos\alpha$，显然夹角变化，能量变化，当 α 增加时，势能增加，这个能量由外加交变磁场提供；当 α 减小时，势能减小，这个能量将交给外加交变磁场，发生核磁共振的条件是 $\omega = \gamma B_0 = \omega_0$。

上面描述的是单个原子核的磁矩以及它在外磁场中的行为。但是在实际的测量过程中，原子核不是单独存在的，而是处于含有大量原子核的群体之中，对外表现是大量氢核的综合效应，因此研究原子核群体的宏观特征更有实际意义。

4. 磁化强度矢量

在无外部磁场作用时，核磁矩 $\boldsymbol{\mu}$ 的指向是无序的，在宏观上介质不具有磁性。而在外磁场 B_0 的作用下，核磁矩排列有序，在宏观上产生了磁化强度矢量 M_0，定义为：

$$M_0 = \frac{\sum_i \boldsymbol{\mu}_i}{\Delta V} \tag{3-13}$$

即为单位体积内所有核磁矩的矢量和。由电磁场知识可知，磁化强度矢量 M 与外磁场 B_0 成正比，即 $M_0 = \chi B_0$，其中 χ 为磁化率。

对 ^{1}H 核来说，核磁矩只可能有两个取向，分别对应自旋为 1/2 和 -1/2 的低能量状态和高能量状态。在一般情况下，由于没有外界干扰，所有原子核都与 B_0 做"平行"取向，各核磁矩在上部圆锥进动，如图 3-5 所示。但由于原子核同时要受热运动的影响，使核磁矩获得能量，因此部分"平行"取向的核磁矩翻转到"反平行"取向，而在下部圆锥上进动。不论是在上部圆锥还是在下部圆锥进动，核磁矩在圆锥上所处的位置都是随机的，因此总的来看各核磁矩在圆锥上是均匀分布的。

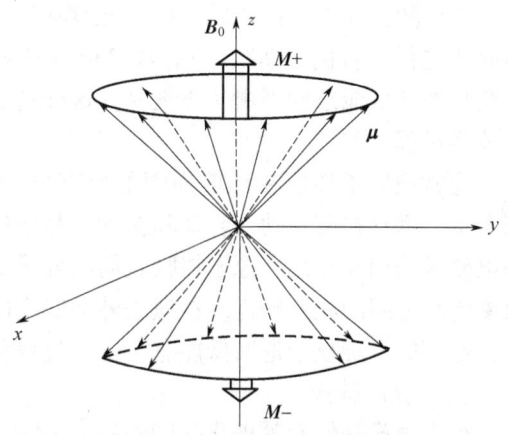

图 3-5 自旋量子数 $I = 1/2$ 的两个可能的进动圆锥示意图

假设系统中含有 N_0 个完全相同的原子核，每个原子核的磁矩为 $\boldsymbol{\mu}$，在热平衡下整个系统可以用玻耳兹曼统计量来描述，设有 N_m 个原子核处于能级 E_m 上，N_m 的表达式如下：

$$N_m = \frac{N_0 e^{-E_m/kT}}{\sum_{-I}^{I} e^{-E'_m/kT}} = \frac{N_0 e^{\gamma \hbar H_m/kT}}{\sum_{-I}^{I} e^{\gamma \hbar H'_m/kT}} \tag{3-14}$$

对于物质中的氢原子核，自旋量子数 $I = 1/2$，只有两个量子化的能态，一个向上自旋，$m = +1/2$，与外加磁场平行；另一个向下自旋，$m = -1/2$，与外加磁场反平行；达到热平衡后，处于低能态和高能态的氢核数目满足玻耳兹曼分布规律，因此得到高能态的氢核数 N_- 和低能态的氢核数 N_+ 之比为：

$$\frac{N_-}{N_+} = e^{-\mu H/kT} = e^{-\gamma \hbar H/kT} \tag{3-15}$$

由于 $\Delta E \ll kT$，所以低能态的氢原子核数 N_+ 比高能态的 N_- 要稍微多一些。

虽然对单个原子核来说，核磁矩在静磁场和热运动的作用下，于两种可能的取向中来回翻转，但是平衡时"平行"和"反平行"方向上的氢原子核数差别很小，只有很小一部分氢核对磁化强度矢量 M 有贡献，在静磁场 B_0 中，核磁化强度矢量 M_0 与 B_0 一致，且指向 z 方向。

5. 核磁共振的饱和弛豫

1) 核磁共振的饱和

在垂直于磁场 B_0 的方向加一交变电磁场，当使其频率 $\omega = \omega_0$ 时，系统将产生核磁共振现象，此时低能态的核不断从外界的旋转磁场吸收能量而转变为高能态的核，原来过剩的低能态的核就会逐渐减少，吸收信号的强度就会减弱，直至最后完全消失，这种现象叫作饱和。

2) 核磁共振的弛豫

由于所加的交变磁场是脉冲式的，且频率在兆赫兹量级，因此称为射频脉冲。在射频脉冲作用期间，磁化强度矢量偏离静磁场方向，在 B_0 和 M 之间形成一个夹角 α，称为扳转角。当 M 偏离平衡位置的扳转角为 90° 时对应的脉冲为 90° 脉冲，扳转角 180° 的脉冲为 180° 脉冲。

当射频脉冲作用停止后，核磁矩摆脱了射频场的影响，此时只受到主磁场 B_0 的作用，因此要进行"自由进动"，所有核磁矩力图恢复原来的热平衡状态，即原子核的高能态的非平衡状态向低能态的平衡状态恢复。这种高能态的核不经过辐射而转变为低能态的过程，称为弛豫过程。

通常把原子核所在环境周围的所有分子，不管是固体、液体还是气体，都用"晶格"来表示，都存在着平动、转动和振动。晶格的热运动会产生振动的电场和磁场。通过核磁矩和电磁场的相互作用，原子核吸收周围分子的热振动能，或者释放核磁能量给周围分子，导致磁能级之间的相互跃迁。在撤去外加交变磁场后，体系通过弛豫过程返回到原来的平衡分布，过剩的自旋核子返回低能态，这一过程称为纵向弛豫过程。

（1）纵向弛豫。

纵向弛豫是针对磁极化强度矢量的 z 分量 M_z 而言的。核磁矩趋向于取 B_0 取向，越来越多的核磁矩克服热运动的干扰而跃迁到上部圆锥绕 B_0 进动，其结果必然使 M 的纵向分量 M_z 增加，最后达到初始平衡的磁化强度矢量 M_0，这个过程称为纵向弛豫。

M_z 随时间变化的关系的表达式如下：

$$\frac{dM_z}{dt} = \frac{M_0 - M_z}{T_1} \tag{3-16}$$

$$M_z = M_0 (1 - e^{-\frac{t}{T_1}}) \tag{3-17}$$

其中，T_1 是纵向弛豫时间，或称为自旋—晶格弛豫时间。它是自旋系统和周围环境共同的属性，反映了自旋系统的磁能从外界吸收或者释放能量的效率。T_1 大代表耦合较弱，达到平衡很慢；T_1 小代表耦合很强，达到平衡很快。

（2）横向弛豫

横向弛豫是针对 M 的 xy 平面上的分量 M_{xy} 而言的。在射频脉冲后弛豫启动之前，$M_{xy} \neq 0$，最终要趋向于零，这个过程称为横向弛豫。

固体和黏稠的液体中，相互接近的两个进动的原子核之间可能进行能量交换，这是由于旋进的核在外部磁场垂直的平面上有旋转磁场的分量，当高能态的核和低能态的核接近时，这种旋转小磁场会使对方的核发生自旋迁移，从而进行能量交换，这就是横向弛豫的物理过程。由于能量交换是在两个自由旋进的核子之间进行，因此也称为自旋—自旋弛豫。

M_x 和 M_y 在旋转坐标 xy 平面上的衰减，可以用下面的 Bloch 方程表示：

$$\frac{dM_x}{dt} = -\frac{M_x}{T_2}, \frac{dM_y}{dt} = -\frac{M_y}{T_2} \tag{3-18}$$

其中，T_2 是横向弛豫时间，或称为自旋—自旋弛豫时间。

在固体或黏稠液体中原子核是不能自由移动的，不管外加磁场多么均匀，物质内相邻原子核引起的局部磁场是不均匀的，会使固体和黏稠液体的 T_2 非常短；而流体里的原子核移动非常快，能够很快平衡掉局部磁场的变化，此时引起横向弛豫的唯一原因是磁场强度在 z 轴方向上的恢复。

二、岩心中流体的 NMR 特征

1. 油气水的 NMR 特征

不考虑岩石孔隙体系的影响，仅从流体本身的性质来说，核磁共振信号的初始幅度与流体的含氢指数成正比。按定义，淡水的含氢指数（HI）等于 1；原油的 HI 与组分有关，变化范围约为 0.7~1.1；天然气的 HI 随温度和压力有明显的变化，通常比 1 小得多，因此它的核磁信号幅度低，视孔隙度小。

体积流体弛豫特性（T_1、T_2 和扩散系数 D）简称"体弛豫"，是一种流体的本征核磁特性，是在均匀磁场中一种流体的特征值，它不受所在地层特性的影响。氢核的固有弛豫时间与流体的分子运动有关，而分子运动速度是温度和流体黏度的函数。

流体本身的弛豫与岩石表面弛豫相比要弱得多，在石油核磁研究和应用中一般可以忽略。但是如果岩石中存在比较大的洞或者裂缝时（如在灰岩中），流体分子很难与岩石表面发生碰撞，此时体弛豫不能忽略。当岩石中流体的黏度非常大时（如稠油），流体自扩散运动比较弱，体弛豫也不可忽略。

1) 水

室温条件下，在低磁场 NMR 测试中，自由水的 T_1 和 T_2 在 1~3s 之间。T_1 和 T_2 的变化是由于溶解在其中的顺磁物质（例如氧分子）所导致的。铁磁和顺磁离子（如铁离子或锰离子）能够极大地降低盐水的 T_1 和 T_2 值，例如只需要很小浓度的 Mn^{2+} 离子，就可以极大程度地减小 T_2 值。

2) 原油

纯烷烃、纯油或者轻质原油的 T_1 和 T_2 都是单峰，但是对于一般的原油而言，它们的弛豫时间呈分布状。原油的 T_1 弛豫时间与黏度的变化关系为：黏度系数越大，T_1 弛豫时间越小，分布范围在 0.03~4s 之间。不同原油样品在均匀磁场中的 T_2 弛豫时间也不同，从几毫秒到几百毫秒，跨越了几个数量级。当黏度增加时，它的短弛豫时间成分增加，T_2 分布随之加宽。当油变得很稠时，它失去了长弛豫时间成分，只保留短弛豫时间成分，体现了原油是由各种不同的碳氢化合物混合而成的特征。

3) 气

对于大多数固体和液体而言，自旋弛豫是由原子核的磁偶极子与周围其他原子核的磁极子相互作用引起的，其弛豫速率与 η/T_K（黏度/热力学温度）成正比。对于简单的气体（例如甲烷），自旋弛豫主要是自旋—旋转的相互作用，其弛豫速率与 η/T_K 成反比，与液体和固体的弛豫相反。

4) 自由流体扩散对 T_2 的影响

梯度磁场中的 T_2 弛豫，由于扩散导致氢原子核的散相，造成额外信号的衰减，致使弛豫速率增加一项 $1/T_{2D}$，即：

$$\frac{1}{T_2} = \frac{1}{T_{2B}} + \frac{1}{T_{2D}} \tag{3-19}$$

其中

$$\frac{1}{T_{2D}} = \frac{(\gamma G T_E)^2 D}{12} \tag{3-20}$$

式中　T_{2B}——体弛豫时间；

γ——旋磁比；

G——磁场梯度；

T_E——回波时间；

D——流体的自扩散系数。

磁场中的自旋扩散所引起的氢原子核散相问题，只对 T_2 产生影响，对 T_1 没有影响。

(1) 水的扩散系数。

水的扩散系数对压力不敏感，但随着温度的升高，扩散系数增加，扩散项 $1/T_{2D}$ 的影响是使原来无磁场梯度的 T_2 弛豫时间向更短的"视弛豫时间"移动。

(2) 油的扩散系数与黏度。

一般油的扩散系数比水小得多，由于磁场梯度的原因，油的 T_2 弛豫时间有轻微的偏移，而水的偏移更明显。

但油的一个重要 NMR 性质是其 T_1 和 T_2 与黏度有关，根据脱气原油的 T_2 弛豫时间，可建立 T_2 对数平均值与黏度之间的线性关系：

$$T_{2,LM} = \frac{1.2 T_K}{298\eta} = 0.00403 \frac{T_K}{\eta} \quad \text{（含溶解氧气）} \tag{3-21}$$

式中　$T_{2,LM}$——T_2 的对数平均值，s；

T_K——热力学温度，K；

η——黏度，mPa·s。

样品中含有溶解氧，由于是顺磁物质，它可以加速弛豫，减小弛豫时间。通过对脱氧的纯烷烃和烷烃混合物进行测量，并对拟合系数做出修正，得到：

$$T_{1,2} = 0.009558 \frac{T_K}{\eta} \quad \text{（无氧）} \tag{3-22}$$

式中　$T_{1,2}$——拟合系数，s；

T_K——热力学温度，K；

η——黏度，mPa·s。

经过大量研究发现，大量甲烷和烷烃混合物的扩散系数分布的对数平均值与黏度/温度成线性变化，与组成成分无关，即：

$$D = 5.05 \times 10^{-8} \frac{T_K}{\eta} \tag{3-23}$$

式中　D——扩散系数，cm^2/s；
　　　T_K——热力学温度，K；
　　　η——黏度，$mPa \cdot s$。

（3）气的扩散系数。

气的扩散系数要比水大得多，甲烷的体扩散系数为：

$$D = 8.5 \times 10^{-7} \frac{T_K^{0.9}}{\rho} \tag{3-24}$$

式中　T_K——热力学温度，K；
　　　ρ——密度，g/cm^3。

甲烷的扩散系数值是 $10^{-3} cm^2/s$ 数量级，T_{2D} 的值比 T_{2B} 小 1~2 个数量级，因此有：

$$T_2 \approx T_{2D} = \frac{12}{(\gamma G T_E)^2 D} \tag{3-25}$$

2. 岩石中流体的 NMR 特征参数与表面弛豫

1）岩石中流体的 NMR 特征参数

孔隙中不同流体的核磁特征参数见表 3-2。孔隙中的水与自由水的 NMR 弛豫特征参数大不相同。当水饱和在岩石（如砂岩）孔隙中时，其弛豫时间要比自由水短很多（一般 T_1 在十到几百毫秒范围内，自由水的弛豫时间大约是 3s）。同样的水从孔隙空间中移动到自由空间，它又会重新拥有长弛豫时间。砂岩孔隙中水的快弛豫现象，是由于孔隙与骨架表面接触而受到表面弛豫增强的影响，这可能是孔隙表面含有顺磁粒子杂质以及表面相互作用时间减少的缘故。

表 3-2　不同流体在孔隙介质中的核磁共振特征参数

流体	T_1, ms	T_2, ms	T_1/T_2	HI	η, $mPa \cdot s$	D_0, $10^5 cm^2/s$
盐水	1~500	1~500	2	1	0.2~0.8	7~18
油	3000~4000	300~1000	4	1	0.2~1000	7.6~0.0015
气	4000~5000	30~60	80	0.2~0.4	0.11~0.14	80~100

岩石孔隙中氢的弛豫，T_1 和 T_2 值的大小受以下几个因素的影响：静磁场的均匀性，孔径大小分布，岩石孔隙中流体的物理及化学特性，流体黏度及扩散系数，孔隙流体和岩石骨架颗粒的磁化系数差别，孔隙表面及流体中可能存在的顺磁物质等。

2）表面弛豫

表面弛豫主要有两类：一类是在表面所有原子位置都会发生的弛豫，另一类是与表面存在顺磁离子有关的弛豫。不含顺磁离子的表面弛豫信号极其微弱，而含顺磁离子或铁磁离子如铁、锰、镍和铬的岩石颗粒表面与孔隙空间水有很强的表面弛豫现象，其含量多少对自旋弛豫有很大的影响。

一般砂岩含有 1% 的顺磁物质，少数含量更高，自旋弛豫受到很大影响；而对于碳酸盐岩来说，其骨架矿物类型多、溶洞大，表面弛豫强度变化也大，但总体比砂岩小很多，有时候其弛豫时间几乎和水的弛豫时间一样长。

三、测定参数设置

1. 回波间隔范围

回波间隔范围（T_E）为产生宏观横向磁化矢量的脉冲中点到回波中点的时间间隔。以提高对衰减快的短横向弛豫分量的分辨能力及减小扩散对横向弛豫测量的影响为设置原则。一般认为，T_E 越短则越容易检测到短弛豫信号，从而反映岩心微孔隙结构部分。建议使用比较短的 T_E（0.2~4.8ms）捕获所有可见的核磁共振孔隙。

以某研究中进行的孔隙度测试为例，图 3-6(a) 为三维数字岩心 A 在不同 T_E 条件下模拟得到的孔隙度变化，模拟中 T_W 设为 2000ms。图 3-6(b) 为 3 块煤样在不同 T_E 值条件下测量孔隙度变化。图 3-6(c) 反映了致密煤样 L_1 在不同 T_E 条件下的一维核磁共振 T_2 谱的变化，实验中 T_W 为 4000ms。

对比图 3-6(a)、(b) 的结果，无论三维数字岩心核磁共振数值模拟还是岩石物理实验，对于不同孔隙度的岩心，T_E 值的大小对核磁共振测量孔隙度影响的整体趋势一致：即随着 T_E 的增大，岩石测量孔隙度减小。通过图 3-6(c) 核磁共振 T_E 谱的比较看出，随着 T_E 的逐渐增大，短弛豫时间代表的小孔隙信号幅度不断减小，证明小孔隙信号无法被探测。因此，对于致密岩石孔隙度测量实验，为得到较为准确的孔隙度结果，尽量选取最短 T_E，否则会使测量孔隙度偏小。

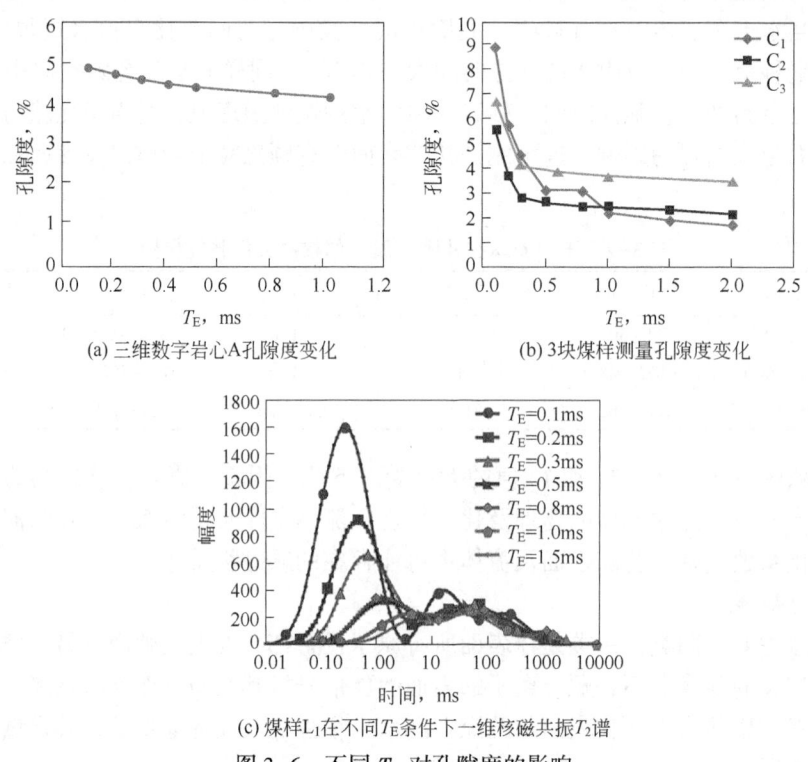

(a) 三维数字岩心A孔隙度变化
(b) 3块煤样测量孔隙度变化
(c) 煤样L_1在不同T_E条件下一维核磁共振T_2谱

图 3-6 不同 T_E 对孔隙度的影响

2. 极化时间

极化时间（T_W），又称延迟时间、等待时间，是脉冲时等待所有自旋完全恢复的时间。

信号振幅与氢原子核的数量成比例,而氢原子核与测量的孔隙流体有关。在核磁共振实验中,氢原子核数目的偏振取决于延迟或等待时间(T_W)。一般而言,$T_W = 5T_1$。此外,有一个经验法则:当 $S_W = 1.0$ 时,$T_W = 10s$;然而,当 $S_W < 1.0$ 时,$T_W < 10s$,并且这个参数一般小于 10,特殊情况除外。如果 T_W 足够长,那么所有的氢原子核就会极化,并检测到总的振幅——孔隙度。如果 T_W 太短,氢原子核不能完全极化,最终得到的孔隙度会偏低。T_W 的改变会影响核磁共振信号的振幅,对于需要不同 T_W 的一系列样品,必须设定样品所需的最长 T_W。在 T_2 光谱覆盖范围内,推荐的最佳 T_W 为 10s。

实际应用中,由于岩石的含水量及孔隙结构不同,不同岩心样品具有不同的最佳等待时间,既能保证所有的自旋完全恢复,又能节省测量时间。以某研究中进行的孔隙度测量为例,图 3-7(a) 为三维数字岩心 A 在不同 T_W 条件下模拟得到的孔隙度变化,模拟中回波间隔采用 0.01ms;图 3-7(b) 为致密砂岩 S_1 和致密碳酸盐岩 C_1 在不同 T_W 条件下测量的孔隙度变化;图 3-7(c) 反映了致密砂岩 S_1 在不同 T_W 条件下的一维核磁共振 T_2 谱的变化,实验中回波间隔采用 0.10ms。由图 3-7 可见,无论三维数字岩心核磁共振数值模拟还是岩石物理实验,对于不同类型的岩心,T_W 值的大小对核磁共振测量孔隙度影响的趋势一致:即当 T_W 大于某一值后,岩石测量孔隙度不再变化;而 T_W 减小时,岩石测量孔隙度逐渐减小。通过核磁共振 T_2 谱的比较也能够看出,随着 T_W 的逐渐减小,长弛豫时间(代表大孔隙的信号幅度)不断减小,证明此时氢质子自旋并没有完全恢复。因此,进行岩石孔隙度测量实验时,为了得到较为准确的孔隙度结果,当精确的最佳 T_W 不确定时,过短的 T_W 会使测量孔隙度偏小,需尽可能选择长的 T_W。

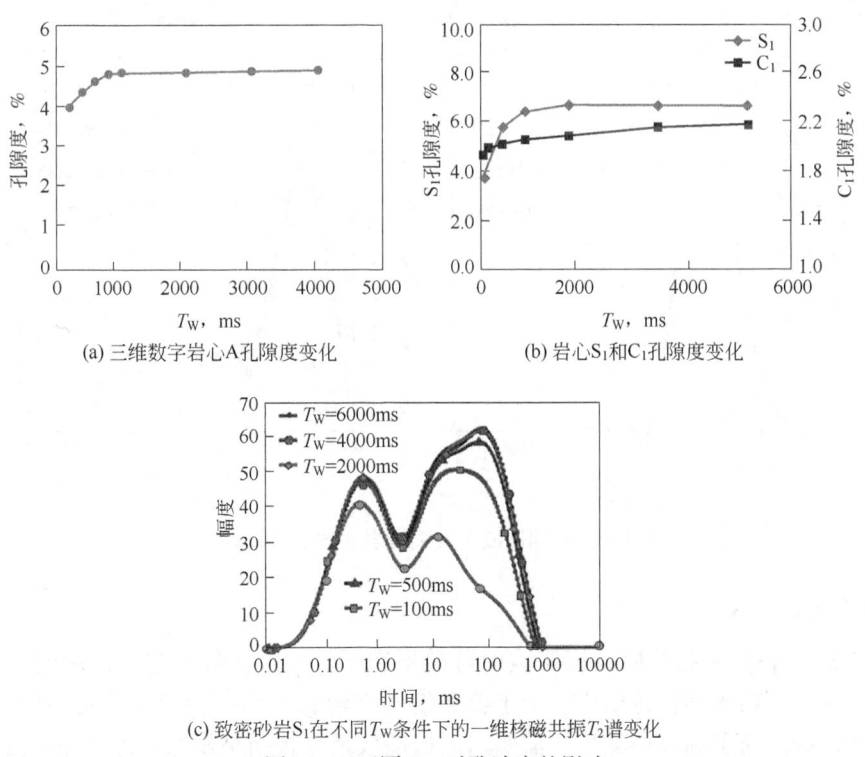

(a) 三维数字岩心A孔隙度变化

(b) 岩心S_1和C_1孔隙度变化

(c) 致密砂岩S_1在不同T_W条件下的一维核磁共振T_2谱变化

图 3-7 不同 T_W 对孔隙度的影响

3. 回波数量

回波数量（NECH）是指扫描一次采集的数据点数，以提高信噪比、增强对衰减慢的长横向弛豫分量的分辨能力为设置原则。同波数量的统计必须等到回波列完全衰减至零。如果回波串时间长度较短，样品大孔隙中流体的核磁共振信号在回波串时间长度内有可能还没有衰减到零，造成回波串不能闭合的现象，核磁共振分析的结果也就不准确。以某研究中对页岩岩心进行的核磁共振实验为例，由图 3-8 可知，随着回波个数的增加，T_2 谱形态不会发生明显变化，但能观察到孔隙信号强度的增加，其变化幅度均较小。这说明改变回波个数对页岩的核磁共振有一定的影响，回波个数的增加提高了测量结果的信噪比。由变化幅度可推知，在回波个数达到 1024 后，其影响程度不会对测量结果造成较大改变。

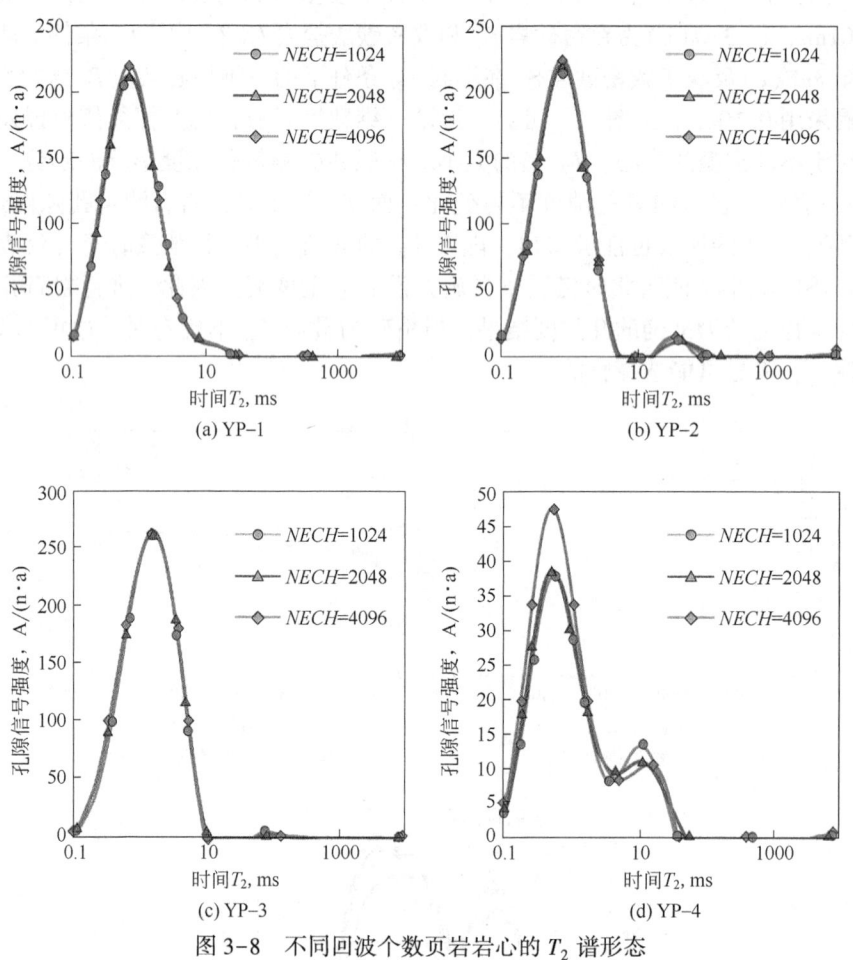

图 3-8　不同回波个数页岩岩心的 T_2 谱形态

4. 扫描数量（NS）

扫描数量（NS）是指核磁共振实验中对样品进行的扫描次数，它直接影响到测量结果的信噪比。在岩石核磁共振分析中，由于核磁信号比较弱，单次测量容易受到噪音的干扰，导致信噪比较低。为了提高信噪比，需要增加扫描数量并将结果累加。每增加 4 倍的扫描数量，信噪比可以提高一倍（是前者两倍），即扫描数量为 16 的信噪比是扫描数量为 4 的两倍，所需测量时间也会相应增加 4 倍。相关研究表明，信噪比大于 80，才能确保测量结果的准确可靠。以某研究对不同孔隙度砂岩样品所做的核磁共振实验为例,通过观察不同扫描数量下所采集到的核磁信号发现,孔隙度大于等于 10.0% 的中高孔岩石样品,所得核磁共振信号相对较强,扫描数量选择为 64 就可获得大于 80 的信噪比,满足测量要求;而孔隙度小于 10.0% 的岩心样品,所得核磁共振信号一般较弱,需要设置不低于 128 的扫描数量,以获得较好的信噪比效果。这样的设置可以确保即使在信号较弱的情况下,也能通过增加扫描数量来提高测量的准确性。

第二节　NMR 岩心实验的应用与案例

一、孔隙度测试

1. 测试原理

通过探测岩心孔隙流体中的氢质子总量,可以实现核磁共振岩心孔隙度的测量。以已知流体体积的磁化信号强度为标准,测试岩心样品在 100% 饱和水条件下的总磁化信号强度,即可计算岩心总孔隙度。因此,根据核磁共振探测氢质子信号计算岩心孔隙度公式:

$$\phi_i = \frac{M_{ri}}{m_r k_r} \cdot \frac{m_w k_w}{M_w} \cdot \frac{V_w}{V_r} \times 100\% \qquad (3-26)$$

式中　ϕ_i——第 i 个 T_{2i} 值的孔隙度分量;
　　　M——所测岩心 T_2 谱幅度;
　　　m 和 k——NMR 实验累加次数和谱仪接收增益;
　　　V——测量样品的体积;
　　　r,w——下标 r 代表岩心,下标 w 代表标准水样。

所测岩心样品的总孔隙度为:

$$\phi_{\text{NMR}} = \sum_i \phi_i \qquad (3-27)$$

与常规气测孔隙度方法相比,核磁共振测量孔隙度不仅能够获得岩心样品的总孔隙度,而且可以根据样品中孔隙流体的类型来划分不同的孔隙度,如可动流体孔隙度、束缚流体孔隙度。

回波间隔、等待时间、黏土矿物等成分均会对孔隙度的测量结果有一定影响。除了岩心本身铁磁性矿物对常规核磁共振孔隙度测量的干扰影响难以消除外,其他影响因素均可以通过优化测量方法和测量参数的方法准确求取岩心孔隙度。

2. 测试步骤

(1) 将待测的岩心样品进行清洗、烘干并称重;
(2) 利用真空泵抽真空,用合成盐水饱和岩样并称重;
(3) 将饱和岩样置于核磁共振装置的岩心夹持器或样品室中,进行核磁共振测试,得到饱和水状态下岩样的 T_2 谱。

3. 实验案例

1) 实验概况

页岩储层具有孔隙结构特殊、岩石组成复杂、低渗等特点，常规测试手段分析页岩储层物性时存在测试效率低、误差大、实用性差等缺点。与常规气测孔隙度方式相比，核磁共振法不仅能够测得页岩中大量存在的黏土束缚水孔隙，而且可以根据样品中孔隙流体的类型来划分不同的孔隙度。下面以某研究中对 5 块页岩岩心进行的核磁共振孔隙度测试为例进行说明。该研究认为，在页岩不同孔径级别的孔隙中存在着黏土束缚流体、毛管束缚流体和可动流体 3 种类型的流体，常规实验方法难以精确区分这 3 类流体，可以通过核磁共振方法求得它们对应的孔隙度大小，进而定量识别上述 3 类流体。

该研究将核磁共振实验与离心实验、热处理实验相结合，对页岩中 3 种流体孔隙度进行识别。

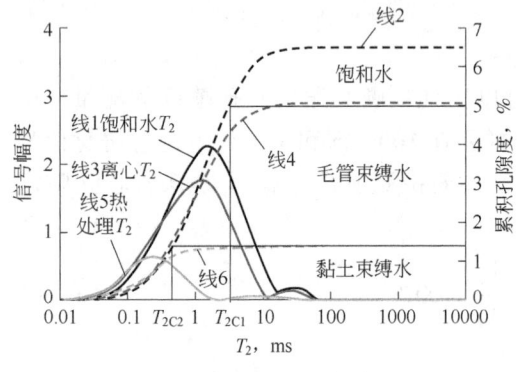

图 3-9 基于双截止值划分的
页岩三孔隙度确定结果

2) 实验步骤

(1) 首先对饱和水的岩心样品进行核磁共振测量，获得 T_2 分布谱与累计 T_2 谱（图 3-9 中线 1 为分布谱，线 2 为累计谱）；

(2) 然后对页岩进行 12000r/min 离心转速下的离心处理并测得离心后的 T_2 分布谱和累计谱（图 3-9 中线 3 为分布谱，线 4 为累计谱）；

(3) 最后进行 100℃ 下的加热处理并获取加热后的 T_2 分布谱和累计谱（图 3-9 中线 5 为分布谱，线 6 为累计谱）。

3) 实验结果

根据图 3-9 中的完全饱和水状态的累计 T_2 谱和离心后的累计 T_2 谱，可获得可动流体与毛管束缚流体间的 T_2 截止值，定义为 T_{2C1}。同理，根据图 3-9 中完全饱和水的累计 T_2 谱与加热处理后的累计 T_2 谱可获得黏土束缚流体的 T_2 截止值，定义为 T_{2C2}。

根据得出的两个 T_2 流体截止值（T_{2C1} 和 T_{2C2}）可实现对页岩中的毛管束缚流体、黏土束缚流体和可动流体的识别。由图 3-9 可知，该岩心对应的黏土束缚孔隙度、毛管束缚孔隙度和可动流体孔隙度分别为 $T_2<T_{2C2}$、$T_{2C2}<T_2<T_{2C1}$ 和 $T_2>T_{2C1}$ 区域对应的 T_2 谱分量。进而反映出，页岩孔隙度以毛管束缚流体孔隙为主，可动流体孔隙度和黏土束缚流体孔隙度相对较少。

二、渗透率测试

近年来，探索提出了多种基于 NMR 岩心实验分析数据的渗透率预测方法，目前比较有影响的用于估算渗透率模型主要有 SDR 模型和 Coates 模型以及两者相应的拓展模型，另外还有 T_2 双截止法及单参数 T_{2g} 模型。

1. SDR 模型与 Coates 模型

表 3-3 给出了 4 种相关方法的计算公式。

表 3-3 SDR、Coates 及其对应扩展模型的渗透率计算公式

方法	计算公式
SDR 法	$K_{\mathrm{SDR}} = C_{\mathrm{S1}} \times \left(\dfrac{\phi_{\mathrm{NMR}}}{100}\right)^{4} \times T_{2\mathrm{g}}^{2}$
SDR-REV 法	$K_{\mathrm{SDR-REV}} = C_{\mathrm{s2}} \times \left(\dfrac{\phi_{\mathrm{NMR}}}{100}\right)^{m} \times T_{2\mathrm{g}}^{n}$
Coates-cutoff 法	$K_{\mathrm{Coates-cutoff}} = \left(\dfrac{\phi_{\mathrm{NMR}}}{C_{n1}}\right)^{4} \left(\dfrac{\phi_{\mathrm{FFI}}}{\phi_{\mathrm{BVI}}}\right)^{2}$
Coates-sbvi 法	$K_{\mathrm{Coates-sbvi}} = \left(\dfrac{\phi_{\mathrm{NMR}}}{C_{n2}}\right)^{4} \left(\dfrac{\phi_{\mathrm{NMR}_m}}{\phi_{\mathrm{NMR}_b}}\right)^{2}$

符号说明:
K: 渗透率,$10^{-3}\mu\mathrm{m}^{2}$;
$T_{2\mathrm{g}}$: T_2 几何平均值, ms;
Φ_{FFI}: 核磁可动流体孔隙度,%;
Φ_{BVI}: 核磁束缚流体孔隙度,%;
C、m、n: 模型参数,由相应地区的岩样实验测量数据统计分析求得。

1) SDR 与 SDR-REV 模型

SDR 方法基于对平均孔隙尺度的估算结果,采用 T_2 几何平均值作为特征时间。以 SDR 模型为基础,利用盐水饱和岩心样品的 NMR 孔隙度、T_2 几何平均计算渗透率,模型参数改为 C_{s2}、m、n,形成了 SDR-REV 法。由于具有更多的调整参数,SDR-REV 法应用相对更广。

SDR-REV 模型应用条件是测量数据不能太少。实际统计分析中可用最优化方法求解方程中的系数和指数,分别以误差平方和、相对误差和作为目标函数试验,求取相关系数。模型参数由岩心的气测渗透率、NMR 孔隙度和 T_2 谱的平均值结果进行统计分析求得。

2) Coates-cutoff 与 Coates-sbvi 模型

Coates-cutoff 模型利用饱和水样品的 NMR 孔隙度(ϕ_{NMR}),以及根据 T_2 截止值求得的可动流体孔隙度(ϕ_{FFI})与不可动流体孔隙度(ϕ_{BVI})计算渗透率。

Coates-sbvi 模型利用饱和水样品的 NMR 孔隙度(ϕ_{NMR}),以及根据 T_2 加权法求得的可动流体孔隙度(ϕ_{NMR_m})与不可动流体孔隙度(ϕ_{NMR_b})计算渗透率。

Coates 的 2 个模型的主要区别在于确定束缚流体体积的方法不同。Coates-cutoff 模型使用的 T_2 截止值计算可动/不可动流体体积之比,即在离心脱水前的 T_2 谱中,$T_{2\mathrm{cutoff}}$ 前 T_2 谱面与 T_2 谱总面积之比。Coates-sbvi 模型使用的是 T_2 加权法,即 T_2 谱的每一个分量 T_{2i} 都包括束缚水的贡献,只是贡献的大小不同,按贡献率的大小通过加权的方法求束缚水饱和度。

Coates 的 2 个模型均以可动流体/不可动流体孔隙体积为基础,对束缚水模型的计算精度很敏感,可动和不可动流体孔隙体积的测定方法对渗透率的计算结果影响很大。当地层含高黏度的原油时,由于束缚水孔隙体积增加,求出的渗透率会偏低。这两种方法的优点是对含低黏度原油的地层,估算的渗透率受油性质的影响较小,可以获得满意的结果。

3) 实验案例

彭石林等学者开展的"多孔介质渗透率的 NMR 测定"表明,SDR-REV 模型计算出的渗透率与气测渗透率相关性明显优于其他三种模型。

2. T_2 双截止值法

1) 测试原理

T_2 双截止值法将岩石孔隙空间划分为三种：完全可动孔隙、完全束缚孔隙以及部分可动孔隙，并以此计算渗透率。双截止值模型如图 3-10 所示，将 $T_2 \geq T_{2\text{cutoff2}}$ 的信号所占比例称为完全可动流体饱和度，记作 S_{wmd}；$T_2 \leq T_{2\text{cutoff1}}$ 的信号所占比例称为完全束缚流体饱和度，记作 S_{wird}；$T_{2\text{cutoff1}} < T_2 < T_{2\text{cutoff2}}$ 的信号所占比例称为部分可动流体饱和度，该部分的几何平均值记作 $T_{2\text{gmd}}$。

将 $T_{2\text{gmd}}$、S_{wmd}、S_{wird} 和 ϕ_{NMR} 作为变量，建立渗透率计算模型，其中 a、b、c、d、e 是拟合参数。

$$K = a \frac{S_{\text{wmd}}^b}{S_{\text{wird}}^c} \cdot T_{2\text{gmd}}^d \cdot \phi_{\text{NMR}}^e \qquad (3-28)$$

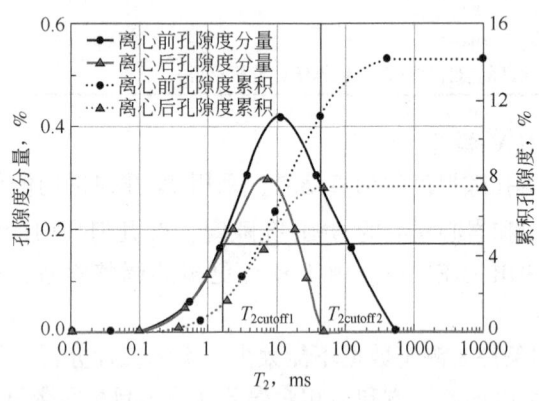

图 3-10 双截止值模型示意图

2) 测试流程

可借助数学软件（如 Matlab）处理完全饱和水岩心 T_2 谱得到 T_2 谱的二阶差分谱来获取双截止值信息，并以此得到渗透率计算模型的参数。

3) 实验案例

范宜仁等学者开展的"基于核磁共振双截止值的致密砂岩渗透率评价新方法"表明，T_2 双截止值模型计算出的渗透率明显优于传统的 SDR、Coates 模型。

3. 单参数 T_{2g} 模型

1) 测试原理

单参数"T_{2g}"模型适用于测量页岩储层渗透率。该法以 SDR 扩展模型为基础，采用 T_2 几何平均值建立渗透率计算公式。该模型计算公式如下：

$$K_{\text{NMR}} = 8 \times 10^{-8} e^{8.1734 T_{2g}} \qquad (3-29)$$

2) 测试流程

（1）将待测的岩心样品进行清洗、烘干并称重；

（2）测试岩样的氦孔隙度，采用脉冲衰减法测试岩样的渗透率；

（3）岩样抽真空后，加压饱和模拟地层水，饱和水后称重并进行核磁共振 T_2 谱测试；

（4）为了测试样品的可动流体饱和度，分别采用 1.38、2.06、2.76MPa 离心力进行高速离心实验,每次离心后称重并进行核磁共振 T_2 谱测试。

3)实验案例

周尚文等学者开展的"川南龙马溪组页岩核磁渗透率新模型研究"表明,单参数 T_2 模型计算出的渗透率与脉冲渗透率的相关性明显优于传统的 SDR、Coates 模型。

三、束缚水饱和度

流体在岩石孔隙中不是完全可动的,其赋存方式包括束缚流体与可流动流体。NMR 束缚水饱和度的求解一般要依赖于特定的束缚水体积模型,根据不同的束缚水体积模型求解出的束缚水饱和度具有一定的差异性。

目前被广泛接受和使用的束缚水体积模型主要有小孔隙束缚水体积模型和薄膜束缚水体积模型。T_2 截止值法和 SBVI 法是分别以这 2 种束缚水体积模型作为理论基础来求解 NMR 束缚水饱和度的方法。

1. 小孔隙束缚水体积模型

假设在整个孔隙系统中,小孔隙充满束缚水而大孔隙充满自由流体,并且认为存在截止时间 $T_{2\text{cutoff}}$,使 T_2 大于 $T_{2\text{cutoff}}$ 的相对大孔隙充满自由流体,而 T_2 小于 $T_{2\text{cutoff}}$ 的相对小孔隙充满束缚水。通过由 NMR 岩心实验求取的 $T_{2\text{cutoff}}$ 平均值把 T_2 分布谱分割为束缚水部分和自由流体部分,从而获得 T_2 分布谱束缚水与自由流体部分面积的比值,即为岩样的 NMR 束缚水饱和度。

实际资料处理过程中,$T_{2\text{cutoff}}$ 的确定是关键。目前实验室核磁共振 $T_{2\text{cutoff}}$ 的确定方法有离心法、油驱水实验、经验法及压汞毛管压力曲线法、综合物性指数法等,下面介绍前三种。

1)离心法

(1)测试原理。

离心法是将饱和岩样放置于离心机中,在一定大小的离心力下进行高速离心将岩心中可流动流体全部分离出来的方法。

(2)测试流程。

① 将饱和岩样进行核磁共振测量得到一个 T_2 饱和分布谱;

② 然后将 T_2 谱顺次累加可以得到饱和水状态下的一条累加曲线;

③ 对岩样进行离心处理,让岩样达到束缚水状态;

④ 对岩心进行核磁测量,得到离心 T_2 谱及对应束缚水状态下的累加曲线。该谱的下包面积为束缚流体体积。将 T_2 谱顺次累加,可以得到束缚水状态下的一条孔隙度累加曲线;

⑤ 从离心后的 T_2 谱累加曲线最大值处作与 x 轴平行的一条直线,和离心前的 T_2 谱累积曲线相交,从交点处作 x 轴的垂线,其对应值即为 T_2 截止值,如图 3-11 所示。

在实际研究中想要得到准确的截止值,离心力大小的选择很关键。不仅要使岩样中的可动流体被全部甩出,又不能因为离心力太大而改变岩心的孔隙结构,只有这样得到的截止值才能相对准确。

(3)实验案例。

李闽等学者开展的"致密砂岩储层可动流体分布及影响因素研究"认为,确定最佳的离心时间和离心力有利于提高束缚水饱和度的测量精度,以及对储层物性的后续分析。

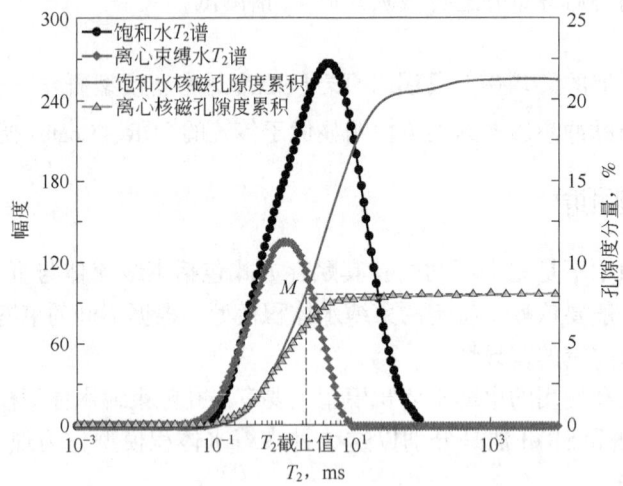

图 3-11 离心法确定 T_2 截止值原理图

2) 油驱水实验法

(1) 测试原理。

油驱水实验法能更好地模拟储层中真实的油水交替状态。当岩心孔隙只含单相流体时，T_2 谱可以反映岩心孔隙结构，饱和水状态下的岩心 T_2 谱通常分为单峰和双峰两种。将饱和油束缚水状态中 T_2 谱曲线凹面最低点处所对应的 T_2 确定为 T_2 截止值，根据 T_2 截止值将 T_2 谱分成可动水部分和束缚水部分。单峰结构如图 3-12 所示，用饱和油束缚水状态 T_2 谱中的束缚水面积计算。双峰结构如图 3-13 所示，用饱和水状态 T_2 谱中 T_2 截止值确定的束缚水面积参与计算。用束缚水面积与饱和水状态的总谱图面积的比值来表示束缚水饱和度。

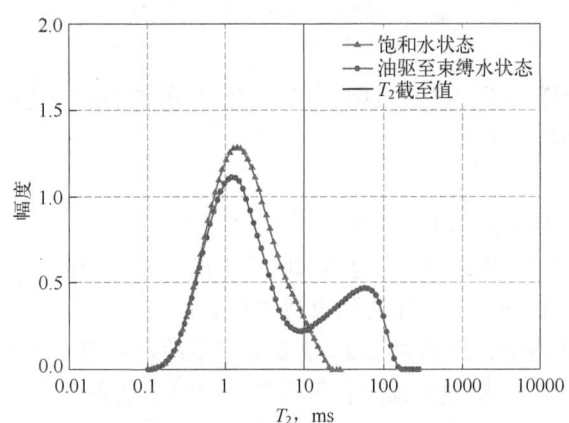

图 3-12 油驱水实验法求 T_2 截止值示意图（单峰结构）

(2) 测试流程。

① 岩心进行洗油烘干等预处理；
② 将岩心饱和水并测量完全饱和水状态下的 T_2 谱；
③ 在设定实验条件下，采用模拟油进行油驱水实验；
④ 进行岩心在饱和油束缚水状态下的核磁共振 T_2 谱测量实验。

整理实验数据，对比岩心饱和水状态和饱和油束缚水状态的 T_2 谱，确定 T_2 截止值并计

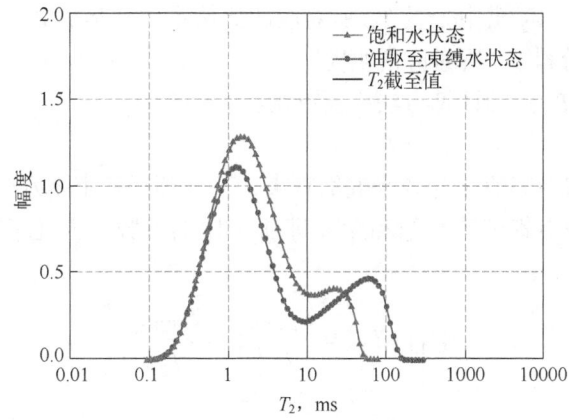

图 3-13 油驱水实验法求 T_2 截止值示意图（双峰结构）

算束缚水饱和度。

（3）实验案例。

李鹏举等学者开展的"结合油驱水实验确定核磁共振 T_2 截止值方法研究"表明，结合油驱水实验方法能更好地模拟储层的真实油水驱替状态，确定的束缚水饱和度具有较高的准确性。

3）经验值法

经验值法将砂岩储层 T_2 截止值固定为 33ms，碳酸盐储层为 92ms，该方法的弊端是不能解决在不同区块、不同层位、不同岩性的截止值差别很大的问题。经大量核磁共振实验资料证明，我国以陆相沉积为主的储层 T_2 截止值大都在 33ms 以下。该截止值在许多情况下都难以适用，例如低渗透储层及致密储层中截止值通常在 1~40ms 之间，且截止值分布范围广，由此计算的误差会很大，导致渗透率、束缚水饱和度等参数的计算误差过大。尤其在低渗储层或致密储层中，截止值对束缚水饱和度极为敏感，截止值若选取不当会对实际储层的产能预算造成很大的影响。因此，对于低渗致密储层等孔喉结构复杂、非均质性强的储层，不能采用固定截止值来区分可动流体与束缚流体。

2. 薄膜束缚水体积模型

薄膜束缚水体积模型认为由于薄膜束缚水的存在，每个孔隙都具有一定量的束缚水。引入权重系数 S_{WIRR} 作为划分孔隙中束缚水体积和自由流体体积的指标。

确定薄膜模型中不同孔径的孔隙中所含束缚水的比例系数的方法有三种，T_2 谱系数法（SBVI）、渐变截止值法（TBVI）和 BVI 加权函数法。

1）T_2 谱系数法（SBVI）

基于薄膜束缚水体积模型的 SBVI 法可以通过 T_2 几何平均值 T_{2gm} 与常规岩心实测束缚水饱和度 S_{WIR} 的函数关系确定 S_{WIRR}，从而求解 NMR 束缚水饱和度。

由于核磁共振 T_2 谱反映了孔隙的孔径分布，所以求取不同孔径的孔隙中束缚水所占的比例系数，就转化成了在 T_2 谱的每个分量 T_{2i} 上分别确定出用于划分束缚流体与自由流体界线的比例系数 $S_{\text{WIRR}}(T_{2i})$。因此这种方法可表达如下：

$$BVI = \sum_i S_{\text{WIRR}}(T_{2i}) \cdot P_i \tag{3-30}$$

$$FFI = \sum_i 1 - S_{\text{WIRR}}(T_{2i}) \cdot P_i \tag{3-31}$$

式中　$S_{\text{WIRR}}(T_{2i})$——T_2 谱中分量 T_{2i} 所对应的比例系数（$i=1,2,\cdots,n$）；

P_i——T_2 谱中分量 T_{2i} 所对应的幅度。

比例系数 $S_{\text{WIRR}}(T_{2i})$ 的计算方法主要有两种。

（1）理论模型法。

该方法将岩石孔隙空间简化为亲水毛细管束，一层环型的束缚水包围着孔隙中央圆柱形非润湿相流体，孔隙内毛管束缚水饱和度（即所占比例系数）与毛管压力和界面性质之间的关系式：

$$S_{\text{WIRR}}(T_{2i}) = \frac{T_{2\text{CIRR}}}{T_{2i}}\left(2-\frac{T_{2\text{CIRR}}}{T_{2i}}\right) \tag{3-32}$$

其中

$$T_{2\text{CIRR}} = \frac{\sigma}{\rho_2 P_{\text{CIRR}}}$$

式中　$S_{\text{WTRR}}(T_{2i})$——岩石毛管束缚水饱和度；

T_{2i}——T_2 谱中第 i 个横向弛豫时间分量；

P_{CIRR}——束缚水状态下的毛管压力；

σ——水和非润湿相流体之间的界面张力；

ρ_2——横向表面弛豫强度。

（2）经验公式法。

将 Coates 渗透率模型 $\sqrt{K}=100\phi^2\dfrac{FFI}{BVI}$ 中的自由流体体积 FFI 用 $\phi(1-S_{\text{WIRR}})$ 代替、束缚流体体积 BVI 用 ϕS_{WIRR} 代替，与另一渗透率计算公式 $\sqrt{K}=4\phi^2 T_{2\text{GM}}$ 联立得到经验公式：

$$\frac{1}{S_{\text{WIRR}}} = mT_{2\text{GM}}+b \tag{3-33}$$

式中，$T_{2\text{GM}}$ 为 T_2 分布几何平均值，由 100% 饱和水岩心 NMR 测量得到的 T_2 分布得到；岩心离心后测量束缚水饱和度 S_{WIRR}；m 和 b 均为系数。在孔径分布范围很窄的孔隙系统内，孔隙流体的核磁共振弛豫衰减服从单指数规律，这时 T_{2i} 可以利用 $1/S_{\text{WIRR}}(T_{2i})=mT_{2i}+b$ 来求 T_2 谱中每一个分量 T_{2i} 所对应的比例系数 $S_{\text{WIRR}}(T_{2i})$。

2）渐变截止值法（TBVI）

该法与 SBVI 法的基本原理是一致的，区别在于该方法认为当 T_2 谱中分量所对应的孔隙半径小于由毛管压力 P_{CIRR} 可束缚的孔隙流体的最大孔隙半径时，孔隙中所含的流体全部为束缚水。即总的束缚水体积等于小孔隙水的体积和大孔隙束缚水水膜体积之和，计算束缚水的公式为：

$$BVI = \sum_{T_{2i}=T_{2\min}}^{T_{2\text{CIRR}}} P_i + \sum_{T_{2i}=T_{2\min}}^{T_{2\max}} S_{\text{WIRR}}(T_{2i}) \cdot P_i \tag{3-34}$$

其中

$$T_{2\text{CIRR}} = \frac{\sigma}{\rho_2 P_{\text{CIRR}}},\quad S_{\text{WIRR}}(T_{2i}) = \frac{T_{2\text{CIRR}}}{T_{2i}}\left(2-\frac{T_{2\text{CIRR}}}{T_{2i}}\right)$$

3）BVI 加权函数法

BVI 加权函数法是在 SBVI 和 TBVI 这两者基础上提出的，该方法假定束缚流体或者吸附在大孔隙的孔壁上，膜厚为 λ；或者 100% 饱和在小孔隙中。束缚水体积（BVI）等于小孔隙束缚流体体积和大孔隙束缚水水膜体积之和。划分束缚流体体积（BVI）和自由流体体积

(FFI) 的分界线不是 T_2 截止值而是孔喉毛管压力 P_c 可束缚流体的最大孔隙半径 ($R_{P_c} = 2\sigma/P_c$): 如果孔隙入口半径 $R \leqslant R_{P_c}$, 孔隙将充满束缚流体; 如果孔隙入口半径 $R \geqslant R_{P_c}$, 孔隙壁将存在束缚流体膜。引入加权函数 $S_{WIRR}(T_{2i})$ 来计算 BVI:

$$BVT = \sum_i S_{WIRR}(T_{2i}) \cdot \phi_{ei} \tag{3-35}$$

式中　$S_{WIRR}(T_{2i})$ ——加权函数，$S_{WIRR}(T_{2i}) = \begin{cases} 1, & for\, T_{2i} < T_{2cutoff} \\ 0, & for\, T_{2i} > T_{2cutoff} \end{cases}$

　　ϕ_{ei}——有效孔隙度分布。

这种方法的关键是确定加权函数 $S_{WIRR}(T_{2i})$。

四、含油饱和度

1. 核磁共振三次测量法

1) 测试原理

油和水中都含有氢原子，将它们的核磁信号直接分开比较困难。但如果将含油岩样（岩心、岩屑、井壁取心等）浸泡在 $MnCl_2$ 水溶液中，顺磁离子 Mn^{2+} 将扩散到水中，使得水相的弛豫时间缩短到 10ms 以下甚至缩短到仪器的探测极限以下，而 Mn^{2+} 不能扩散到油中，油的弛豫时间不变（一般在 100ms 左右），从而可以将油和水的核磁信号完全分开，将含油饱和度测量出来。

2) 测试流程

(1) 井下取出的原始样品立刻做第一次核磁信号测定；

(2) 样品用地层水饱和后做第二次核磁信号测定；

(3) 将样品浸泡在 $MnCl_2$ 溶液中，做第三次信号测定；

(4) 实验假设原始样品没有水的挥发，即原始样品信号与饱和水样品信号之差是由样品取出卸压过程中油的散失引起的，则地下样品中油的信号应为原始样品信号与饱和水样品信号之差与浸泡 $MnCl_2$ 溶液样品信号的和，含油饱和度即为油信号与孔隙总信号的商。

2. 核磁共振二维谱法

1) 实验原理

一维 T_2 谱中获得的 T_2 谱是油与水信号值叠加的结果，油水无法直接准确区分，必须屏蔽其中一相的核磁信号。常用方法如添加 $MnCl_2$ 屏蔽水相信号或使用氟油（氟氯碳油，不含氢）屏蔽油相信号，前者可能会对岩心造成污染，后者缺乏原油的必要物质，二者在研究微观剩余油分布时均有一定的局限性。

核磁共振二维谱技术（D-T_2）能够根据扩散系数 D 和流体 T_2 弛豫时间的关系来区分油水相，如图 3-14 所示。在常温下，自由水理想扩散系数约为 $2.5 \times 10^{-5}\, cm^2/s$，而油的成分复杂，其扩散系数分布范围在 $10^{-7} \sim 10^{-5}\, cm^2/s$ 之间，因此油水两相可以根据扩散系数的差异进行分离，进而积分得到单相流体的 T_2 谱。同时，将核磁共振 D-T_2 谱信号值进行面积分计算，可以定量描述油水在不同大小孔隙中的分布。

$$Q_i = k \iint f(D, T_2) dD dT_2 \tag{3-36}$$

式中，k 是液体从信号值到体积的换算系数，根据油、水的体积标定得出，mL/单位信号值。

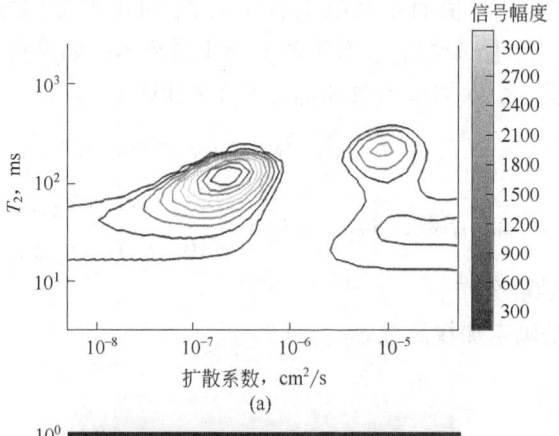

彩图 3-14

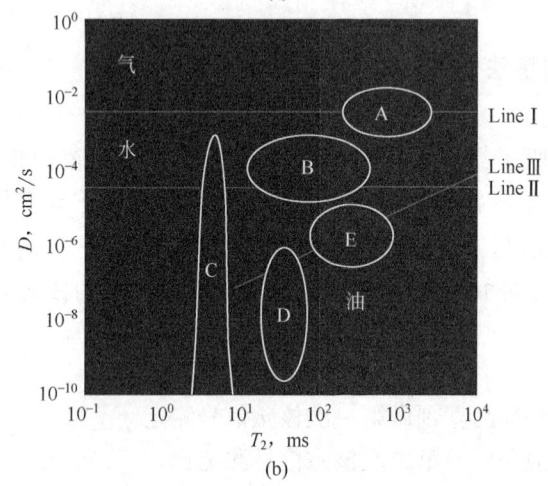

图 3-14 D-T_2 二维谱解释图

A—气相；B—自由水相；C—微小孔隙水相；D—油相（黏度高）；E—油相（黏度低）；
Line Ⅰ—气相理想扩散系数；Line Ⅱ—自由水理想扩散系数；Line Ⅲ—油相标志线

2) 实验流程

以岩心驱替实验为例对核磁共振二维谱应用流程进行介绍：

(1) 油水二维谱标定；
(2) 岩心饱和水；
(3) 饱和原油，并扫描岩心二维谱；
(4) 对岩心进行驱替实验，并扫描岩心二维谱；
(5) 对不同阶段的二维谱进行数据处理。

3) 实验案例

陈文滨等学者开展的"基于二维谱技术的低矿化度水驱孔隙动用规律"表明，核磁共振二维谱技术能够在扩散系数维度上识别多相流体，可获得流体分布信息。

五、孔隙结构

1. 测试原理

压汞是一种常用于研究孔隙结构的方法，具体原理前文已有介绍，本节不再介绍。结合压汞曲线，可以将核磁共振 T_2 谱转化为核磁孔喉曲线。其推导公式如下：

$$\frac{1}{T_2} = \frac{1}{T_{2B}} + \frac{1}{T_{2D}} + \rho \frac{S}{V} \tag{3-37}$$

当流体被单一相饱和后，可将上式简化为：

$$\frac{1}{T_2} = \rho \frac{S}{V} \tag{3-38}$$

上式中，T_2 与 S/V 成反比。将孔隙和喉道的体积分别假想为球形和柱形，则得到下式：

$$T_2 = \frac{r_c}{\rho F_S} \tag{3-39}$$

式中 F_S——孔隙形状因子（球形 $F_S=3$，柱形 $F_S=2$）；
　　　r_c——孔隙半径，μm。

经过大量实际实验之后发现，地层孔隙结构复杂，T_2 与孔隙半径的幂指数成正比关系。因此，对上式进行修正，便有：

$$T_2 = \frac{r_c^n}{\rho F_S} \tag{3-40}$$

式中　n——幂指数。

孔隙半径等于喉道半径与孔喉比的乘积，即 $r_c = c_1 r_t$，代入上式可得到 T_2 与喉道半径的关系为：

$$T_2 = \frac{(c_1 r_t)^n}{\rho F_S} \tag{3-41}$$

式中　c_1——平均孔喉比；
　　　r_t——喉道半径，μm。

另 $C = \frac{(\rho F_S)^{1/n}}{c_1}$，则有：

$$r_t = C T_2^{1/n} \tag{3-42}$$

求得 C 和 n 的值即可将岩心 100%饱和水的 T_2 谱转化为孔喉半径分布曲线。

2. 高压压汞

1）测试原理

选取与压汞孔喉半径分布对应的部分 T_2 谱与压汞孔喉半径分布进行对比。在任意喉道半径为 $r_t(i)$ 时，取 $S=S(i)$ 对核磁共振 T_2 累积分布曲线进行插值，得到累积分布频率为 $S(i)$ 时的弛豫时间 $T_2(i)$。对前式两边同时取对数得：

$$\ln r_t = \ln C + \frac{1}{n} \ln T_2 \tag{3-43}$$

根据线性最小二乘原理，求解式中拟合参数 C 和 n 使下式：

$$L = \sum_{i=1}^{m} \left[\ln C + \frac{1}{n} \ln T_2(i) - \ln r_t(i) \right]^2 \tag{3-44}$$

达到最小值。

2）实验案例

李爱芬等学者开展的"核磁共振研究致密砂岩孔隙结构的方法及应用"表明，岩心核

磁共振 T_2 谱换算的孔喉分布与压汞孔喉分布两条曲线在形态、幅度上都具有较好一致性，证明了拟合计算方法的合理性。

3. 恒速压汞

1）测试原理

根据前文，孔喉半径与核磁共振弛豫时间之间的关系为：

$$r = \rho F_S T_2 \tag{3-45}$$

孔喉半径与恒速压汞驱替压力之间的关系式为：

$$r = 2\sigma\cos\theta/p_c \tag{3-46}$$

结合式（3-45）与式（3-46）可得：

$$p_c T_2 = \frac{2\sigma\cos\theta}{\rho F_S} \tag{3-47}$$

对于恒速压汞，$\sigma=0.480\text{N/m}$，$\theta=0°$；ρ 为表征岩石颗粒表面弛豫能力的固定参数，且 T_2 与 p_c 之间为一一对应关系。

同一块岩心，核磁共振实验和恒速压汞实验反映的最大孔喉半径是相同的，核磁共振 T_2 谱上占比不为 0 的最大弛豫时间 $T_{2\max}$ 与恒速压汞曲线上占比不为 0 的最大半径 $r_{\max}$ 对应，由此可求取 ρ。对于相同岩心，ρ 是唯一的，可实现将核磁共振 T_2 谱转换为核磁共振半径分布。

2）实验案例

张磊等学者开展的"鄂尔多斯盆地旬邑探区延长组储层特征和开发效果"将恒速压汞和核磁共振数据相结合，实现了对岩心孔喉半径分布特征的完整定量表征。

第三节　X-CT 岩心实验原理与应用

一、岩心 X-CT 实验原理

CT 成像基本原理是用 X 射线束对物体某个选定的断层层面进行扫描，由探测器接收透过该层面的 X 射线，转变为可见光后，由光电转换器转变为电信号，再经模拟/数字转换器转为数字信号，输入计算机处理。图像形成的处理过程中，将选定层面分成若干个体积相同的长方体，这些长方体被称为体素。扫描得到的信息经过计算获得每个体素的 X 射线衰减系数或吸收系数，再排列成矩阵，即数字矩阵。数字矩阵可存储于磁盘或光盘中，经过数字/模拟转换器把数字矩阵中的每个数字转为由黑到白不等灰度的小方块，即像素，并按矩阵排列即构成 CT 图像，重建的图像还能够给出每一个像素 X 射线衰减系数。图 3-15 为 CT 扫描原理示意图。

朗伯—比尔定律（Lambert-Beer Law）是吸收光度法的基本定律，表示物质对某一单色光吸收的强弱与吸光物质浓度和厚度间的关系。CT 是通过具有一定穿透能力的射线（如 X 射线、γ 射线等）与物体的相互作用成像。当 X 射线穿过物体时，由于吸收和散射，射线强度将出现衰减，当物体的密度、厚度和成分等方面存在差异时，其衰减程度是不同的，通过对射线强度变化的分析可得出物质内部的密度分布和空间信息，CT 扫描原理就是建立在这个基础上的。X 射线穿过物体时，射线强度衰减情况遵循朗伯—比尔定律，出射光强度 I

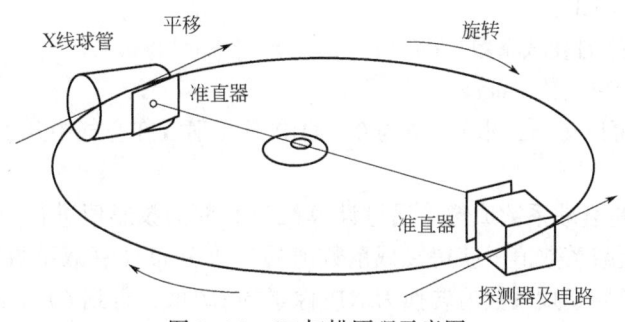

图 3-15 CT 扫描原理示意图

与入射光强度 I_0 关系可描述为：

$$I = I_0 e^{-\mu l} \tag{3-48}$$

式中 I——出射光强度，cd；
I_0——入射光强度，cd；
μ——被测物体的衰减系数，cm^{-1}；
l——射线穿过该物质的直线长度，cm。

实际的 CT 扫描中，被测物体常为非均匀介质，所以各点对 X 射线的衰减系数是不同的。在这种情况下，可以将沿着 X 射线束通过的物体分割成许多大小相同的小立方体（体素）。当尺寸足够小时，可认为该立方体是均匀的，具有相同的衰减系数，即射线在非均匀物体中的衰减相当于射线连续穿过多个不同密度的均匀物质的衰减。如果 X 射线的入射光强度 I_0、出射光强度 I 和体素的厚度 l 均为已知，沿着 X 射线通过路径上的衰减系数为：

$$\mu = \sum_{i=1}^{n} \mu_i \quad (i=1,2,\cdots,n) \tag{3-49}$$

式中 μ_i——每个体素的衰减系数，cm^{-1}；

此时朗伯—比尔定律可表示为：

$$I = I_0 \exp \sum_{i=1}^{n} (-\mu_i l_i) \tag{3-50}$$

式中 I——出射光强度，cd；
I_0——入射光强度，cd；
μ_i——每个体素的衰减系数，cm^{-1}；
l_i——每个体素的直线长度，cm。

为了建立 CT 图像，必须先求出每个体素的吸收系数 μ_1，μ_2，$\cdots$，μ_i。为求出 n 个吸收系数，需要建立 n 个或 n 个以上的独立方程。因此，CT 成像装置要从不同方向上进行多次扫描，来获取足够的数据建立求解衰减系数的方程。

衰减系数是一个物理量，表示 CT 影像中每个像素所对应的物质对 X 射线线性平均衰减量的大小。实际应用中，均以水的衰减系数为基准，故提出一个新的参数——CT 值，将它定义为被测物体的吸收系数 μ 与水的吸收系数 μ_w 的相对差值。CT 值单位称亨氏单位，是用其发明者 Golfrey Hounsfield 的名字来命名的，通常情况下 CT 值可以省略单位。CT 值用公式表示为：

$$CT = \frac{\mu - \mu_w}{\mu} \times 1000 \tag{3-51}$$

式中 CT——CT 值，HU；

μ——被测物体的衰减系数，cm^{-1}；

μ_w——水的衰减系数，cm^{-1}。

由式（3-51）可以得出，水 CT 值为 0；而由于 X 射线在空气中几乎没有衰减，空气的 CT 值为-1000。

CT 图像的本质是衰减系数成像。通过计算机对获取的投影值进行一定的算法处理，可求解出各个体素的衰减系数值，获得衰减系数值的二维分布（衰减系数矩阵）。再按 CT 值的定义，把各个体素的衰减系数值转换为对应像素的 CT 值，得到 CT 值的二维分布（CT 值矩阵）。然后，图像面上各像素的 CT 值转换为灰度就得到图像面上的灰度分布，此灰度分布就是 CT 影像。

通过 CT 值，可以量化被测物体的 X 射线吸收系数，反映不同物体的密度差别，但 CT 值并不是恒定不变的，会因 X 射线硬化、电源状况、扫描参数、温度等因素发生改变，因此要做出合理的判断。

图像分割完成后就获得了各个扫描截面流体分布的二维信息，将这些二维分割图像叠加在一起就构成了岩心模型的三维数据体，该数据体中不同流体（油、气、水）分别用不同的数据元素表示。利用移动立方体算法可以对该数据体中的岩石骨架结构及流体分布状况进行三维成像。

微米 CT 和纳米 CT 可以直接扫描获取高分辨率的岩石的三维图像，在使用时利用锥形 X 射线穿透物体，通过不同倍数的物镜放大图像，由 360°旋转所得到的大量 X 射线衰减进行图像重构后可得到岩心样品的三维的立体模型。利用微米或纳米 CT 进行岩心扫描的特点在于：在不破坏样本的条件下，能够通过大量的图像数据对很小的特征面进行全面展示。由于 CT 图像反映的是 X 射线在穿透物体过程中能量衰减的信息，因此三维 CT 图像能够真实地反映出岩心内部的孔隙结构。图 3-16 即是某研究中使用微米 CT 扫描图像重建的三维孔隙网络。

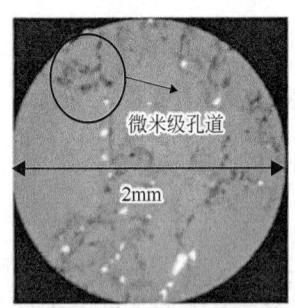 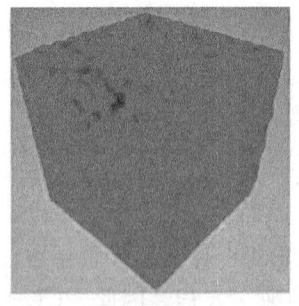 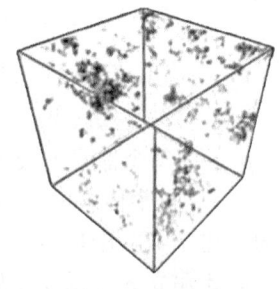

(a) 微米CT扫描图像　　　　　(b) 图像分割　　　　　(c) 孔隙网络重构

图 3-16　微米 CT 扫描图像重建的三维孔隙网络

CT 是一项涉及学科领域广、综合性强的高新技术，已经形成了一个相对独立的技术领域。CT 作为一种成熟的透视手段，可以直接观察到岩石内部的状态。由于其快速简便、直观性强、可以高分辨率成像并且可以无损检测等优点，已作为开发实验中一项常规的测试技术，广泛应用于岩心描述、岩心的非均质性测定、岩心样品处理程序确定、裂缝定量分析、在线饱和度的测量、流动实验研究、剩余油分布以及赋存状态表征等多个方面。

二、岩心 X-CT 应用

1. 孔隙结构

1) 孔隙度

(1) 图像分析法。

① 测试原理。

通过 CT 图像直接识别出基质和孔隙,之后以此为基础统计出区域内的孔隙占比,即可计算出孔隙度(此方法需要 CT 图像的分辨率足够高)。

通过图像分析法测量岩石孔隙度,通常需要使用微焦点 CT 和纳米 CT 才能够实现。这是由于岩石孔隙的尺度一般在微米级,而针对非常规储层,其岩石孔隙尺度在纳米级,CT 扫描图像的分辨率必须高过岩石孔隙的尺寸才能确保识别出孔隙,因此图像法需借助高分辨率 CT 扫描机才能进行。图像分析法的优势在于能够直接观察到岩石内部的基质和孔隙情况,同时能够快速反映出某一区域的孔隙特征,但该方法也存在一些缺陷,比如分割阈值的选取受人为因素影响,而这一因素最终也会显著影响孔隙度,同时该方法的使用受到仪器的限制,当图像分辨率达不到要求时该方法将变得不适用。

② 测试流程。

图像分析法测量岩石孔隙度的过程如图 3-17 和图 3-18 所示。

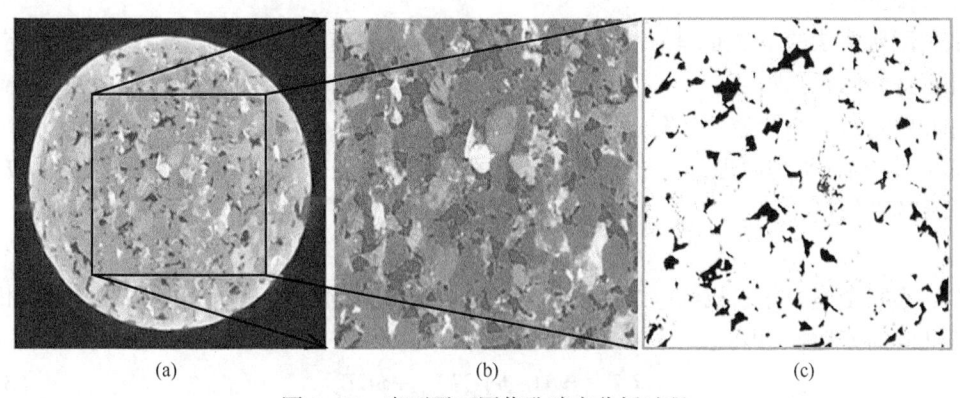

图 3-17 岩石平面图像孔隙度分析过程

通过高分辨率 CT 扫描获取岩石的图像。图 3-17(a)是岩石某一横截面的 CT 图像,通过观察图像可以直观地分辨出基质(图中灰色和亮色区域)和孔隙(图中黑色区域)。基于上述基质和孔隙区域的灰度值选取阈值区分基质和孔隙,一般来说灰度阈值之上可判定为基质,而灰度阈值以下的区域确定为孔隙。

以此为基础进行图像分隔可以进一步将岩石 CT 图像转化成三维二值化图像即 0 和 1 的图像,0 代表孔隙,1 代表基质;通过对平面选定区域内进行分析即可统计出二值化图像中值为 0 的像素点占比,该占比就是该平面选定区域内的岩石孔隙度,分析处理具体过程如图 3-17(b)、(c)所示。

对于岩石三维图像而言,处理过程是相似的,其孔隙度的计算方法是将三维图像每一层的平面扫描图像按上述方法进行分析,综合选取分隔阈值。之后以此为基础对每一层平面图像进行分隔并统计各自的孔隙和基质像素点数,最后将各层总的孔隙像素点数除以各层总的像素点数即得到岩石三维图像的孔隙度，图 3-18 是对某一岩石选定三维图像区域孔隙度的分析过程。

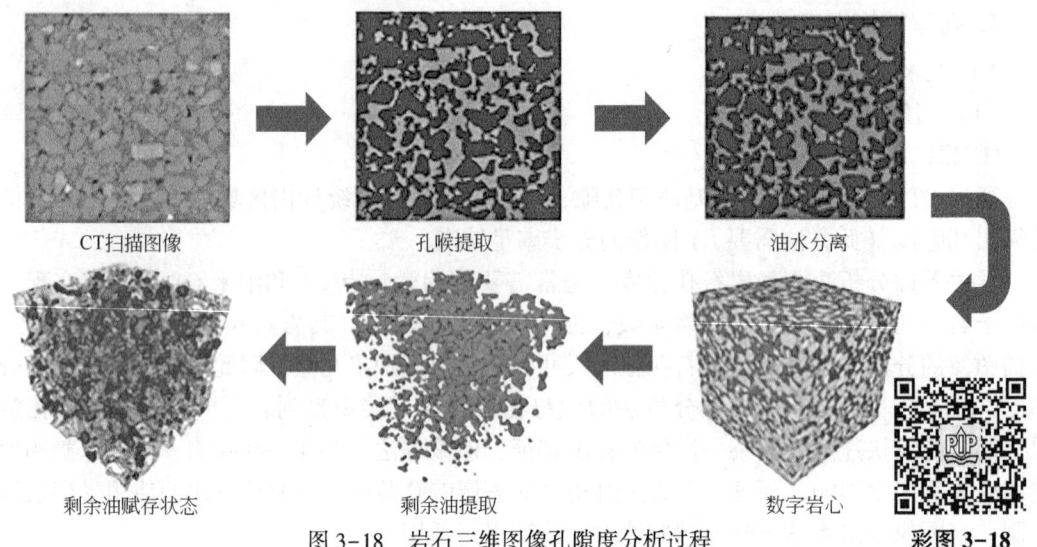

图 3-18　岩石三维图像孔隙度分析过程

（2）饱和差值计算法。

① 测试原理。

饱和度差值法的基本原理是对比岩石饱和前后 CT 扫描图像信息差异，之后根据导出的公式计算得到岩石孔隙度。

饱和度差值岩心孔隙度计算过程如下：

基于 CT 扫描平均原理，对于干岩心的某一个断层面进行 CT 扫描，该断层面的 CT 值为各体积元的平均值，即：

$$CT_{dry} = (1-\phi)CT_{grain} + \phi CT_{air} \tag{3-52}$$

将岩心完全饱和盐水或油，之后按相同的扫描条件对湿岩心进行 CT 扫描，对于相同断层面在此时的 CT 值，即：

$$CT_{wet} = (1-\phi)CT_{grain} + \phi CT_{w} \tag{3-53}$$

将式(3-52)与式(3-53)相减可以得到孔隙度的计算公式：

$$\phi = \frac{CT_{wet} - CT_{dry}}{CT_{w} - CT_{air}} \tag{3-54}$$

式中　CT_{dry}——干岩心断层面的平均 CT 值；

　　　CT_{grain}——岩心骨架的 CT 值；

　　　CT_{wet}——湿岩心（完全能饱和盐水或油）断层面的平均 CT 值；

　　　CT_{air}——空气的 CT 值；

　　　CT_{w}——饱和液体的 CT 值。

根据上述推导过程，该方法需要两种状态下的岩石，即干岩石和饱和岩石，这一点与岩石孔隙度传统测试方法中的液体饱和法类似。但相较于传统饱和法，CT 扫描测量孔隙度方法的最大优势在于，该方法能够在不改变岩石外部形态和内部结构的前提下，观测到岩石的内部孔隙度变化。另外，除了能准确反映岩石整体孔隙度外，由于是基于每个像素点的 CT 值进行计算，还能得到每个像素点的孔隙度信息，从而能够展现岩石内部的孔隙度分布情况。

② 测试流程。

对于有缺陷的样品，如柱面不规则或有溶洞、缺角等，CT 测其孔隙度能反映真实值。但对于端面不平行的样品，偏差较大，原因是 CT 的切面都是垂直方向上的，而端面不平行的样品在端面处无法切成圆形，从而造成误差。

（a）将经过洗油、洗盐并烘干待测的岩心样品，放置于 CT 扫描床上或岩心夹持器中，调整位置后固定。

（b）用 CT 扫描岩心样品，确定并记录仪器扫描参数，包括扫描方式、扫描层厚、扫描间隔距离、管电压、管电流等信息；预扫描结束后，准确选取岩石扫描区域，同时记录位置坐标，保证二次扫描时在同一位置进行，正式扫描结束后存储扫描结果。

（c）在同样的仪器条件下对周围的空气进行扫描以确定空气的 CT 值；

（d）对岩心样品加压充分饱和盐水或油 24h 以上，饱和后的岩心样品擦干表面液体后放置于 CT 扫描床上，并确保两次扫描在同一位置上；若岩心在夹持器中可直接饱和后扫描。

（e）用 CT 对饱和的岩心样品进行扫描，扫描参数与第一次扫描完全相同，预扫描结束后准确选取扫描区域并将位置坐标调整到与第一次扫描一致，正式扫描结束后存储扫描结果。

（f）在同样的仪器条件下对饱和用的盐水或油进行扫描以确定液体的 CT 值；最后用图像处理软件对实验结果进行处理，计算岩石的平均孔隙度和孔隙度分布。

关于数据处理，其详细过程总结如下：用图像处理软件调入两次实验结果数据，用饱和后的岩石扫描结果减去干岩心的扫描结果，导出的实验数据包括岩心样品每个像素点的（$CT_{wet}-CT_{dry}$）、每个扫描层面的（$CT_{wet}-CT_{dry}$）的及整个岩心的（$CT_{wet}-CT_{dry}$）平均值，再根据扫描得到的空气的 CT 值和饱和用盐水的 CT 值，利用式(3-54)计算岩心样品每个像素点的孔隙度分布统计、每个层面的平均孔隙度和整个岩心的平均孔隙度，并且可以利用扫描层厚和岩心样品每个层面的平均孔隙度做出岩心的轴向孔隙度分布图。

2）孔隙结构分析

CT 扫描并通过图像重建，可以直观获取岩心内部图像。无论是毫米尺度的医疗 CT，还是微米尺度的微米 CT，都可以基于该图像对岩心内部的孔隙类型、非均质性、孔喉结构特征等进行分析。

例如，在岩心微米级 CT 图像中，由于图像分辨率达到微米级，因此可以直接识别出岩心中的孔隙分布特征和基质骨架（通常图像中暗色的区域可以识别为孔隙，而图像中灰色的区域可以识别为基质骨架，有时在图像中还存在亮色区域，此区域可以识别为岩心中的重晶矿物），通过这些信息可以直接定性分析出岩心在微米级尺度的非均质性。

图 3-19 和图 3-20 分别为两块岩心的微米 CT 扫描图像，从 CT 扫描图像中可以明显看出，图 3-19 中所示岩心的孔隙和骨架基质分布都较均匀，而图 3-20 中所示岩心存在明显的重晶矿物区域，该区域呈斜条带状贯穿岩心。综合来看，前者在微米级尺度的均质性较好，而后者在微米级尺度的非均质性十分明显，存在大量重晶矿物分布区域。

图 3-21、图 3-22 为两块松辽盆地典型烃源岩心样品经过微米 CT 扫描获得的二维切片图像。从图像中可以看出，岩心样品 A 中不同位置表面无机矿物分散分布（图 3-21 中白色亮点），颗粒边界明显，切片中可见微裂缝及大量微米级孔隙（图 3-21 中黑色暗点）。

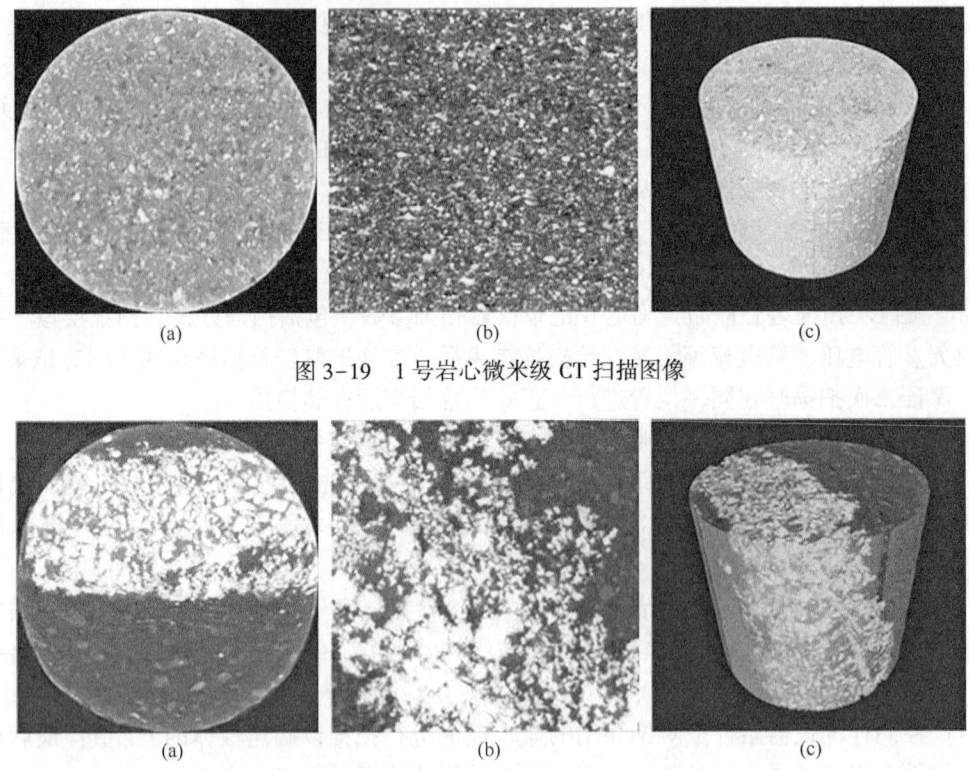

图 3-19　1 号岩心微米级 CT 扫描图像

图 3-20　2 号岩心微米级 CT 扫描图像

图 3-21（a）切片中微裂缝为无机矿物充填，裂缝平面延伸约 300μm；图 3-21（b）切片中微裂缝为半充填，裂缝平面延伸 150μm；图 3-21（c）切片中裂缝消失。切片中未见明显有机质形态，孔隙类型主要为粒间孔隙。

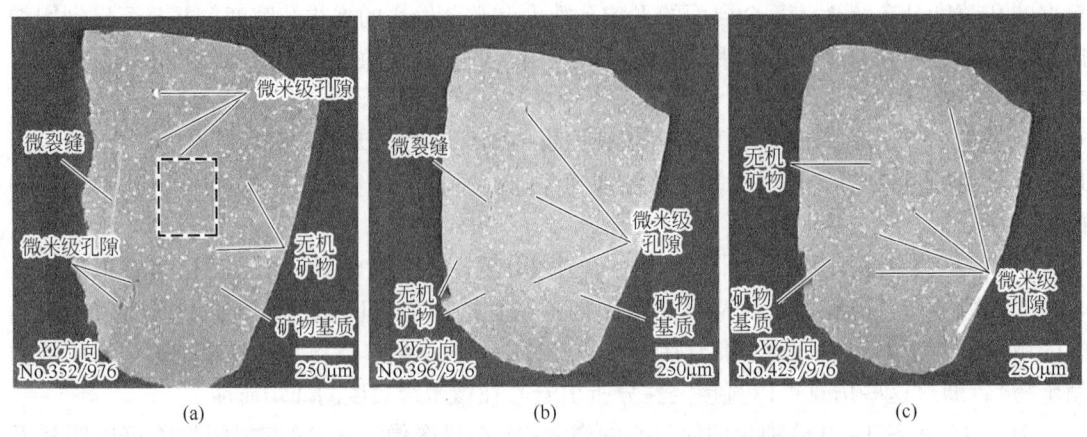

图 3-21　松辽盆地岩心样品 A 微米 CT 扫描二维切片

岩心样品 B 中不同位置矿物和结构与岩心样品 A 存在较大差异，无机矿物主要以较大的团块（颗粒）形式存在（图 3-22 中白色亮点）。矿物主要为石英和颗粒状黄铁矿，颗粒形态及边界明显，见大量生物碎屑，介壳类生物内部被无机矿物半填充，形态清晰，大小约为 320~400μm；生物碎屑中见少量孔隙，样品中未见较大微裂缝，孔隙类型主要为粒间孔隙、有机质孔隙。

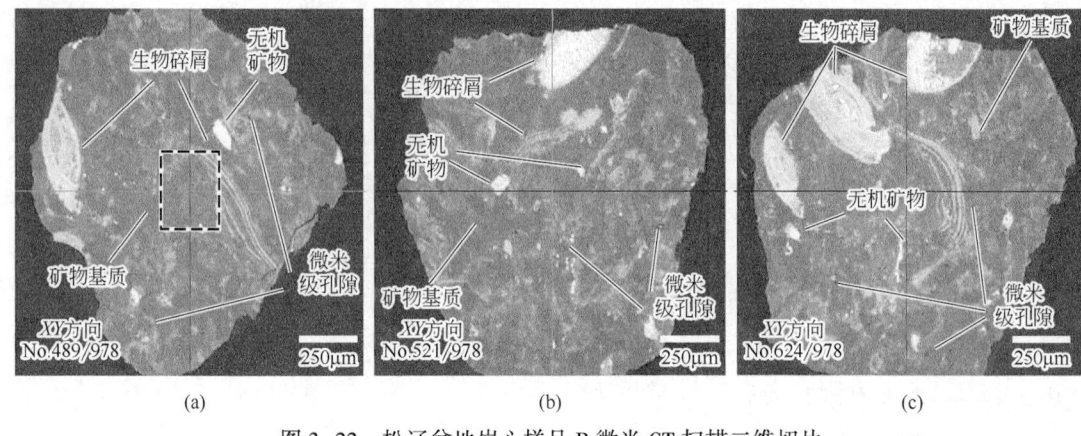

图 3-22 松辽盆地岩心样品 B 微米 CT 扫描二维切片

图 3-23 为某研究中统计的 800 张连续的数字岩心二维切片孔隙度的轴向变化规律，4 块岩心样品（A、B、C、D）切片孔隙度均有一定程度波动，体现了岩心的非均质性。为反映切片孔隙度的离散程度，分别计算了 4 块岩样的切片孔隙度标准差，岩样 A 到岩样 D 切片孔隙度标准差分别为 0.014、0.020、0.018 和 0.013，说明 4 块岩样中岩样 D 均质性较好，岩样 B 均质性较差。

2. 微观流体赋存

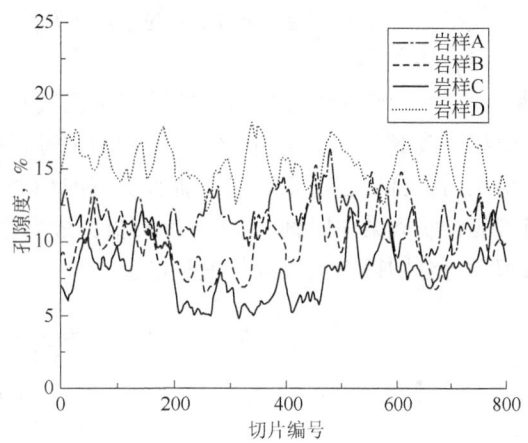

图 3-23 切片孔隙度随切片位置的变化关系

通过 CT 扫描研究岩石中的流体饱和度及其分布特征以如下三条基本假设为前提，即：应用 CT 扫描确定岩心中流体饱和度参数是建立在射线线性衰减的基础上的，对于单能量 X 射线符合朗伯—比尔定律；岩石骨架和孔隙均为刚性体，抽真空并饱和某种流体后孔隙完全被该流体饱和，孔隙结构与骨架颗粒形状不发生变化；在各种过程中，忽略岩心孔隙流体压力变化产生的应力敏感特性，岩石的孔隙结构不发生变化，只是孔隙内各相流体饱和度发生变化。

和 CT 方法测试岩心孔隙度的饱和法相似，通过 CT 扫描对岩心中流体饱和度进行测试也需要将岩石进行饱和，这里需要指出：测试流体饱和度的过程需要对岩石进行多次饱和，有时是某一种流体完全饱和，有时是某两种流体同时饱和，甚至有时是油、气、水三相同时饱和。基于以上分析，下面将对多种情况下流体饱和度的 CT 扫描测试过程和计算方法进行阐述。

1）测试原理

（1）气水两相。

对于气水两相同时饱和岩石的情况，干岩心和完全饱和盐水岩心的 CT 值已由式(3-52)、式(3-53)给出。

当岩心处于气驱水实验某一时刻 t 时，岩心此时的状态为同时饱和气和水，对该状态的岩心进行 CT 扫描，此时同一断层面的 CT 值可以写成：

$$CT_t = (1-\phi)CT_{grain} + \phi(S_w \cdot CT_w + S_g \cdot CT_{air}) \quad (3-55)$$

此外,气水饱和度还满足以下关系:

$$S_w + S_g = 1 \quad (3-56)$$

联立式(3-52)、式(3-53)和式(3-55)、式(3-56),可以分别得到含水饱和度和含气饱和度的计算表达式:

$$S_w = \frac{CT_t - CT_{dry}}{CT_{wet} - CT_{dry}} \quad (3-57)$$

$$S_g = 1 - \frac{CT_t - CT_{dry}}{CT_{wet} - CT_{dry}} \quad (3-58)$$

式中 S_w——含水饱和度,%;

S_g——含气饱和度,%;

CT_t——t 时刻岩心断层面的平均 CT 值。

(2) 油气两相。

油气两相同时饱和岩石的情况和上面气水两相同时饱和岩心的情况基本是类似的,只需做出如下改变即可建立油气饱和度的测试过程并获取油气饱和度的计算方法:在对干岩石扫描结束后,将岩心由完全饱和盐水变成饱和油,对完全饱和油的岩石进行 CT 扫描,之后再对气驱油实验某一时刻 t 进行 CT 扫描,最后综合以上几个 CT 扫描过程并对方程进行联立,求解即可分别得到油气两相饱和度:

$$S_o = \frac{CT_t - CT_{dry}}{CT_{oilwet} - CT_{dry}} \quad (3-59)$$

$$S_g = 1 - \frac{CT_t - CT_{dry}}{CT_{oilwet} - CT_{dry}} \quad (3-60)$$

式中 S_o——含油饱和度,%。

(3) 油水两相。

油水两相同时饱和岩石的情况可在前面气水两相情况的部分基础上进行改进,在对完全饱和盐水状态的岩心进行 CT 扫描后,对该状态下的岩石开展油驱水或者后续水驱油实验,选取油水驱替实验某一时刻 t 并对其进行 CT 扫描,此时同一断层面的 CT 值可以写成如下:

$$CT_t = (1-\phi)CT_{grain} + \phi(S_w CT_w + S_o CT_o) \quad (3-61)$$

同时此种情况下油水饱和度还满足方程:

$$S_w + S_o = 1 \quad (3-62)$$

联立式(3-52)、式(3-53)和式(3-61)、式(3-62),可以分别得到含水饱和度和含油饱和度的计算公式:

$$S_o = \frac{CT_t - CT_{wet}}{CT_o - CT_w} \cdot \frac{CT_w - CT_{air}}{CT_{wet} - CT_{dry}} \quad (3-63)$$

$$S_w = 1 - \frac{CT_t - CT_{wet}}{CT_o - CT_w} \cdot \frac{CT_w - CT_{air}}{CT_{wet} - CT_{dry}} \quad (3-64)$$

2) 测试流程

(1) 气液两相。

① 岩心洗油,烘干;

② 将岩心置于 CT 扫描床上进行扫描，记录干岩心各扫描层面的 *CT* 值数字矩阵；

③ 同样的仪器条件下对周围空气进行扫描确定空气的 *CT* 值；

④ 将岩心置于饱和液体的容器内，进行 CT 扫描并设置扫描间隔，每个时间间隔扫描结束后存储扫描结果；

⑤ 将岩心样品加压充分饱和液体 24h 以上，然后对岩心进行 CT 扫描得到饱和岩心各扫描层面的 *CT* 值数字矩阵；

⑥ 对饱和用的液体进行扫描以确定液体的 *CT* 值；

⑦ 对实验结果进行处理，计算岩心内气液饱和度的时间和空间分布。

(2) 油水两相。

① 岩心洗油，测常规孔隙度、渗透率，并测试地层水 *CT* 值；

② 把干岩心放入碳纤维岩心夹持器中，缓慢增加围压至要模拟油藏的上覆压力，对夹持器整体进行 CT 扫描，得到干岩心各扫描层面的 *CT* 值数字矩阵；

③ 将岩心抽真空，加压饱和地层水至油藏孔隙流体压力，对夹持器整体进行 CT 扫描，得到饱和地层水岩心各扫描层面的 *CT* 值数字矩阵；

④ 进行水驱油实验，计量采出油水量，对岩心驱替过程进行 CT 扫描；

⑤ 计算扫描层面孔隙度、原始含油饱和度和残余油饱和度分布参数，重建含油饱和度分布图。

3) 微观流体赋存状态

(1) 图像分析法。

图像分析法 CT 扫描可获得高精度的图像，并且可以进行数据处理，利用图像分割技术，对重构出的三维微米级 CT 灰度图像进行二值化分割，划分出孔隙与颗粒基质，并通过边缘硬化校正和环状伪影去除等，以及使用滤波器进行降噪处理，来增强各相之间的对比度。由于 CT 图像的灰度值反映的是岩石内部物质的相对密度，因此 CT 图像中亮度高的部分被认为是高密度物质，而深黑部分则被认为是孔隙结构。对深色部分进行进一步分析，调整其对比度，可以将深黑色中的油水区分开来，得到三值化的结果，如图 3-24 所示。

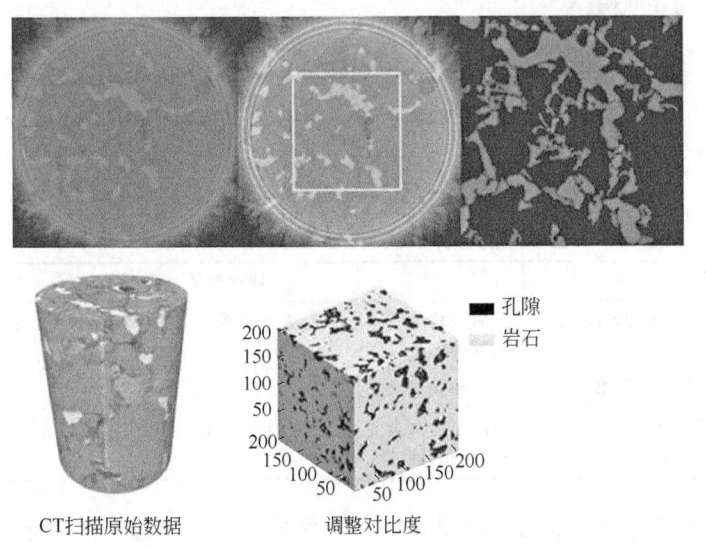

图 3-24　岩心三维重建及油水岩石分布区分

彩图 3-24

通过分析剩余油的不同参数例如形状因子、欧拉数和接触比等，对不连续的剩余油簇进行提取和定量表征，可将其划分为5类，分类结果如图3-25所示。

根据这5种形态，可以将剩余油从难以动用到易于动用排序。剩余油被分为滴状流、膜状流、柱状流、多孔流和簇状流。通常动用滴状流、膜状流和柱状流的开发方法可以提高微观驱替效率，例如表面活性剂驱替；动用多孔流和簇状流的开发方法可以提高微观波及效率，例如聚合物驱。图3-26为微观剩余油按形态分类。形状因子、欧拉数、接触比的计算公式及物理意义见表3-4。

剩余油类型	CT三维重建	动用难易程度	所占孔喉≤数或厚度	形状因子(G)及欧拉数(E)	接触比
滴状流		难 ↑	厚度<孔喉直径的1/3	$0.3<G<0.7$和$E>1$	$C<0.4$
膜状流			孔隙、喉道数≤1	$G>0.7$	$C=0$
柱状流			孔隙、喉道数≤1	$0.3<G<0.7$和$E<1$	$C≥0.4$
多孔流			1<相连孔隙数≤5	$0.1<G<0.3$	$C≥0.4$
簇状流	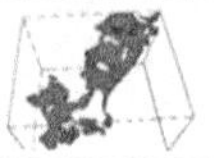	↓ 易	相连孔隙数>5	$G<0.1$	$C≥0.4$

图3-25 剩余油定量表征参数

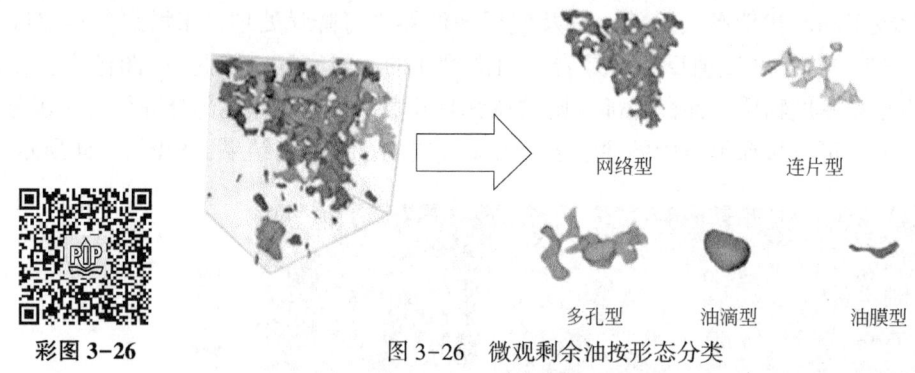

彩图3-26　　　　　图3-26 微观剩余油按形态分类

表3-4 表征参数的计算公式及物理意义

表征参数	计算公式	物理意义
形状因子	接触比=油与岩石骨架接触面积/油表面积	反映单块剩余油形状与球体的接近程度。球体为1，越小越接近球体，越大则形状越不规则
欧拉数	欧拉数=1-洞数+闭孔数	反映单块剩余油孔洞数量。越小孔洞数越多
接触比	形状因子=(表面积³)/(36π×体积²)	反映单块剩余油与孔壁的接触关系。接触比越小，剩余油附着在孔隙表面的比例越小

结合上述内容与CT技术进行原位驱替扫描测试，可以对岩心驱替过程中的剩余油赋存状态进行分类，如图3-27、图3-28所示。

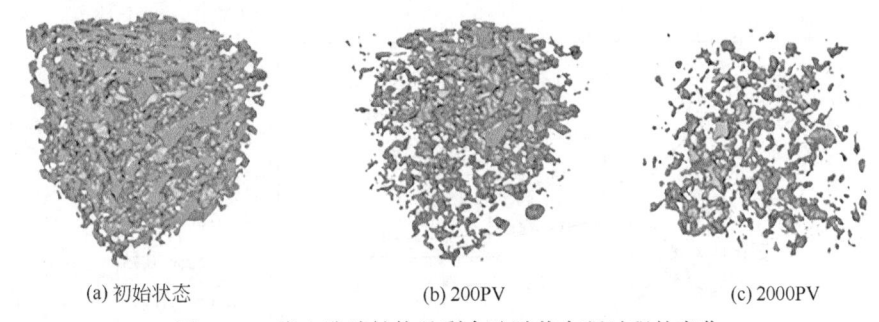

(a) 初始状态   (b) 200PV   (c) 2000PV

图 3-27 岩心孔隙结构及剩余油随着水驱过程的变化

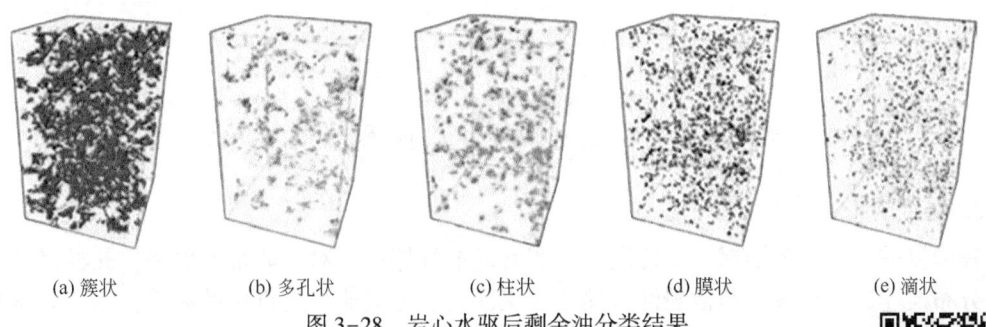

(a) 簇状   (b) 多孔状   (c) 柱状   (d) 膜状   (e) 滴状

图 3-28 岩心水驱后剩余油分类结果

彩图 3-28

（2）饱和度分布统计分析法。

前文中介绍过，CT 法测饱和度能得到每个像素点的饱和度信息，从而能够展现多孔介质内部的流体饱和度分布。以此为基础进行统计分析，可以获取不同阶段含油饱和度的频率变化信息，从而深入了解微观剩余油的分布及动用情况。

对饱和度分布统计的展现，通常有两种方式：一种是在不同的驱替阶段，饱和度值的区间所占频率分布的变化情况；另一种是在不同驱替倍数下，饱和度值的区间所占频率分布的变化情况。岩心不同驱替阶段饱和度的频率分布变化如图 3-29 所示，无论哪种方式，都反映出微观流体赋存的状态及变化情况。为了更深入地掌握机理和规律，一般还会结合驱油实验的动态信息同步分析，并且基于饱和度的分布频率提出一些新的参数计算方法。

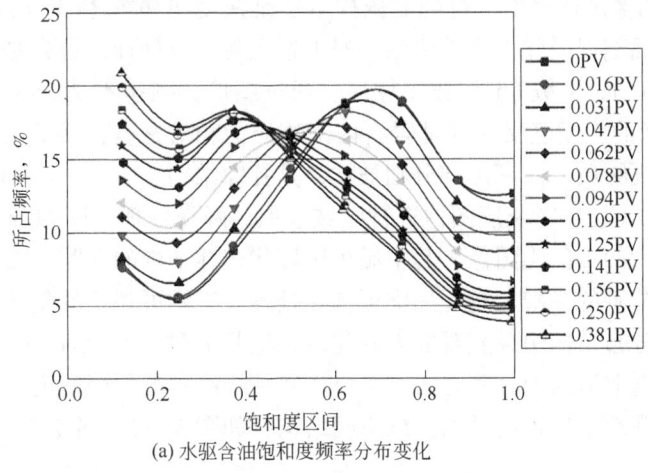

(a) 水驱含油饱和度频率分布变化

图 3-29 岩心不同驱替阶段饱和度的频率分布变化

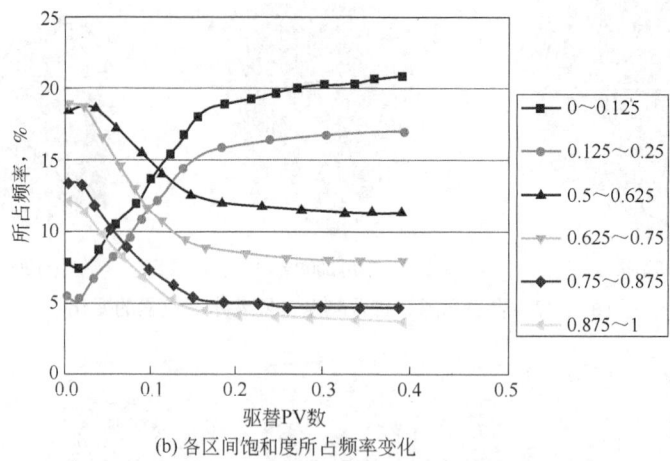

(b) 各区间饱和度所占频率变化

图 3-29 岩心不同驱替阶段饱和度的频率分布变化（续）

3. 数字岩心

我国目前的油气藏勘探开发逐渐转向非常规油气储层，对于非常规储层，孔喉尺寸、形态、分布及连通性是决定非常规油气储层储集能力和渗流能力最直接的参数。鉴于非常规储层岩石孔喉结构的复杂性，在二维尺度下观察得到的孔喉特征无法与真实的孔喉结构参数相匹配，不能表征岩心的孔隙空间三维展布信息，对岩样三维立体特征与整体情况的反映能力较弱。近些年来，随着数字岩心技术的成熟与发展，可以在不破坏样品的条件下探测岩石内部的三维结构，获得岩石内部微观结构的三维重建与模拟，为岩石微观结构的三维可视化、精细化表征提供技术支持。

数字岩心分析技术是指利用物理扫描或数字构建方法将岩心数字化。数字岩心分析由宏观向微观深入，从二维向三维发展，在计算机上构建真实的三维数字岩心模型，可更加真实地展现储层特性。数字岩心由于其三维定量化、可视化的特点成为表征非常规储层岩石孔喉结构及渗流参数的关键技术。

1) 数字岩心的建立

利用 CT 技术建立岩心的原理是将 CT 扫描得到的二维图像构建为三维数字岩心。对经过 CT 扫描的岩心图像进行重构，得到的微样本三维灰度图如图 3-30 所示，从左至右依次为俯视剖视图、正面剖视图和三维效果图。对上述图像进行处理，首先是图像分割过程，如图 3-31 所示，在得到微米级 CT 扫描图像后，通过图像分割技术从 256 色灰度图中辨识出孔隙。由于 CT 图像的灰度值反映的是岩石内部物质的相对密度，因此 CT 图像中亮度高的部分被认为是高密度物质，而深黑部分则被认为是孔隙结构。

利用软件（如 Avizo）对灰度图像进行区域选取、降噪处理、图像分割与后处理，得到提取出孔隙结构之后的二值化图像，其中黑色区域代表样本内的孔隙，白色区域代表岩石的基质。之后在图像分割的基础上进行三维可视化处理，三维可视化的目的，在于将数字岩心图像的孔隙与颗粒分布结构用最直观的方式呈现。利用软件（如 Avizo）可以将不同密度的各组分物质分割，选取适当的分割方法，可以将实际样品中的不同密度的物质按照灰度区间分割出来，并能直观地呈现各组分的三维空间结构，如图 3-32、图 3-33 所示。

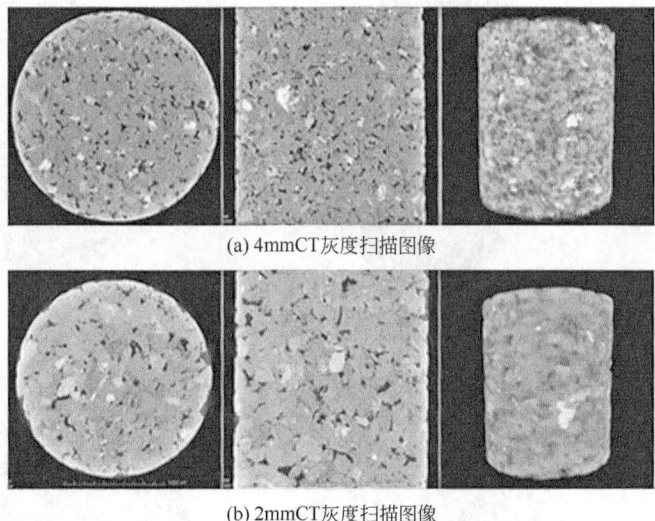

(a) 4mmCT灰度扫描图像

(b) 2mmCT灰度扫描图像

图 3-30　微样本三维灰度图

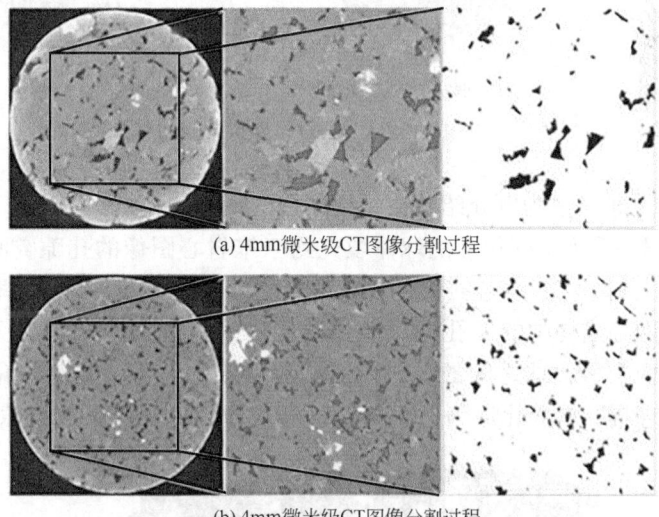

(a) 4mm微米级CT图像分割过程

(b) 4mm微米级CT图像分割过程

图 3-31　图像分割过程

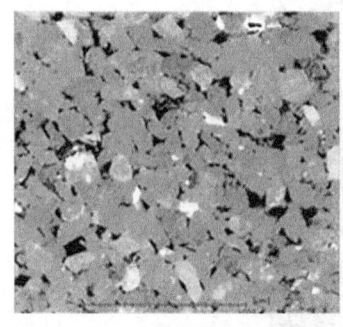
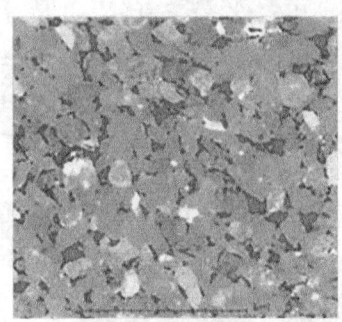
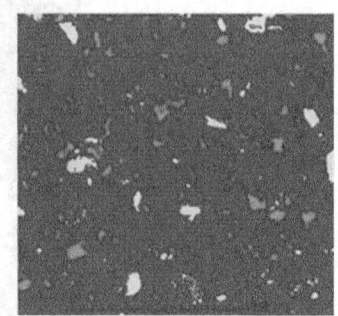

(a) CT扫描灰度图　　　　(b) 红色代表从灰度图像中提取出的孔隙　　　　(c) 由灰度图生成的三相分割图

图 3-32　图像分割效果

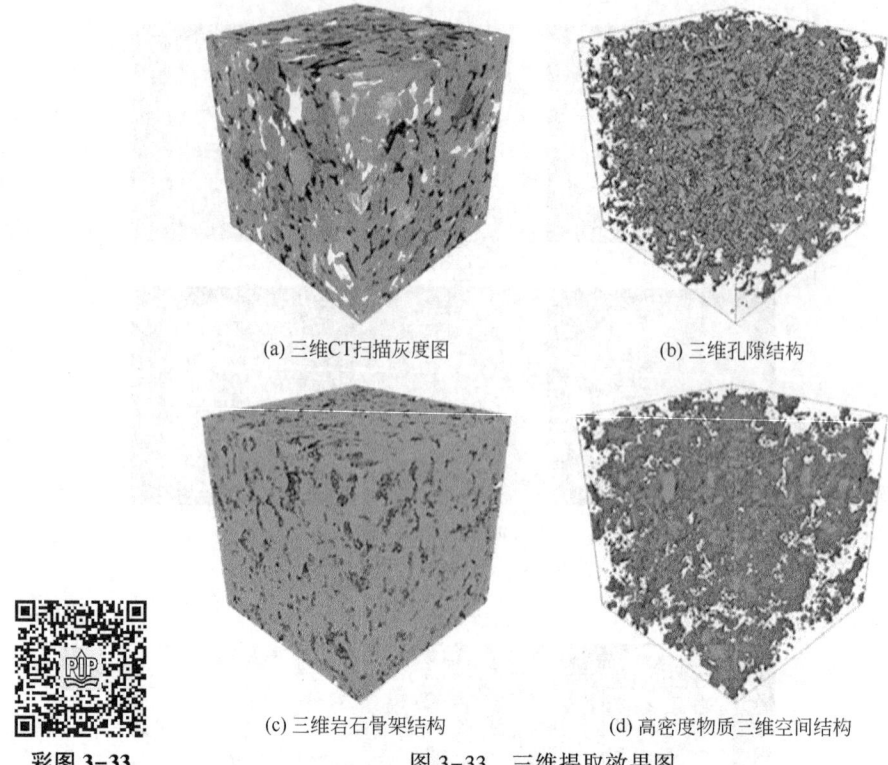

(a) 三维CT扫描灰度图　　　　　　(b) 三维孔隙结构

(c) 三维岩石骨架结构　　　　　(d) 高密度物质三维空间结构

彩图 3-33　　　　　　图 3-33　三维提取效果图

接下来以"最大球"法为例介绍孔隙网络结构的提前与建模。

"最大球法"把一系列不同尺寸的球体填充到三维岩心图像的孔隙空间中，各尺寸填充球之间按照半径从大到小存在着连接关系。整个岩心内部孔隙结构将通过相互交叠及包含的球棍来表征。孔隙网络结构中的"孔隙"和"喉道"的确立如图 3-34 所示，通过在球棍中寻找局部最大球与两个最大球之间的最小球，从而形成"孔隙—喉道—孔隙"的配对关系来完成。最终整个球棍结构简化成为以"孔隙"和"喉道"为单元的孔隙网络结构模型。

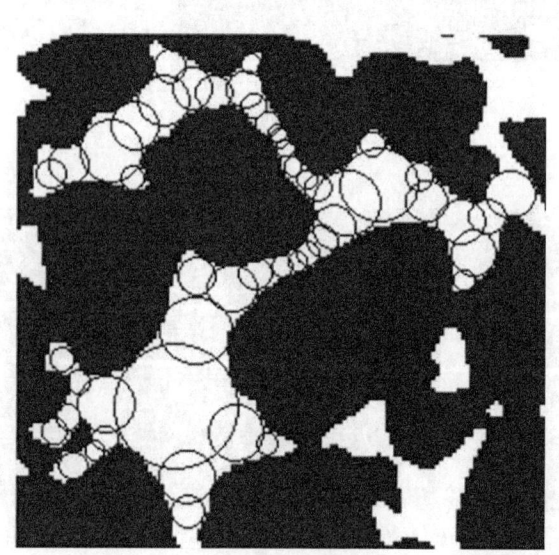

图 3-34　最大球法提取孔隙网络结构原理图

在用最大球法提取孔隙网络结构的过程中，形状不规则的真实孔隙和喉道被规则的球形填充，进而简化成为孔隙网络模型中形状规则的孔隙和喉道。在这一过程中，利用形状因子 G 来存储不规则孔隙和喉道的形状特征。形状因子的定义为 $G=A/P^2$，其中 A 为孔隙的横截面积，P 为孔隙横截面周长，如图 3-35 所示。在孔隙网络模型中，利用等截面的柱状体来代替岩心中的真实孔隙和喉道，截面的形状为三角形、圆形或正方形等规则几何体，如图 3-36 所示。在用规则几何体来代表岩心中的真实孔隙和喉道时，要求规则几何体的形状因子与孔隙和喉道的形状因子相等。尽管规则几何体在直观上与真实孔隙空间差异较大，但它们具备了孔隙空间的几何特征。从三维岩心二值图中提取出的孔隙网络模型保持了原三维孔隙空间结构的几何特征与连通特征。通过对孔隙网络模型进行各项统计分析，可以了解真实岩心中的孔隙结构与连通性。

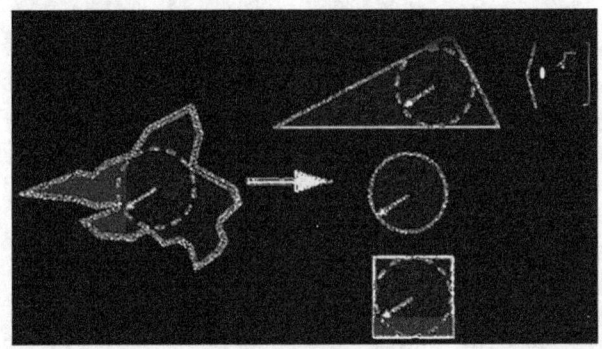

图 3-35　形状因子

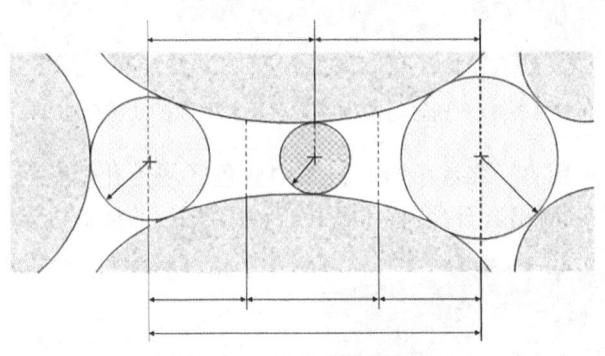

图 3-36　孔隙与喉道划分

以某研究中对页岩岩心样品的分析为例，该研究中对页岩样品开展了纳米 CT 扫描和三维重构，获取了孔隙的空间分布特征，用球棍模型模拟页岩的连通域系统，分析孔隙的连通特征。

实验中得到的页岩样品中的矿物、有机质和孔隙的二维分布与组分物质的三维分布如图 3-37、图 3-38 所示。由图像可见，基于 CT 扫描与三维重构可以更加清晰地展现岩心孔隙空间内部的三维结构，并以此为基础进行后续分析。

2) 数字岩心的应用

应用数字岩心提取孔隙网络模型，可将岩心样品内部的微观孔隙空间真实、直观地反映出来。以某研究中对砂砾岩储层的 4 块岩心为例，图 3-39 为基于 CT 扫描图像利用软件重

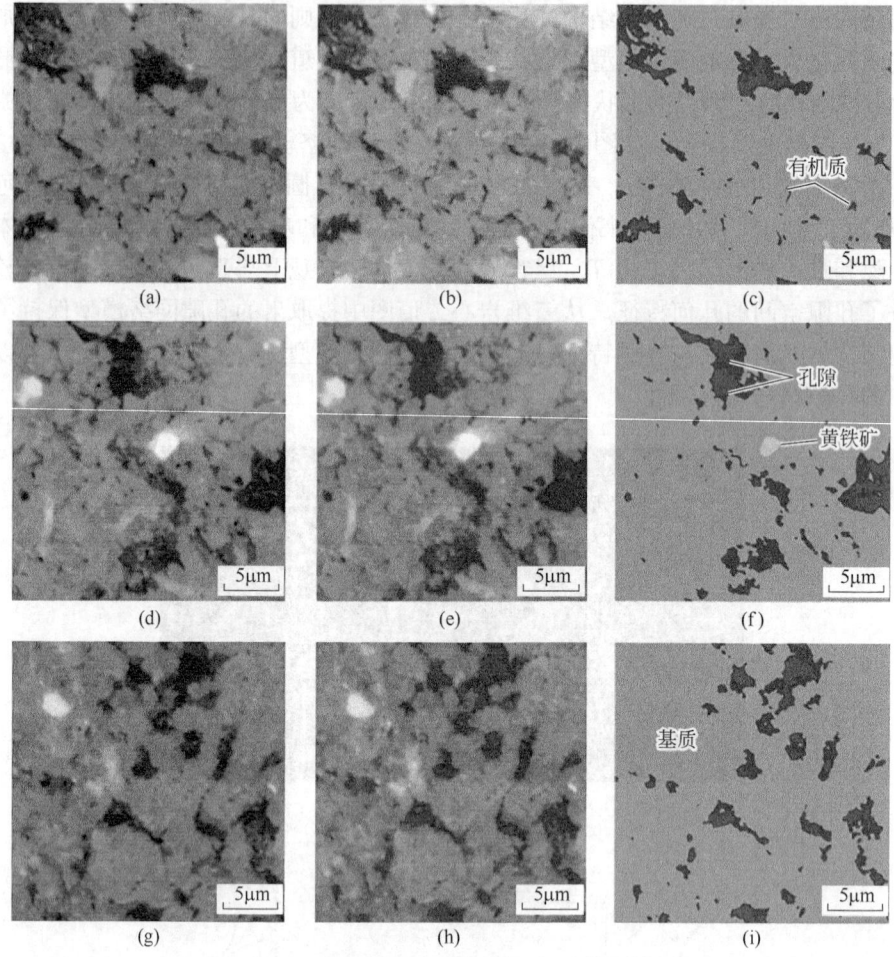

图 3-37 页岩内矿物、有机质和孔隙的二维分布

构得到的 4 个砂砾岩样品的三维数字岩心，图中蓝色区域为孔隙空间，红色区域为岩石骨架。从图 3-39 中可清晰看出岩石孔隙空间和岩石骨架之间的接触边界。

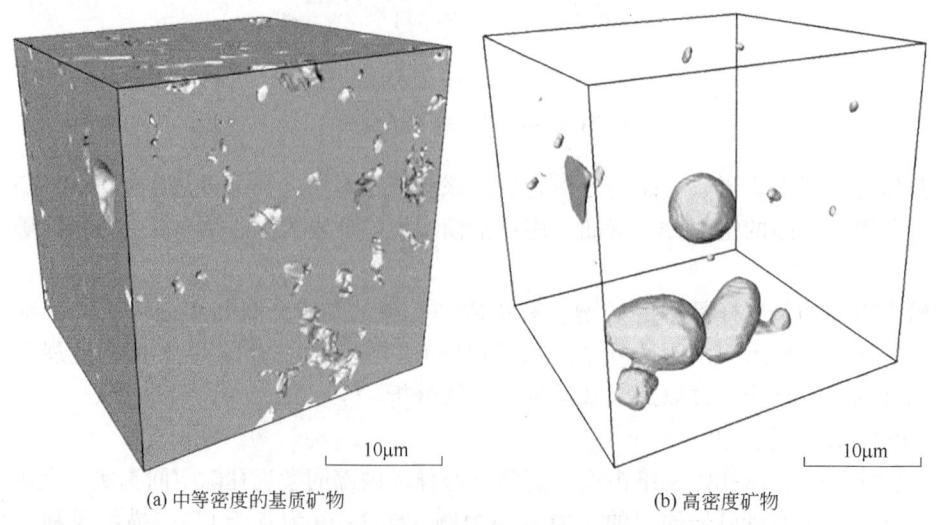

图 3-38 页岩内组分物质的三维分布

第三章 NMR 与 X-CT 岩心实验　175

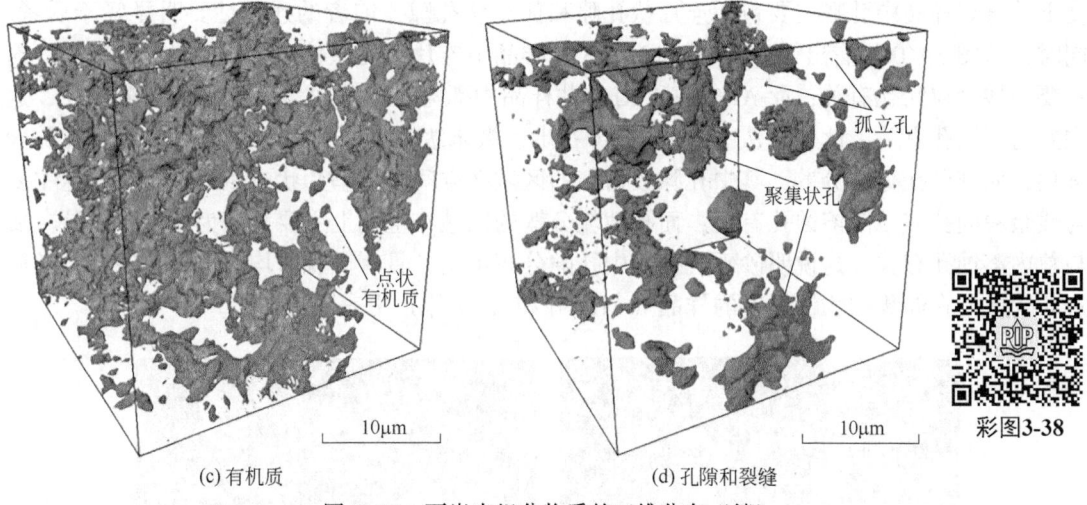

(c) 有机质　　　　　　　　　　　　　(d) 孔隙和裂缝

图 3-38　页岩内组分物质的三维分布（续）

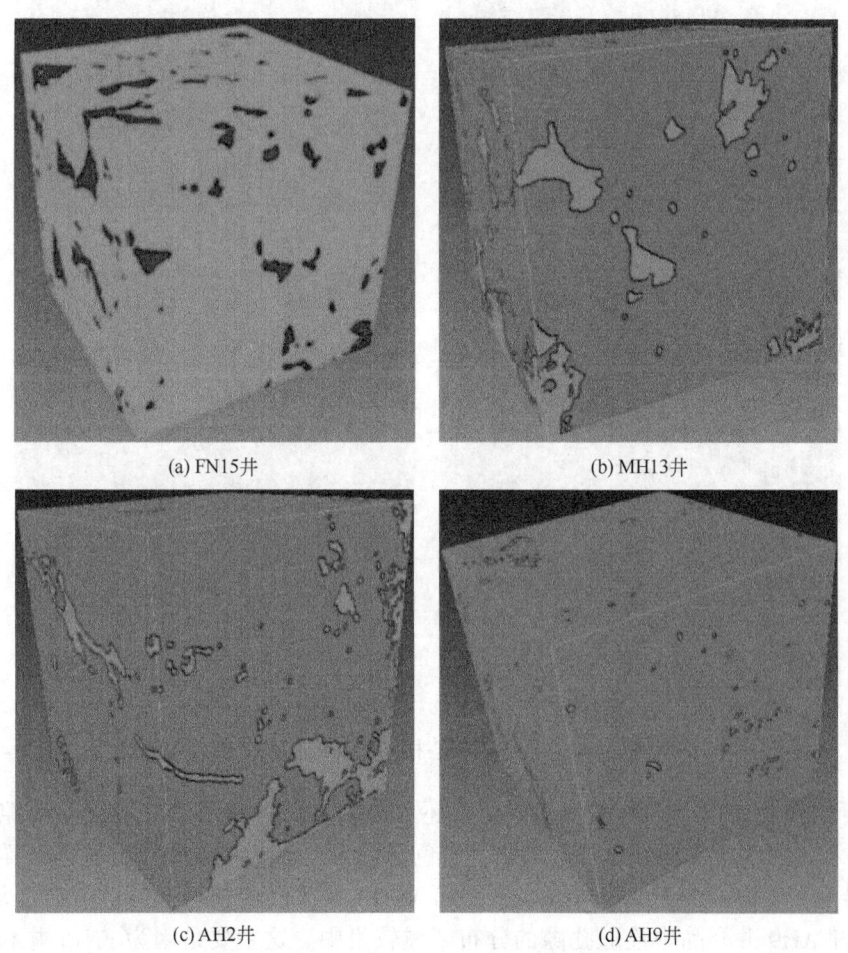

(a) FN15井　　　　　　　　　　　　(b) MH13井

(c) AH2井　　　　　　　　　　　　(d) AH9井

图 3-39　砂砾岩样品的三维重构图

在重构的砂砾岩样品三维数字岩心的基础上，提取出砂砾岩岩心样品的三维孔隙模型，其结果如图 3-40 所示，图中透明部分为岩石骨架，蓝色部分为孔隙。可以看出，微米级尺度下砂砾岩样品中孔喉主要包括连片状孔隙和孤立状孔隙，前者的连通性要明显好于后者。同时，从图 3-40 可看出，FN15 井和 MH13 井样品中连片状孔隙较多而孤立状孔隙较少，这主要与残余粒间孔有关；而 AH2 井和 AH9 井样品中孤立状孔隙较多而连片状孔隙较少，这主要与溶蚀孔有关。此外，从图 3-40 还可看出，微米级尺度下，砂砾岩样品中部分孔隙较富集，而部分孔隙较分散，其中孔隙较富集的区域在空间上多呈片状或条带状分布，这主要与残余粒间孔或粒间溶蚀孔有关；而孔隙较分散的区域在空间上主要表现为孤立状，这主要与粒内溶蚀孔有关。这说明砂砾岩样品中孔隙分布不均，具有微观非均质性，其中孔隙的微观非均质性在储集层物性较差的样品（AH2 井和 AH9 井）中表现更明显。

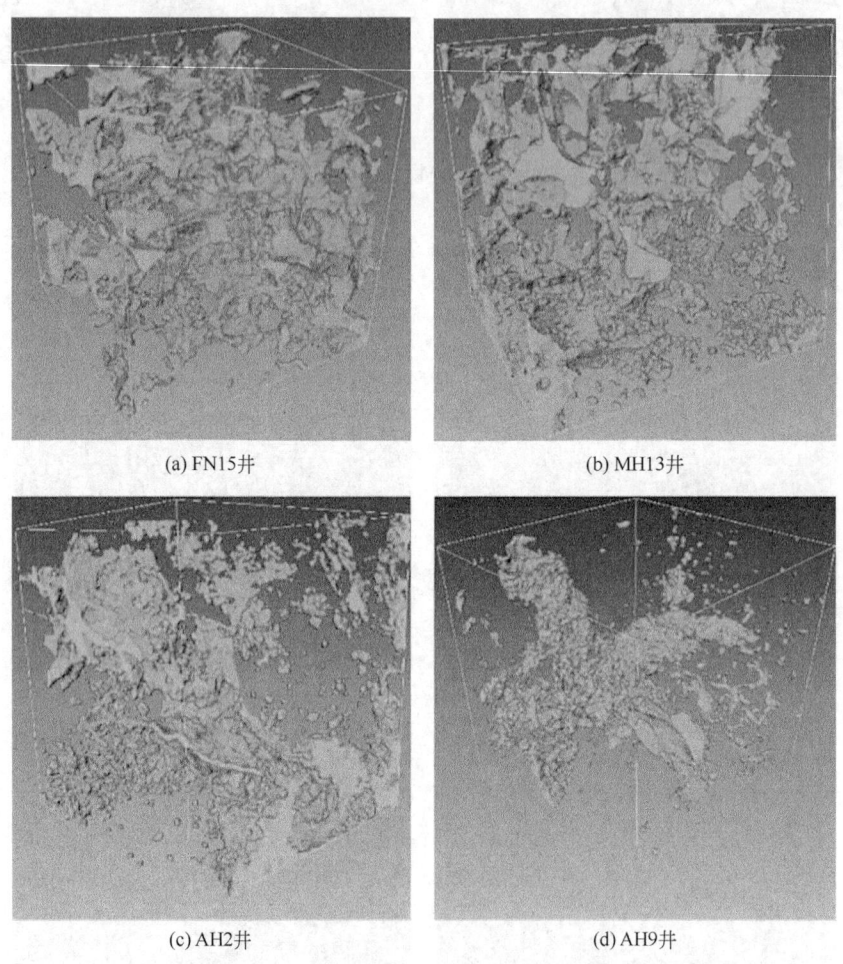

(a) FN15井　　　　　　　　　　(b) MH13井
(c) AH2井　　　　　　　　　　(d) AH9井

图 3-40　砂砾岩岩心样品的三维孔隙模型

在砂砾岩样品的三维孔隙模型基础上，还可提取出砾岩样品的三维连通孔隙模型，如图 3-41 所示，图中透明部分为岩石骨架，蓝色部分为孔隙。可以看出，砂砾岩样品中的连通孔隙主要呈片状或条带状，其中 FN15 井和 MH13 井样品中连通孔隙的分布区域较分散，而 AH2 井和 AH9 井样品中连通孔隙的分布区域较集中。这主要是因为 FN15 井和 MH13 井的样品中残余粒间孔较多，孔隙间连通性较好。相比之下，虽然 AH2 井和 AH9 井的样品中粒内溶孔和粒间溶孔较多，但只有粒内溶孔集中发育时才具有一定连通性。由此可见，较好的孔隙连通性和均质性是较好渗透性的基础。

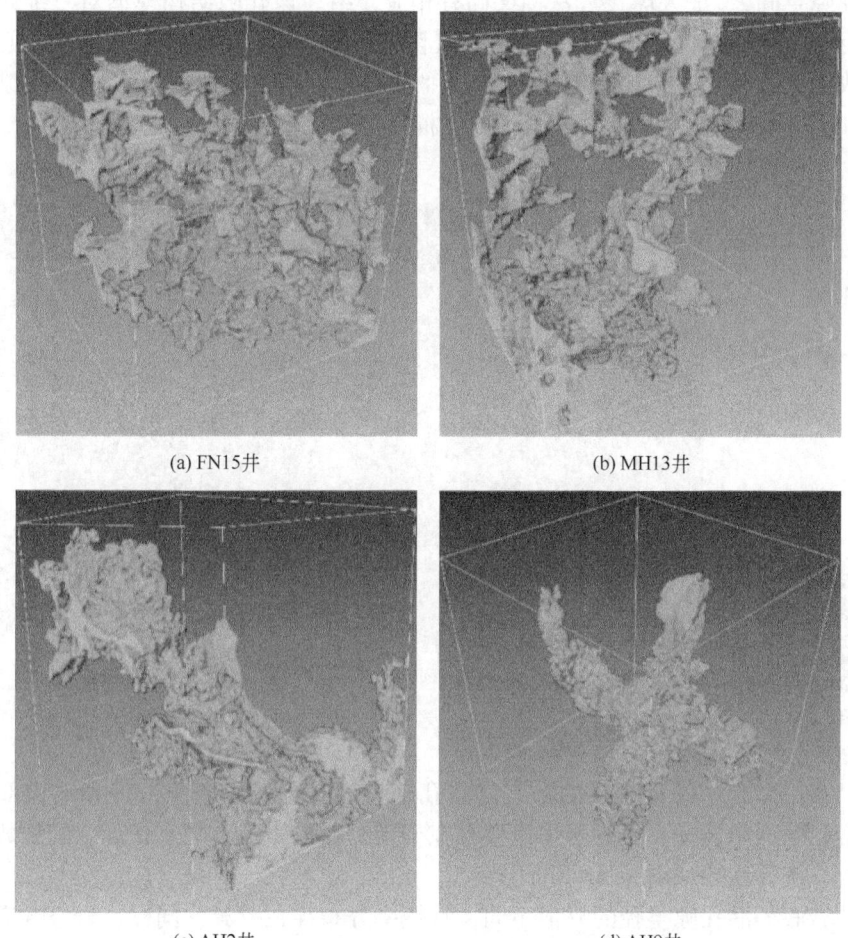

图 3-41 砂砾岩岩心样品的三维连通孔隙模型

基于数字岩心提取的三维孔隙网络模型可定量计算孔喉的尺寸、组合关系、连通程度等信息。以某研究中对来自东海盆地的 4 块岩心为例，如图 3-42 所示，对岩心样品进行孔隙空间可视化分析，可将孔隙空间分为连通孔隙空间和非连通孔隙空间。

对二值化分割后的三维数字岩心图像采用"最大球"算法提取规则化的孔隙和喉道模

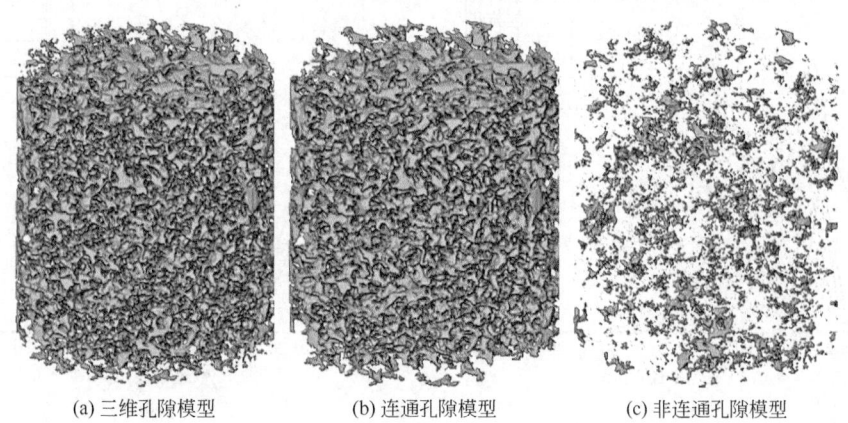

图 3-42 孔隙空间三维可视化分析

型来表征孔隙空间,"最大球"算法前文已有相应介绍。该孔隙结构模型对三维数字岩心孔隙空间进行了简化,但保留了原岩心图像的孔隙空间展布特征。最终三维数字岩心孔隙空间可以简化成以"孔隙"和"喉道"为单元的"球棍"模型。该研究中岩样 D 孔隙网络模型提取结果如图 3-43 所示,其中球代表孔隙,棍代表喉道。

(a) 孔隙网络填充示意图 (b) 孔隙网络模型示意图

图 3-43 岩样 D 孔隙网络模型提取结果

经过"最大球"算法处理后的数字岩心孔隙空间被分成了空隙部分和喉道部分。对于提取的三维孔隙网络模型,可对网络模型孔隙半径、喉道半径、喉道长度、配位数等信息进行统计分析,统计结果如图 3-44 所示。

不同的岩心样品孔隙半径的峰值不同,且概率分布存在差异;同样,岩心喉道半径分布也存在差异。喉道半径主要分布区间为 3~15μm,峰值约为 5μm,较其他 3 块样品,岩样 C 喉道半径偏小;喉道长度分布范围较广[图 3-44(c)],岩样 C 喉道长度主要分布区间为 15~45μm,峰值约为 20μm,其余 3 块岩样喉道长度主要分布区间为 15~45μm,峰值在 22~25μm 之间。不同岩样配位数差异较大[图 3-44(d)],岩样 C 配位数主要为 0 和 1,说明孔隙连通性差,主要以孤立孔隙和单连通孔隙为主;岩样 D 配位数分布最广,分布区间主要

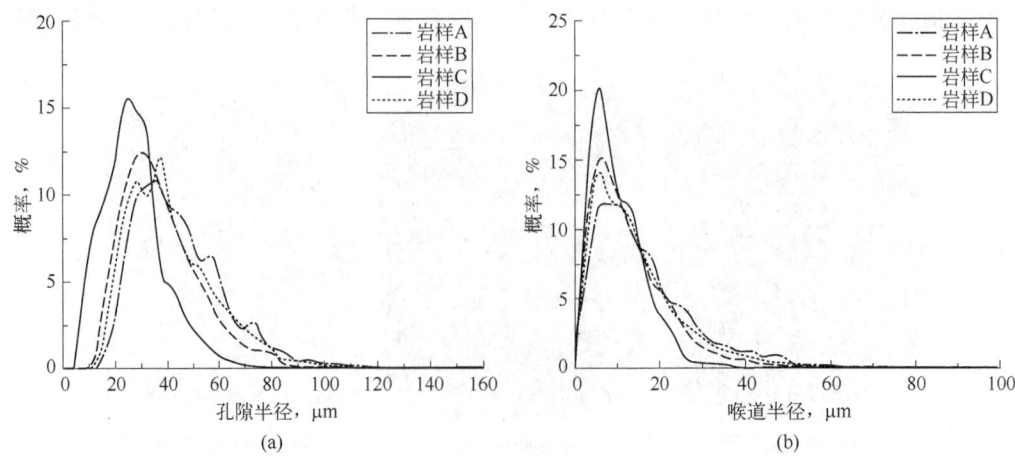

图 3-44 孔喉结构参数分布

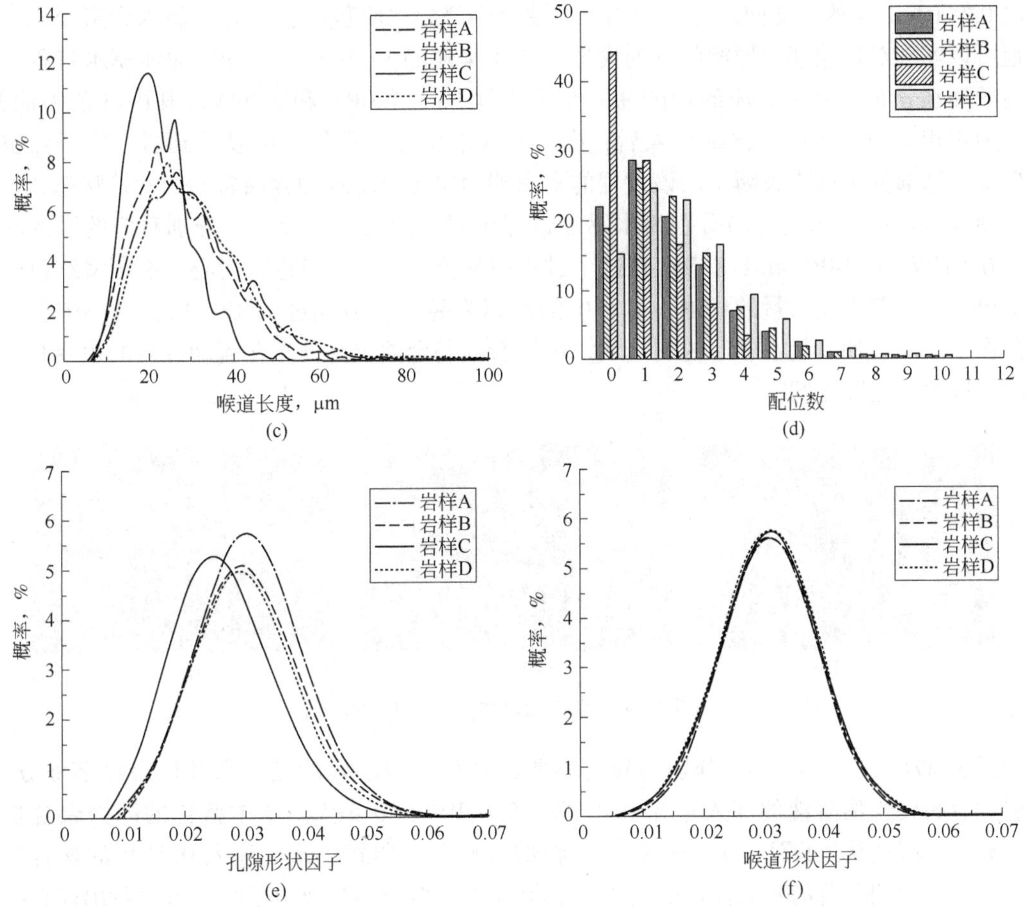

图 3-44　孔喉结构参数分布（续）

为 0~4，孔隙连通性最好。4 块岩样的孔隙形状因子和喉道形状因子主要分布范围均在（0, 0.0481］之间［图 3-44(e)、图 3-44(f)］，因此孔隙和喉道截面形状主要以三角形为主。与其他 3 块岩样相比，岩样 C 孔隙形状因子偏小，说明岩样 C 孔隙形状较扁平。4 块岩样喉道形状因子分布较为一致。

三维数字岩心模型除了可以更准确精细地表征孔隙空间结构特征之外，还可以分析流体在孔隙喉道中的流动与分布。图 3-45~图 3-48 分别为某研究中利用数字岩心模拟聚合物驱油不同驱替阶段的岩心内部油水分布。

(a) 0.01PV　　(b) 1.0PV　　(c) 2.0PV

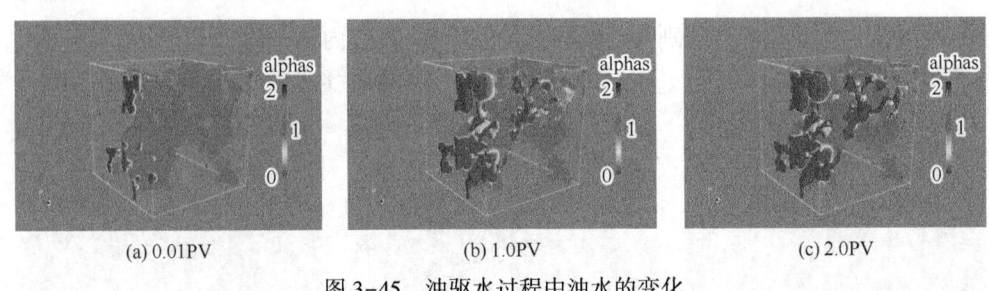

图 3-45　油驱水过程中油水的变化

首先模拟岩心的成藏过程，在此过程中，岩心的初始状态为水饱和状态，在左端入口边界以 0.0003mL/s 的速度向岩心注油 2PV，油会将部分水驱替出去，剩下的水为束缚水。该过程可以实现对地层油藏原始状态的模拟。图 3-45(a)、(b)、(c) 分别为油驱水过程中岩心内的油水分布，分别对应的油的注入量为 0.01PV、1.0PV 和 2.0PV。其中红色为油相，蓝色为水相。经过 2.0PV 的油注入后，出口的含水率已经很低。可以看到岩心中仍然留有不少水，这部分水即为束缚水。该过程的末态即为包含束缚水的含油岩心的初始状态。

图 3-46(a)、(b)、(c) 分别为水驱油过程中岩心内的油水分布，分别对应的水的注入量为 0.01PV、0.18PV 和 1.8PV。在这个过程中绿色的水从入口进入岩心，逐渐将红色的油驱替出来。随着水注入量的增加，岩心中的油越来越少。但经过 1.8PV 后，岩心中仍然有油存在，这部分油就是水驱后的剩余油。可以看到剩余油主要分布在流动性差的边界孔中以及两端连通的孔隙之间。

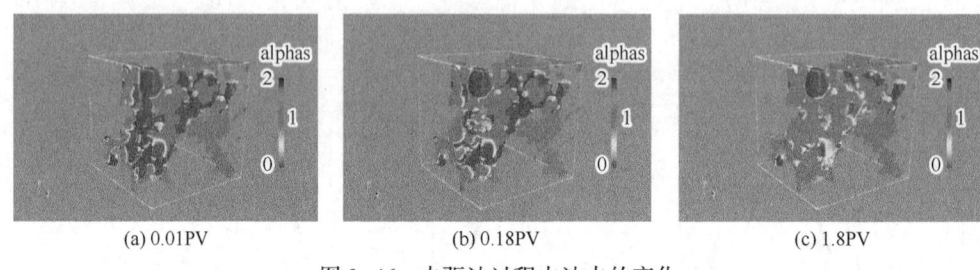

图 3-46　水驱油过程中油水的变化

图 3-47(a)、(b)、(c) 分别为聚合物驱油过程中岩心内的油、水及聚合物溶液分布，分别对应的聚合物溶液的注入量为 0.01PV、0.05PV 和 0.5PV。图中蓝色的即为聚合物溶液。聚合物溶液从入口注入岩心孔隙中，将部分剩余油驱替出来。注入 0.5PV 的聚合物溶液后，可以看到角落的剩余油被驱替出来。另外由于聚合物溶液溶于水，可以看出聚合物与水之间没有明确的边界，聚合物溶液逐渐扩散到水中。

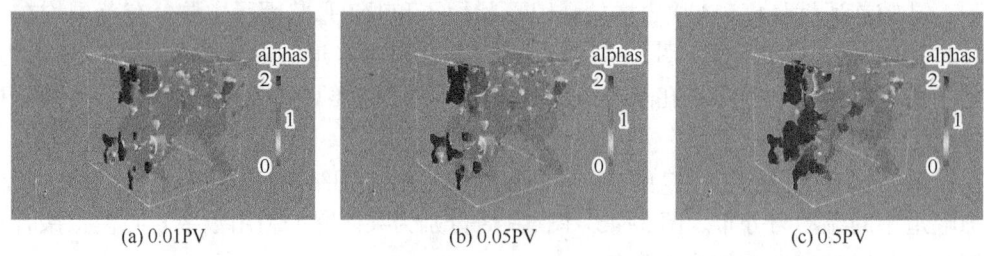

图 3-47　聚合物驱油过程中油、水及聚合物溶液的变化

图 3-48(a)、(b)、(c) 分别为后续水驱油过程中岩心内的油水及聚合物溶液分布，分别对应的水的注入量为 0.01PV、0.1PV 和 1.3PV。随着后续水的注入，聚合物溶液逐渐推

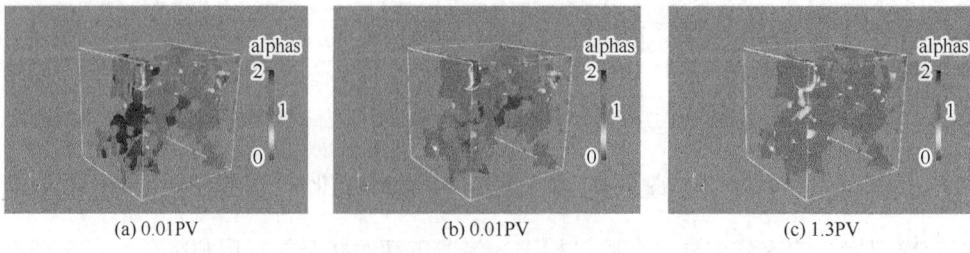

图 3-48　后续水驱油过程中油、水及聚合物溶液的变化

进到出口，将波及的剩余油慢慢驱替出来。但是由于扩散效应，浓度逐渐减小，图中展现为蓝色逐渐减弱为绿色（蓝色越深，聚合物浓度越大）。经过 1.3PV 的后续水注入后，聚合物基本上已经完全被驱替出岩心，在这个过程中，岩心中的剩余油减少。

第四节　X-CT 岩心实验案例

一、开发模拟实验

CT 扫描成像方法可以在高精度下直接获取真实岩心孔隙空间中的流体分布图像和高分辨率的真实岩心孔隙空间中多相流体分布图像。将室内的开发模拟实验与 CT 扫描成像实验相结合，对驱替过程进行可视化研究，可以在保持岩石形态和空间结构完整性的前提下，观测到驱替过程岩心的内部孔隙结构，并对不同开发阶段岩心孔隙中的流体分布进行定量表征，为研究储层的油水运动规律、剩余油分布等提供依据。

1. 稠油剩余油分布特征

下面以对某稠油油藏的岩心样品进行的驱替实验为例进行说明，实验步骤如下：

（1）将岩心洗油烘干并记录岩心的直径，长度。

（2）将岩心置于夹持器中，围压为 2MPa，稳定 2h 后，设置 CT 扫描参数，进行第一次 CT 扫描。

（3）将岩心抽真空 4h，饱和水 2h 以上，至夹持器出口见水后并持续出水，按照干岩心扫描参数进行第二次 CT 扫描。

（4）采用 0.01mL/min 的速度饱和油，逐步将流量调至 0.20mL/min，围压为 2MPa，直至不出水为止。此时岩心处于束缚水状态，按照干岩心扫描参数进行第三次 CT 扫描。

（4）第一次水驱，采用恒速 0.01mL/min 的速度水驱，水驱 1~2PV，按照干岩心扫描参数进行第四次原位 CT 扫描。

（6）第二次水驱，采用 0.02mL/min 的速度水驱，水驱 10PV 以上，按照干岩心扫描参数进行第五次 CT 原位扫描。

（7）第三次水驱：采用恒速 0.2mL/min 的速度水驱，水驱 10PV 以上，按照干岩心扫描参数进行第六次 CT 扫描。

实验获得的干岩样、饱和水状态、饱和油状态、一次水驱状态、二次水驱状态和三次水驱状态下的 CT 扫描灰度图像如图 3-49 所示，(a) 中黑色为孔隙相，其他灰色为颗粒相；(b)~(f) 中，孔隙相中的黑色部分为油相，孔隙相中的亮色部分为水相。

以干岩样 CT 扫描图像分割得到的孔隙相为基准，对饱和水状态、饱和油状态、一次水驱状态、二次水驱状态和三次水驱状态下的 CT 扫描灰度图像进行图像分割，由于在配置盐水中加入了一定浓度的 KI 溶液，因此可利用不同相的灰度值划分出油相、水相与颗粒相，进而获得不同驱替状态下的油水分布图像，如图 3-50 所示。在此基础上，可对不同驱替状态下的含水饱和度进行分析。

由图 3-50 可以看出，在一次水驱过程中，由于水相驱替速度较低，油相空间仍然占据较大相互连通。在二次水驱过程中，由于水相驱替速度提高，孔隙中的油被进一步驱替出来，水相占据较大空间。在三次水驱过程中，由于水相驱替速度进一步提高，孔隙中的油被进一步驱替出来,水相占据空间进一步增大。

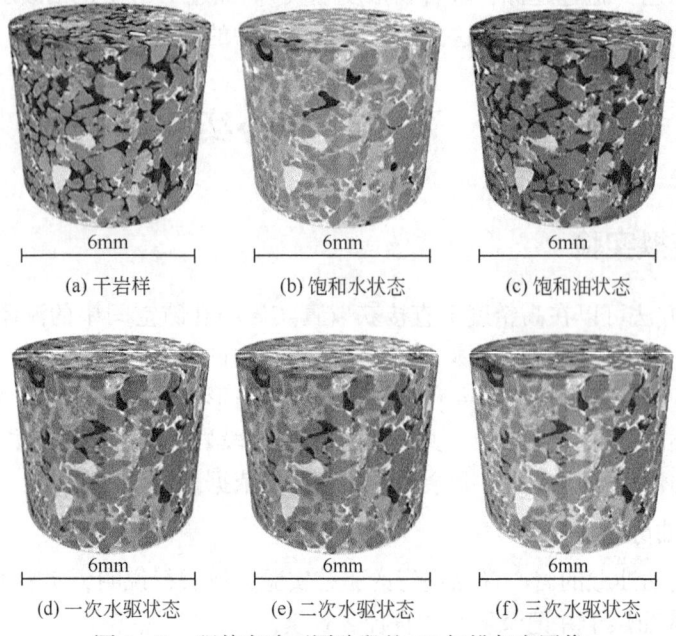

图 3-49　驱替实验不同阶段的 CT 扫描灰度图像

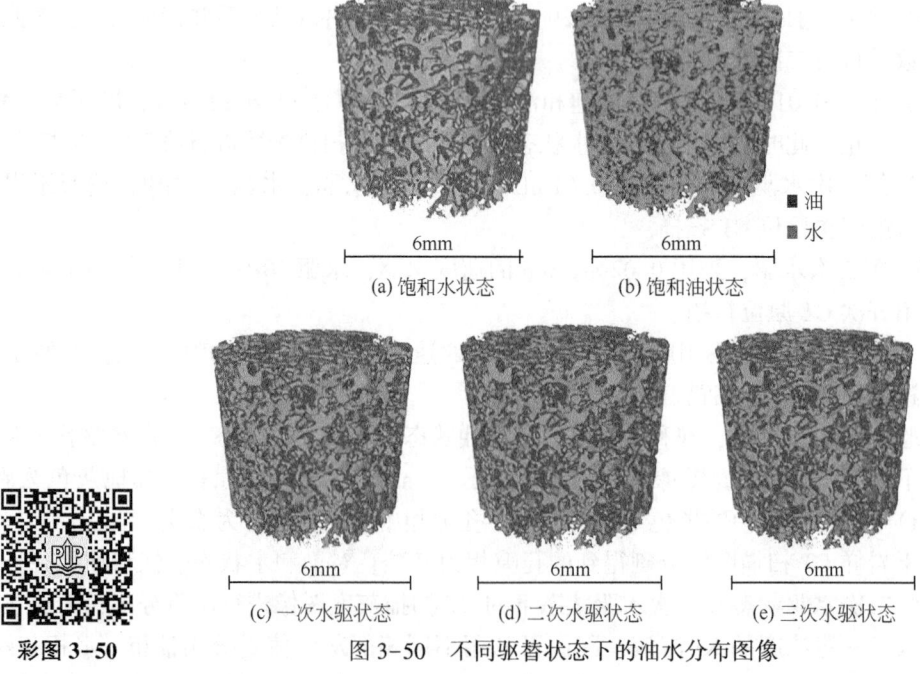

图 3-50　不同驱替状态下的油水分布图像

基于不同驱替状态下的油水分布图像可提取出相应的剩余油分布图像,如图 3-51 所示,进而进行各状态下剩余油滴半径分布的分析。不同驱替状态下的剩余油分析结果如图 3-52 所示,可以看出,等效油滴半径大于 $100\mu m$ 的油滴在剩余油中占比最大,体积越大的油滴越不易被整体驱替,这与这些较大油滴所赋存或被控制的流动喉道较小有关。

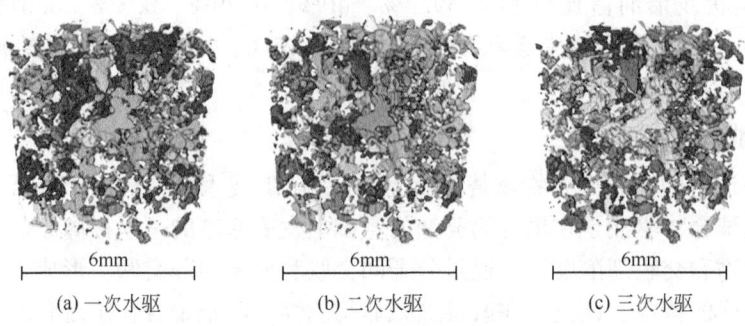

图 3-51　不同驱替状态下的剩余油分布图像　　彩图 3-51

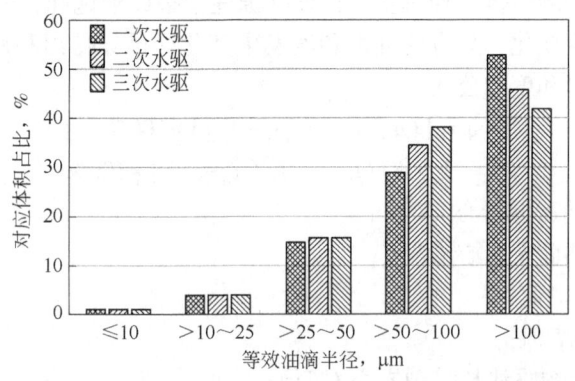

图 3-52　不同驱替状态下的剩余油分析

在水驱油开采过程中,水相不断地打散油相,从而将连续的油相转为非连续相,孔隙空间结构的非均质性对残余油的分布影响很大。根据接触比、形状因子和比欧拉示性数,可以将残余油分为 5 种类型:膜状残余油、滴状残余油、多孔状残余油、柱状残余油和簇状残余油,其中膜状残余油、滴状残余油、多孔状残余油、柱状残余油均为非连续相,簇状残余油为连续相。通过图像处理可以获取水驱最终状态下的残余油分布状态,进而计算相应的残余油类别及比例,如图 3-53 所示。其中,簇状残余油、多孔状残余油、滴状残

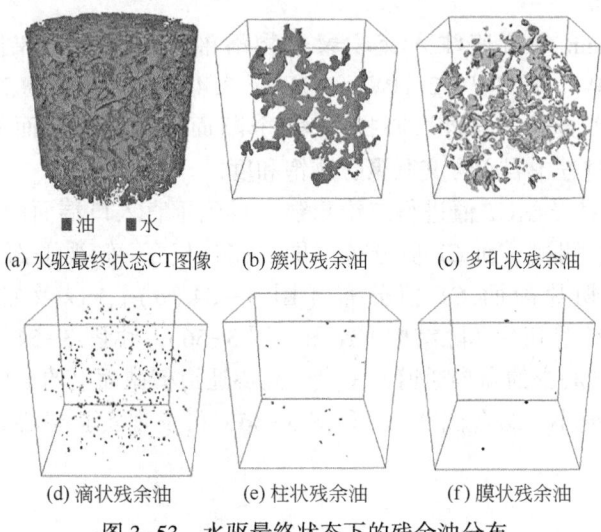

图 3-53　水驱最终状态下的残余油分布

余油、柱状残余油、膜状残余油占比分别为 59.4%、40%、0.29%、0.3%、0.01%，由于簇状残余油为连续相，因此剩余油中簇状残余油的占比较大，小的独立分散的油滴占比相对较少。

2. 交联聚合物驱油机理

下面以对砂岩岩心进行的交联聚合物驱替实验为例说明 CT 技术如何应用于分析交联聚合物的驱油机理。交联聚合物驱油是在聚合物驱油的基础上发展起来的一项提高原油采收率技术，是在较低的聚合物和交联剂浓度下，通过分子间交联和分子内部交联，形成弱交联体系，具有强度小、缓交联的特点。该技术在改善油藏非均质性、防止聚合物窜流和改善聚合物驱油开发效果方面有很好的效果。

假设岩心的骨架为刚性体，抽真空后，使孔隙完全被原油饱和；驱油过程中，孔隙结构与骨架颗粒形状不发生变化，只有含油饱和度发生变化。推导得出利用 CT 技术计算孔隙度和岩心含交联聚合物饱和度的公式：

$$\phi = [(\mu_w - \mu_d)/(\mu_o - \mu_a)] \times 100\% \tag{3-65}$$

$$S_c = [(1/\phi)(\mu_w - \mu_f)/(\mu_o - \mu_c)] \times 100\% \tag{3-66}$$

式中　μ_w——饱和原油后湿岩心 CT 值；

　　　μ_d——饱和原油前干岩心 CT 值；

　　　μ_o——原油的 CT 值；

　　　μ_a——空气的 CT 值；

　　　μ_f——交联聚合物驱油某时刻岩心 CT 值；

　　　μ_c——交联聚合物的 CT 值；

　　　S_c——岩心含交联聚合物饱和度，%；

实验步骤如下：

（1）将天然岩心洗油、烘干，测量岩心的孔隙度、渗透率及相关物理参数。

（2）将干岩心安装在岩心夹持器上，将夹持器固定在 CT 扫描装置中，将岩心扫描 28 个断面，得到各断面 CT 值分布，根据式（3-64）计算干岩心的孔隙度。

（3）将岩心抽真空、饱和地层原油（油中加入体积分数为 20%的溴代癸烷），进行 CT 扫描，得到 CT 值分布。

（4）以 0.3mL/min 的流速注入交联聚合物溶液，在注入孔隙体积倍数为 0.3PV、0.6PV、0.9PV、1.2PV、1.5PV、2.1PV、2.7PV、3.4PV、3.9PV 和 7.0PV 时，分别进行 CT 扫描，同时记录实验压力，将岩心扫描 42 个断面，得到各断面的 CT 值分布，根据式（3-65）计算注入过程中岩心含交联聚合物饱和度。

使用计算机软件对岩心 CT 值进行二维重建，得到垂直入口端面的岩心俯视平面 CT 值分布 [图 3-54(a)]、侧视平面 CT 值分布 [图 3-54(b)]、俯视平面 CT 值增加频率分布 [图 3-54(c)]、各切片断面 CT 值分布 [图 3-54(d)]，以及岩心三维 CT 值分布（图 3-55）、岩心第 21 号切片孔隙结构重建图（图 3-56）。由图 3-54 可见，岩心内存在一条高 CT 值通道，即岩心中的高渗通道，垂直于高渗通道横截面上的 CT 值向两边逐渐减小，表明渗透率在不断地变小，结合图 3-55 和图 3-56，可发现实验岩心具有较强的微观非均质性。

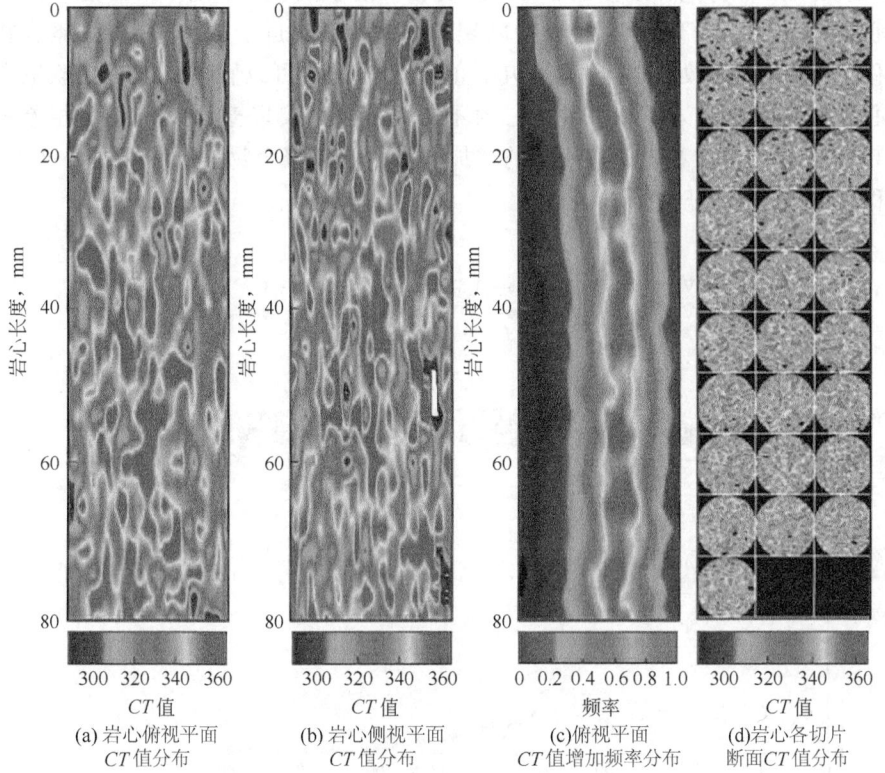

图 3-54 岩心 CT 值分布

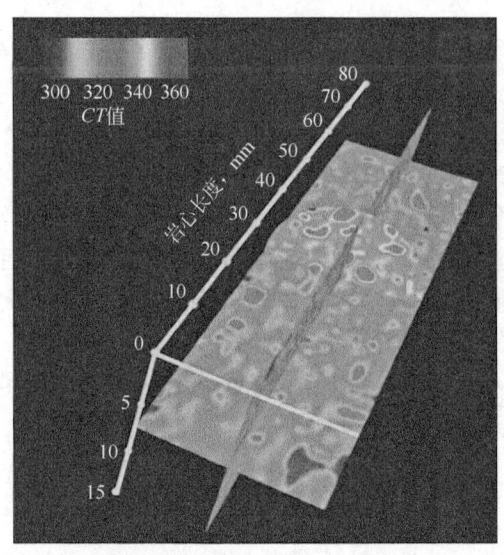

图 3-55 岩心三维 CT 值分布

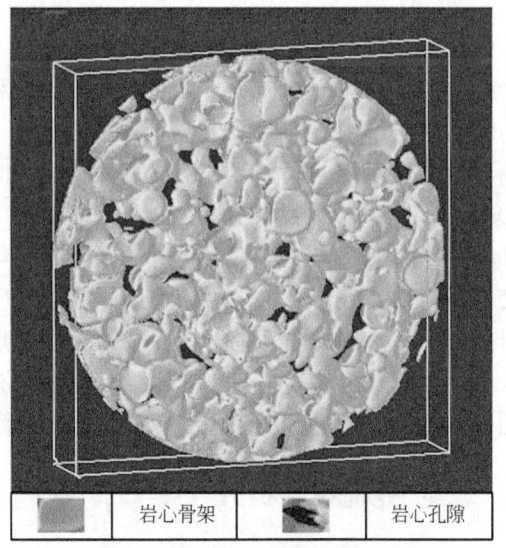

图 3-56 岩心第 21 号切片孔隙结构重建图

以 0.3mL/min 的流速注入交联聚合物溶液，在驱替的过程中，分别在不同的注入孔隙体积倍数（0.3PV、0.6PV、0.9PV、1.2PV、1.5PV、2.1PV、2.7PV、3.4PV、3.9PV、7.0PV）时刻下，对岩心进行 CT 扫描，共扫描 42 个岩心断面，利用式(3-65)计算岩心内不同位置含交联聚合物饱和度（图 3-57）。由图 3-57 可见，注入 0.3PV 时，距岩心入口端

38mm 部位之后的含交联聚合物饱和度接近于 0，说明驱替前缘运移至岩心 38mm 处。注入 0.6PV 时，距岩心入口端 80mm 部位之后的含交联聚合物饱和度趋近于 0，表明交联聚合物溶液驱替前缘运移至岩心 80mm 处。从注入 0.9PV 的饱和度曲线可以看出，此时交联聚合物溶液已突破岩心出口端，至注入 7.0PV，岩心内不同位置处含交联聚合物饱和度相差不大，相对于注入 0.9PV 时刻，饱和度值有一定的增加，说明交联聚合物没有堵塞岩心孔道，只是发生了一定程度的吸附滞留现象。

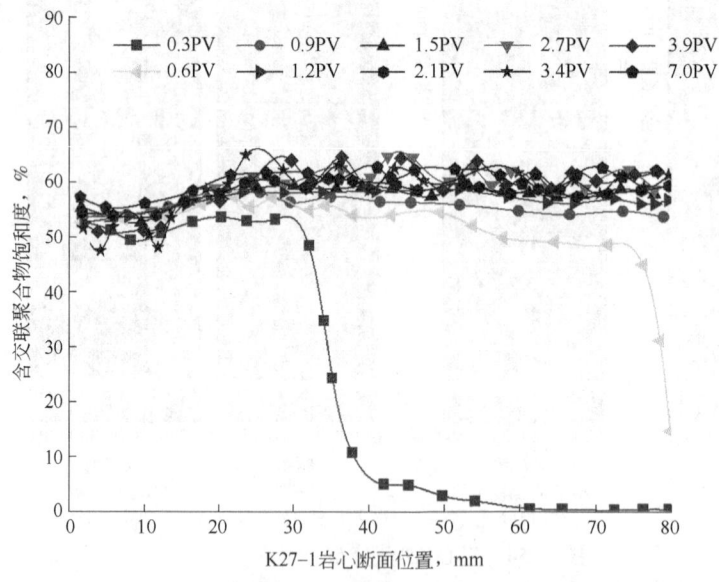

图 3-57　不同驱替时刻岩心不同位置含交联聚合物饱和度分布

使用计算机软件对不同驱替时刻的岩心各断面进行重建（图 3-58），将岩心扫描为 42 个断面，可见在饱和油阶段，原油均匀地饱和于岩心内；驱油 10min 后，交联聚合物的驱替前缘运移至第 16 个断面，即岩心 32mm 处，可以看到第 16 个断面处的流体形态与第 17 个断面处相比，相差很大，说明交联聚合物的驱替前缘是以近活塞的方式往前驱替的；驱油 20min 后，交联聚合物的驱替前缘运移至第 39 个断面，即距岩心入口端 81mm 处，与驱油 10min 时刻的情况相似，第 39 个断面的流体形态与第 40 个断面差别很大；驱油 30min 后，交联聚合物突破岩心，之后一直到驱替 7.0PV 的时刻，岩心内交联聚合物的分布相差不大，只是在一些个别的断面上，存在吸附滞留的现象，导致 CT 值略微变小。

利用计算机软件重建岩心原始含油饱和度和残余油饱和度的三维立体图（图 3-59、图 3-60），可以更直观地观察交联聚合物的微观驱油效率。

二、渗流规律研究

结合 CT 扫描可以得到岩心内部流体饱和度的沿程分布信息，对驱替过程进行可视化研究，而基于真实岩心的微观孔隙结构建立的数字岩心模拟岩心内部的流体流动，构建三维数字岩心模型，实现了任意位置多种参数的精确计量，可以真实、直观地再现流动的过程、形态与规律。三维数字岩心流动模拟技术还可以在不破坏原岩心的情况下实现多次可重复模拟流动。

第三章 NMR 与 X-CT 岩心实验 187

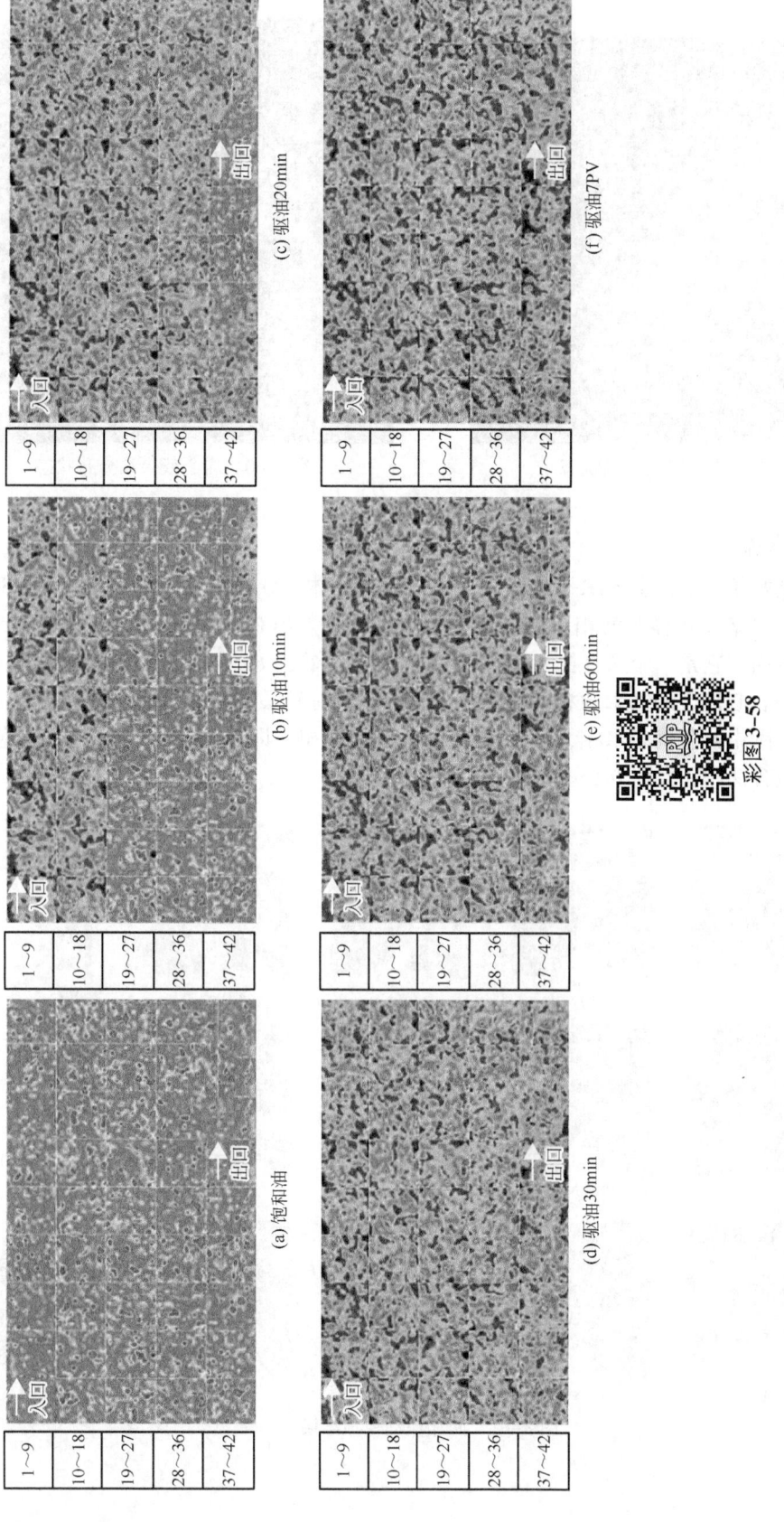

图 3-58 交联聚合物驱油不同时刻岩心各断面重建

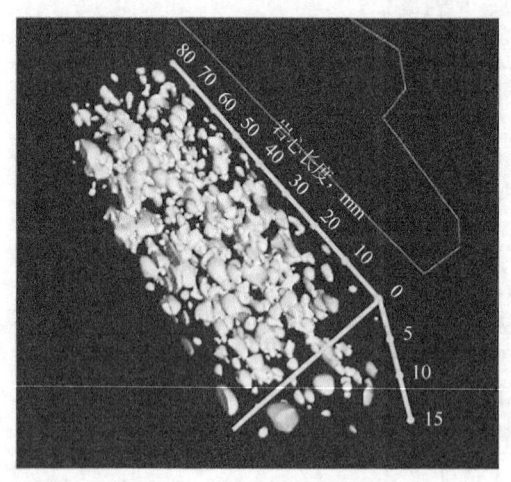
图 3-59 岩心原始含油状态

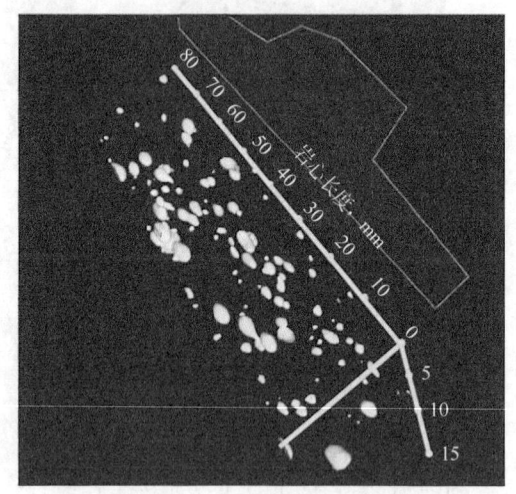
图 3-60 岩心残余油分布状态

1. 两相渗流

在分离型两相流中,引入水平集函数 φ 来表示两相体积分数,其中 $0 \leq \varphi \leq 1$。在两相流动模拟时,$\varphi=0$ 表示流体为气相,$\varphi=1$ 表示流体为水相。当 $0<\varphi<1$ 时,φ 用来描述具有一定厚度的相界面,它是一个从 0 到 1 呈梯度变化的值。图 3-61 为基于低渗砂岩微米 CT 扫描构建的数字岩心进行的气水两相渗流模拟,其中驱替时间采用归一化时间处理,记 s 为输出时间步数。图中蓝色代表水相,即 $\varphi=1$,红色代表气相,即 $\varphi=0$,介于蓝色与红色之间的部分同时包含两相,此时 $0<\varphi<1$。

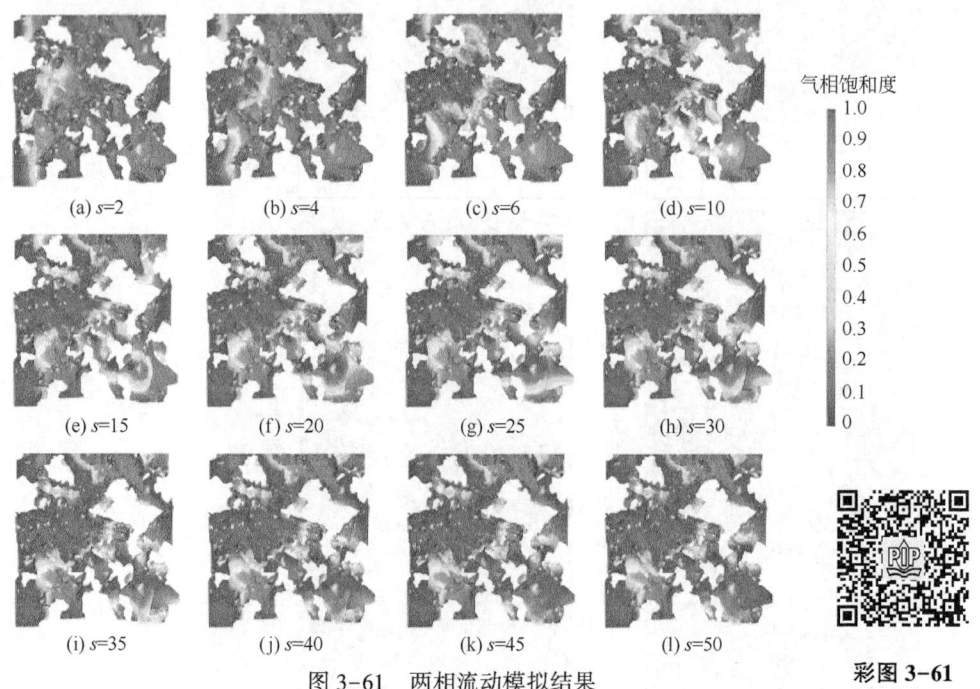

图 3-61 两相流动模拟结果

彩图 3-61

由图3-61可见：随着驱替的进行，水相所占据的孔隙空间不断增多，气相体积逐渐减少；驱替前缘形状为弧形，其凹凸性受孔隙结构的影响很大，随着驱替的进行，凸型前缘可能向凹型前缘转化（图3-62）。驱替过程中出现了黏性指进现象，水湿条件下毛管力表现为动力。水相优先从大孔隙进入，右侧见水后大孔隙中形成优势通道。而某些孔道始终无法被水相波及，这些孔道成为残余气的主要赋存空间。

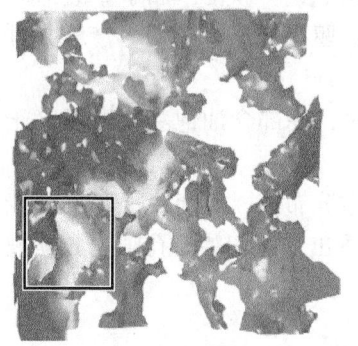 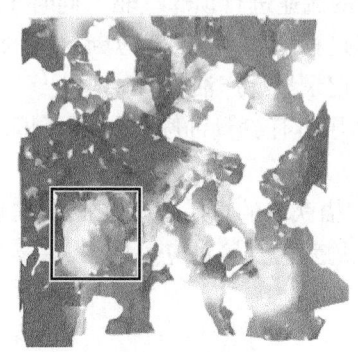 

(a) 凸型驱替前缘　　　　　(b) 凹型驱替前缘

图 3-62　驱替前缘的形状随驱替过程的变化　　　彩图 3-62

根据驱替结果中的气水两相饱和度分布图可知，残余气的分布主要集中在两种结构中。一是连通于主要渗流通道边缘的盲端孔隙，这类孔隙往往不具备完整的流通出口或在压力传导的方向上不具备流动优势，此类孔隙中的残余气如图 3-63(a) 所示；二是孔喉大小发生突变的细小孔喉处，即在毛管力的影响下，气泡在通过窄小孔道时受到附加阻力（贾敏效应），如图 3-63(b) 所示。

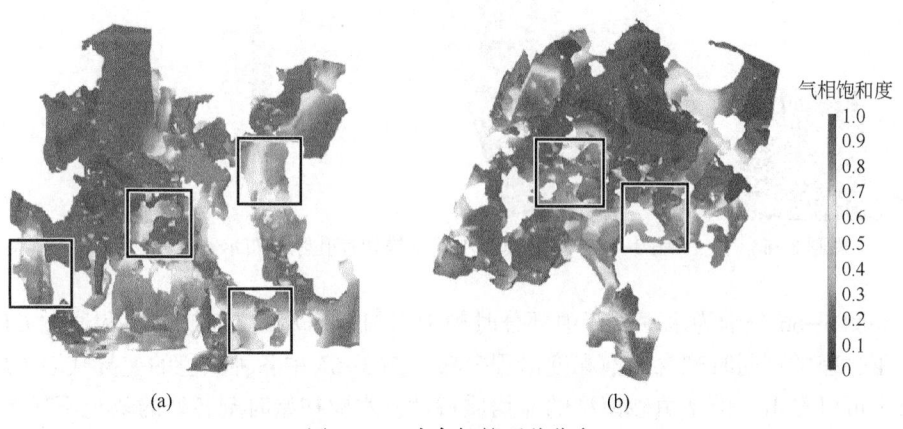 

图 3-63　残余气的两种分布　　　彩图 3-63

2. 多相渗流

下面以对填砂模型的重力稳定注气实验为例介绍多相渗流。该研究基于 CT 扫描的驱替实验结果，全过程采集进、出口压力，获得全程流体饱和度数据。实验流程如下：

（1）前期准备：配制模拟地层油和地层水并测定其黏度、制作填砂模型等。

（2）扫描岩心获取干岩心的 CT 值。

（3）用真空泵将填砂模型抽真空，用模拟油饱和填砂模型（在油、水黏度相差较大的情况下,填砂模型先饱和水、再强制驱替至束缚水状态;束缚水饱和度很低时,与直接用模拟油饱和类似)。待驱替压差稳定后,测取相关参数计算纯油相的渗透率并进行 CT 扫描。

(4) 采用 0.5mL/min 的流速从底部注入进行驱替,同时每隔 20min 进行一次 CT 轴向垂直扫描,扫描条件同上,获取水驱过程中 t 时刻的对应断层面的 CT 值,驱替至含水 98% 以上,记录产油量。

(5) 以 0.05mL/min 的流速进行顶部气驱,同时每隔 20min 进行一次 CT 轴向垂直扫描,扫描条件同上,获取气驱过程中 t 时刻的对应断层面的 CT 值;驱替至出口端不再产液并且注入压力平稳不再波动,记录累计产油量。

(6) 实验结束。卸回压时有少量油喷出,拆开填砂模型时,底部含油饱和度明显高于顶部。

图 3-64 为利用 CT 扫描获取的填砂模型中间扫描切片孔隙分布图,该切片上不同位置处的孔隙度与对应位置处的颜色直接对应。从图 3-64 中可以看出,该切片的孔隙分布无规律,呈现出较强的非均质性。

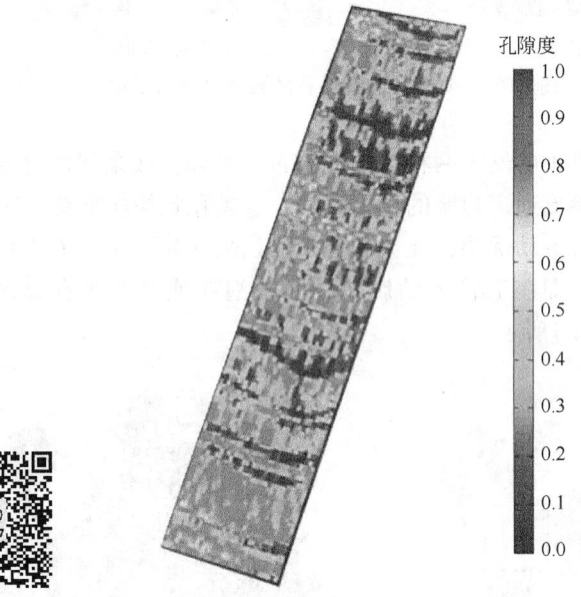

彩图 3-64　　图 3-64　填砂模型中间扫描切片孔隙分布示意图

图 3-65(a) 和图 3-66 分别为水驱过程中部分时刻中间扫描切片的 CT 扫描图和通过 CT 值计算获取的水驱过程中不同时刻含油饱和度沿程分布。图 3-65 中各种颜色的差异代表 CT 差值的差异,从中可以看出,由于填砂模型的非均质特性,水驱初始时刻各处的颜色不尽相同;当水相侵入模型底部,底部的颜色开始由绿变红;随着水相的持续注入,从下到上各处的颜色逐渐朝着 CT 差值增大的方向变化。这是由于水相的 CT 值高于油相的 CT 值,同时这也说明水相正由下往上逐步推进;驱替至 1.28PV 后,CT 扫描图像不再有大的变化,这说明此后模型纵向上的饱和度分布基本不再变化。

从图 3-66 中可以看出,水驱开始后,水相波及的区域含油饱和度迅速下降;随着水相的持续注入,水相波及前缘不断向出口端推进,其推进规律类似于 B-L 方程中的饱和度前缘推进。本模型水驱过程中饱和度前缘基本呈活塞式推进,这是模型渗透率偏大以及驱替过程中油水密度差异等因素所致。同时,在水驱结束时刻,含油饱和度的沿程分布基本维持在

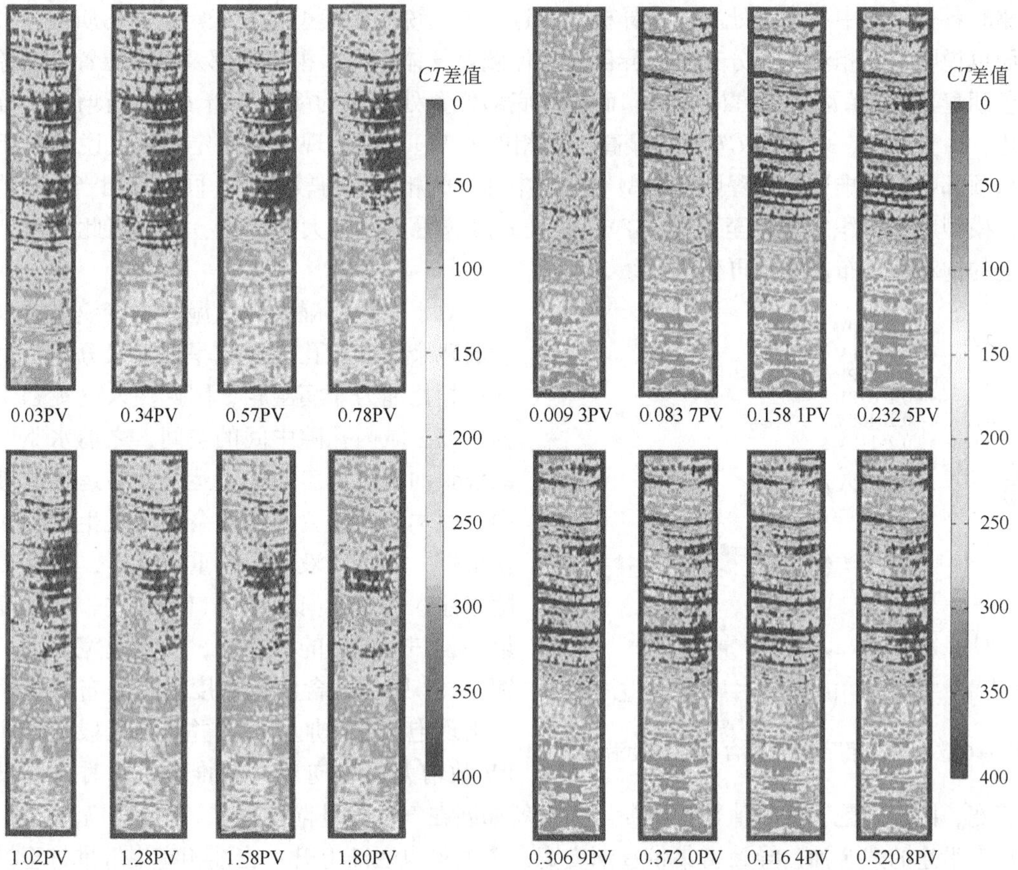

(a) 水驱过程部分时刻的CT扫描图　　(b) 气驱过程部分时刻的CT扫描图

图 3-65　部分时刻的 CT 扫描图

彩图 3-65

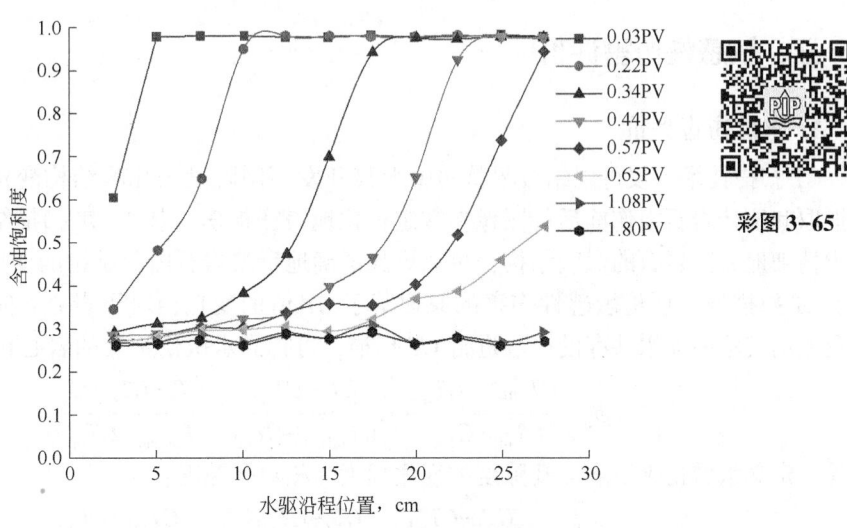

图 3-66　水驱过程不同时刻含油饱和度沿程分布

28%~30%。模型的非均质性减弱，这可能是砂粒运移所致。

气驱过程中部分时刻中间扫描切片的 CT 扫描图以及不同时刻含油饱和度沿程分布分别如图 3-65(b)、图 3-67 所示。从图 3-65(b)中可以看出，由于三相流体自身 *CT* 值的差异，气驱时各扫描图中各位置处颜色差异极大。这一方面说明了模型存在一定的非均质性,另一方面也说明了各相流体在分布上差异巨大。但随着气体注入,模型顶部及中部位置处图像的颜色朝着 CT 差值减小的方向变化,而模型底部位置处图像的颜色朝着 CT 差值增大的方向变化,由于油相、水相的 CT 值明显高于气相的 CT 值,以上现象也一定程度上说明气相从模型顶部朝底部推进的过程中,模型顶部与中部被气相驱扫得较彻底,同时有相当数量的液相在模型底部堆积。驱替至 0.2325PV 后,CT 扫描图不再有大的变化,这说明此后模型纵向上的饱和度分布基本不再变化。

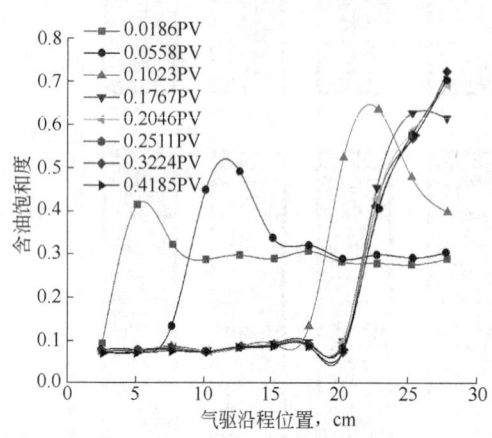

图 3-67 气驱过程不同时刻含油饱和度沿程分布

对于整体润湿性为水湿的填砂模型,水驱后的残余油多在孔隙中间呈孤滴状分布;由于气体相比油为非润湿相,因此注入气更趋于占据驱扫区域内孔隙中间的空间,之前水驱形成的残余油将被迫启动向下运移;在运移的过程中,原本不同位置处的残余油将发生聚并形成富集带;由于气液之间的重力差异,富集带将随着注入气逐渐向底部出口端推进,同时逐步聚并驱扫区域内的残余油,变得越宽越大。如图 3-67 所示,含油饱和度沿程分布曲线表现为出现饱和度增加区段,并且该区段随着注入 PV 数增大逐步向出口端推进,同时该区段逐渐变宽,区段内饱和度峰值也在不断增大,就如同在气体推进前缘存在一个油相富集带,不断富集沿途的残余油,导致富集带逐渐变宽,含油量也逐渐上升;当油相富集带推进至模型底部出口端时,油相开始在出口端附近堆积,最后在模型底部位置处呈现出越靠近出口端,其油相饱和度越高,此时气相开始大规模突破,之后含油饱和度沿程分布不再剧变。

三、敏感性伤害评价

1. 水敏伤害评价

CT 扫描技术不仅可以结合驱替实验观察开发不同阶段的孔喉结构变化情况,也可以通过提取和统计岩石损伤前后的图像参数定量化地表征损伤。基于 CT 扫描结果的数字岩心能更为精细地表征岩石的微观结构,可以更加准确地反映岩石内部结构的变化。

CT 扫描技术评价敏感性伤害的原理基于 CT 值的变化,对干岩心、完全饱和油的岩心以及流动实验中油水共存的岩心进行 CT 扫描,可得到水敏伤害后的岩心孔隙度为:

$$\phi_d = \frac{CT_{\text{oilwet}} - CT_{\text{dry}}}{CT_{\text{oil}} - CT_{\text{air}}} \cdot \frac{CT_t - CT_{\text{oil}}}{CT_{\text{oilwet}} - CT_{\text{oil}}} - \frac{CT_t - CT_{\text{oilwet}}}{CT_{\text{oilwet}} - CT_{\text{oil}}} \tag{3-67}$$

此外,定义水敏伤害后岩心孔隙度的变化程度为相对孔隙度:

$$\phi_r = \frac{\phi_d}{\phi_i} = \frac{CT_t - CT_{\text{oil}}}{CT_{\text{oilwet}} - CT_{\text{oil}}} - \frac{CT_t - CT_{\text{oilwet}}}{CT_{\text{oilwet}} - CT_{\text{oil}}} \cdot \frac{CT_{\text{oil}} - CT_{\text{air}}}{CT_{\text{oilwet}} - CT_{\text{dry}}} \tag{3-68}$$

式中 ϕ_d——岩心产生水敏伤害后的孔隙度,%;

CT_{dry}——干岩心 CT 值;

CT_{oilwet}——100%饱和油的岩心 CT 值;

CT_t——驱替实验中油水共存 t 时刻的岩心 CT 值；

CT_{air}——空气的 CT 值；

CT_{oil}——实验用油的 CT 值；

ϕ_r——岩心水敏伤害后的相对孔隙度,%；

ϕ_i——岩心原始的孔隙度,%。

基于 CT 扫描的敏感性评价（以水敏伤害评价实验）实验步骤如下：

(1) 将岩心洗油、洗盐、烘干，并测定孔隙度、渗透率等基础物性参数；

(2) 将干燥岩心放入岩心夹持器中，设定好围压并测量干燥岩心的 CT 值；

(3) 将岩心抽真空并饱和地层水，在此进行 CT 扫描测量饱和岩心的 CT 值；

(4) 采用蒸馏水进行岩心驱替实验，驱替一定孔隙体积倍数后，关闭进、出口阀门，使流体与充分与岩石发生反应，再次测定蒸馏水条件下的 CT 值；

(5) 水敏实验结束后，将岩心洗盐烘干，并测量岩孔隙度、渗透率等基础参数。

以对低渗透岩心进行的水敏伤害评价实验为例，提取水敏实验前后岩心孔隙网络模型，对比水敏实验前后二维、三维孔隙网络模型，分析水敏效应所造成的孔隙中黏土膨胀、运移对岩心整体孔隙结构和分布特征的影响。其二维、三维模型如图 3-68、图 3-69 所示。水敏效应造成的孔隙中黏土膨胀、运移对岩心整体孔隙结构和分布特征影响不大，但水敏伤害造成的孔隙变小几乎在岩心中所有孔隙、喉道均有发生。

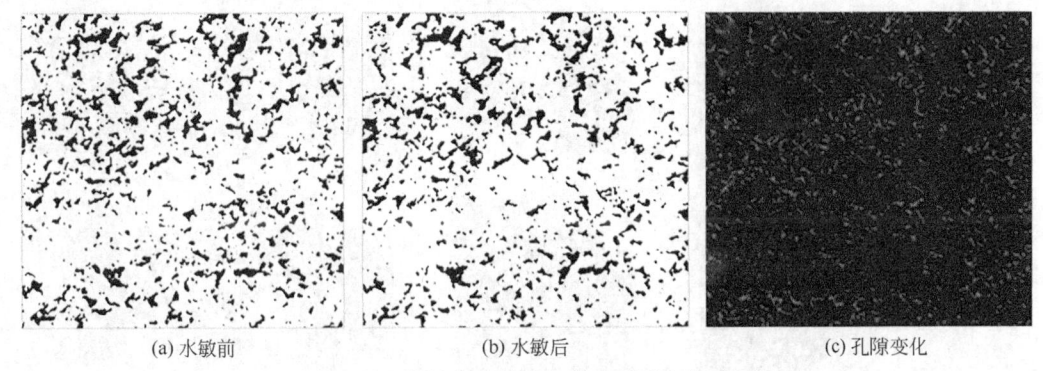

(a) 水敏前　　　　　　　　(b) 水敏后　　　　　　　　(c) 孔隙变化

图 3-68　水敏实验前后二值化后岩心切片图

2. 压敏伤害评价

应力敏感现象存在于油气田开发过程中，地下流体被采出后，地下岩石所受应力发生改变，造成岩石骨架和孔喉变形，渗透率和孔隙度随之发生变化。储层岩石微观孔隙结构随地层孔隙压力和上覆岩层压力变化而变化的性质就是应力敏感性。采用 CT 扫描可以从孔隙尺度对微观结构随应力的变化进行研究，更真实地反应岩心内部孔喉结构。

压敏伤害评价实验步骤如下：

(1) 将岩心放入岩心夹持器中，在不加围压的条件下进行 CT 扫描，得到无围压时的三维岩心图像；

(2) 设定好围压上升梯度，每一点压力持续 30min 后，进行 CT 扫描；

(3) 按照先前预设好的围压梯度缓慢减小围压，每一点压力持续 1h，然后进行 CT 扫描。

以对人造岩心进行的压敏伤害评价实验为例，图 3-70(a)、(b)分别为依据不同围压下

194　油气藏开发模拟实验（富媒体）

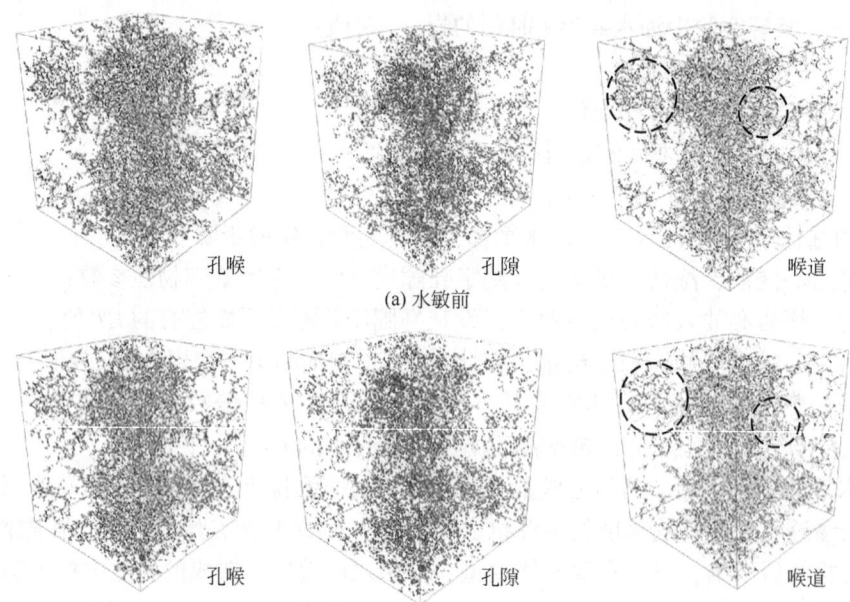

图 3-69　水敏实验前后岩心三维孔隙网络模型

彩图 3-70

图 3-70　不同围压下的数字岩心

三维岩心真实图像构建的数字岩心,围压分别设置为从 0MPa 升至 14MPa 和从 14MPa 降至 0MPa,图中红色代表岩石骨架,紫色代表岩石孔隙。从图中可以看出,随着围压增大,数字岩心中紫色所占体积减小,即孔隙体积减小,同时可以明显看到孔隙颗粒之间的相对位置发生变化,表明存在压敏效应。当围压减小时,数字岩心中紫色所占的体积增大,即孔隙体积增大。

依据孔隙网络模型可以更直观地观察孔隙体积的变化,图 3-71(a)、(b)分别为岩心围压上升和下降过程中的孔隙网络模型。从图中可以看出随着围压增大,孔喉数量减少,孔喉体积减小;随着围压降低,孔喉数量增多,孔喉体积增大。

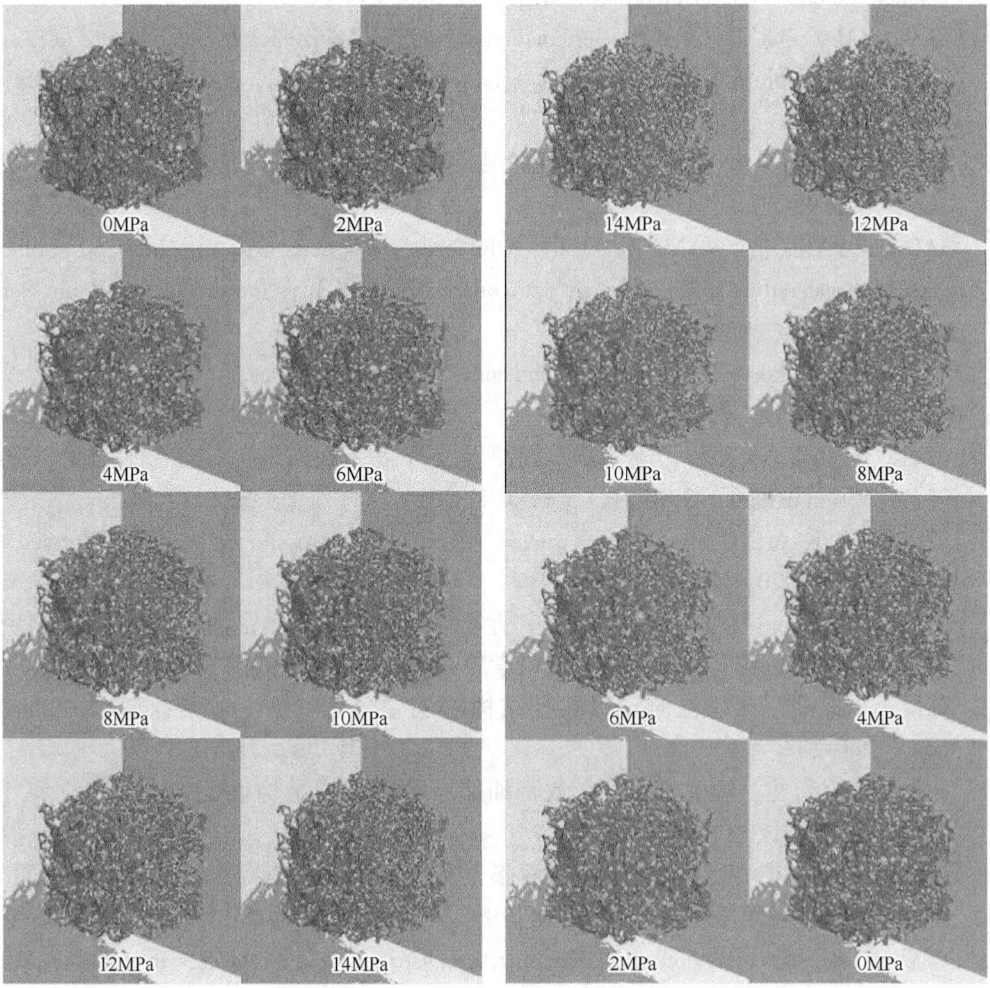

(a) 围压上升过程中的孔隙网络模型　　　　(b) 围压下降过程中的孔隙网络模型

图 3-71　岩心不同围压下的孔隙网络模型

彩图 3-71

参 考 文 献

[1] 岩心分析方法：GB/T 29172—2012 [S].

[2] 杨胜来，魏俊之. 油层物理 [M]. 北京：石油工业出版社，2015.

[3] 赵明国，党庆功. 石油工程实验 [M]. 北京：石油工业出版社，2014.

[4] 页岩氦气法孔隙度和脉冲衰减法渗透率的测定：GB/T 34533—2017 [S].

[5] TIAN X, CHENG L, CAO R, et al. A new approach to calculate permeability stress sensitivity in tight sandstone oil reservoirs considering micro-pore-throat structure [J]. Journal of Petroleum Science and Engineering, 2015, 133：576-588.

[6] LIU G, BAI Y, GU D, et al. Determination of static and dynamic characteristics of microscopic pore-throat structure in a tight oil-bearing sandstone formation [J]. AAPG Bulletin, 2018, 102 (9)：1867-1892.

[7] 汪贺，师永民，徐大卫，等. 非常规储层孔隙结构表征技术及进展 [J]. 油气地质与采收率，2019，26（5）：21-30.

[8] XIAO Q, YANG Z, WANG Z, et al. A full-scale characterization method and application for pore-throat radius distribution in tight oil reservoirs [J]. Journal of Petroleum Science and Engineering, 2020, 187：106857.

[9] NELSON P H. Pore-throat sizes in sandstones, tight sandstones, and shales [J]. AAPG Bulletin, 2009, 93 (3)：329-340.

[10] 白斌，朱如凯，吴松涛，等. 非常规油气致密储层微观孔喉结构表征新技术及意义 [J]. 中国石油勘探，2014，19（3）：78-86.

[11] YU S, BO J, MING L, et al. A review on pore-fractures in tectonically deformed coals [J]. Fuel, 2020, 278：118248.

[12] 尤源，牛小兵，冯胜斌，等. 鄂尔多斯盆地延长组长7致密油储层微观孔隙特征研究 [J]. 中国石油大学学报（自然科学版），2014，38（6）：18-23.

[13] 陈悦，李东旭. 压汞法测定材料孔结构的误差分析 [J]. 硅酸盐通报，2006，25（4）：198-207.

[14] 杨正明，赵新礼，熊生春，等. 致密油储层孔喉微观结构表征技术研究进展 [J]. 科技导报，2019，37（5）：89-98.

[15] 靳继阳，薛海涛，田善思，等. 界面张力与润湿角校正对高压压汞法计算泥页岩孔径分布的影响：以松辽盆地青山口组为例 [J]. 现代地质，2018，32（1）：191-197.

[16] W W E. Note on a Method of Determining the Distribution of Pore Sizes in a Porous Material [J]. Proceedings of the National Academy of Sciences of the United States of America, 1921, 7 (4)：115-116.

[17] 朱华银，安来志，焦春艳. 恒速与恒压压汞差异及其在储层评价中的应用 [J]. 天然气地球科学，2015，26（7）：1316-1322.

[18] 何顺利，焦春艳，王建国，等. 恒速压汞与常规压汞的异同 [J]. 断块油气田，2011，18（2）：235-237.

[19] 于俊波，郭殿军，王新强. 基于恒速压汞技术的低渗透储层物性特征 [J]. 大庆石油学院学报，2006，（2）：22-25.

[20] 王新江. 恒速法—岩石毛管压力曲线测定标准方法探讨 [J]. 中国石油和化工标准与质量, 2013, (20): 108-111.

[21] LIU G, BAY Y, Gu D, I, et al. Determination of static and dynamic characteristics of microscopic pore-throat structure in a tight oil-bearing sandstone formation [J]. AAPG bulletin, 2018, 102 (9): 1867-1892.

[22] PITTMAN E D. Relationship of porosity and permeability to various parameters derived from mercury injection-capillary pressure curves for sandstone [J]. AAPG bulletin, 1992, 76 (2): 191-198.

[23] 王伟, 宋渊娟, 黄静, 等. 利用高压压汞实验研究致密砂岩孔喉结构分形特征 [J]. 地质科技通报, 2021, 40 (4): 22-30, 48.

[24] LIU G, YIN H, LAN Y, et al. Experimental determination of dynamic pore-throat structure characteristics in a tight gas sandstone formation with consideration of effective stress [J]. Marine and Petroleum Geology, 2020, 113: 104170.

[25] 国家标准化管理委员会. 油气藏流体物性分析方法: GB/T 26981-2020: [S]. 北京: 2020.

[26] 唐洪俊, 戚志林. 油层物理 [M]. 北京: 石油工业出版社, 2014.

[27] 表面及界面张力测定方法: SY/T 5370-2018: [S].

[28] 钟立国, 马帅, 鲁渊, 等. 稠油与 CO_2、CH_4 或 N_2 体系高温高压界面张力测定分析 [J]. 大庆石油地质与开发, 2015, 34 (1): 140-145.

[29] 李宾飞, 叶金桥, 李兆敏, 等. 高温高压条件下 CO_2—原油—水体系相间作用及其对界面张力的影响 [J]. 石油学报, 2016, 37 (10): 1265-1272, 1301.

[30] 张磊, 宫清涛, 周朝辉, 等. 旋转滴方法研究界面扩张流变性质 [J]. 物理化学学报, 2009 (1): 41-46.

[31] 表面活性剂界面张力的测定拉起液膜法: GB/T 26981-2020: [S].

[32] 刘升光, 王艳辉, 牟宗信, 等. 拉脱法测液体表面张力系数中的动态演化过程 [J]. 物理实验, 2017, 37 (5): 12-15.

[33] 科林·麦克菲. 岩心分析最佳操作指南 [M]. 北京: 石油工业出版社, 2019.

[34] WANG F, JIAO L, LIAN P, et al. Apparent gas permeability, intrinsic permeability and liquid permeability of fractal porous media: Carbonate rock study with experiments and mathematical modelling [J]. Journal of Petroleum Science and Engineering, 2018, 173: 12.

[35] WANG Y, ZHOU L, JIAO Z, et al. Sensitivity Evaluation of Tight Sandstone Reservoir in Yanchang Formation in Shanbei Area, Ordos Basin [J]. 2018, 48 (4): 981-990.

[36] LIU G, WANG Y, YIN H, et al. Determination of gas-water seepage characteristics with consideration of dynamic pore-throat structure in a tight sandstone gas formation [J]. Marine and Petroleum Geology, 2022, 136: 105440.

[37] LAI J, WANG S, WANG G, et al. Pore structure and fractal characteristics of Ordovician Majiagou carbonate reservoirs in Ordos Basin, China [J]. Aapg Bulletin, 2019, 103 (11): 2573-2596.

[38] YU B. Fractal character for tortuous streamtubes in porous media [J]. Chinese Physics

Letters, 2005, 22: 158.

[39] YU B, JIAN-HUA L. A geometry model for tortuosity of flow path in porous media [J]. Chinese Physics Letters, 2004, 21 (8): 1569.

[40] 王家禄. 油藏物理模拟 [M]. 北京: 石油工业出版社, 2010.

[41] 岩石中两相流体相对渗透率测定方法: GB/T 28912—2012 [S].

[42] GUANGFENG L, ZHAN M, XUEJIAO L, et al. Experimental and Numerical Evaluation of Water Control and Production Increase in a Tight Gas Formation With Polymer [J]. Journal of Energy Resources Technology, 2019, 141 (10): 102903.

[43] 何宇廷. 碳酸盐岩油藏低盐度水驱中流体组分的影响规律研究 [D]. 北京: 中国石油大学 (北京), 2022.

[44] 王翠丽. 底水砂岩油藏的剩余油分布特征研究 [D]. 成都: 成都理工大学, 2015.

[45] 李蕾, 周晓梅, 苏玉亮, 等. 微流控平台的高温高压超临界 CO_2 驱油实验 [J]. 实验室研究与探索, 2022, 41 (12): 81-85.

[46] 孙鹏霄, 蔡晖, 陈晓明, 等. 基于微流控模型的渤海典型高渗砂岩储层油水赋存规律 [J]. 特种油气藏, 2023, 30 (6): 120-127.

[47] 王川, 姜汉桥, 马梦琪, 等. 基于微流控模型的孔隙尺度剩余油流动状态变化规律研究 [J]. 石油科学通报, 2020, 5 (3): 376-391.

[48] 汤翔, 李宜强, 韩雪, 等. 致密油二氧化碳吞吐动态特征及影响因素 [J]. 石油勘探与开发, 2021, 48 (4): 817-824.

[49] 臧起彪. 鄂尔多斯盆地长 7 页岩油储层微观孔喉结构和渗流机理研究 [D]. 北京: 中国石油大学 (北京), 2022.

[50] LIU G, WANG H, TANG J, et al. Effect of wettability on oil and water distribution and production performance in a tight sandstone reservoir: Fuel: 00162361 [S]. 2023.

[51] 李兆敏, 孙永涛, 鹿腾, 等. 海上稠油热化学驱三维物理模拟 [J]. 中国石油大学学报 (自然科学版), 2020, 44 (2): 85-90.

[52] 王敬, 刘慧卿, 张景, 等. 井网对溶蚀孔洞型储集层水驱开发特征的影响实验 [J]. 石油勘探与开发, 2018, 45 (6): 1035-1042.

[53] BAI Y, WANG F, SHANG X, et al. Microstructure, dispersion, and flooding characteristics of intercalated polymer for enhanced oil recovery [J]. Journal of Molecular Liquids, 2021, 340: 117235.

[54] 王双华. 页岩油藏注表面活性剂开发方式研究 [D]. 北京: 中国石油大学 (北京), 2020.

[55] LIU J, ZHONG L, HAO T, et al. Pore-scale dynamic behavior and displacement mechanisms of surfactant flooding for heavy oil recovery [J]. Journal of Molecular Liquids, 2022, 349: 118207.

[56] 杨怀军, 蔡明俊, 马先平, 等. 空气泡沫驱油工程 [M]. 北京: 石油工业出版社, 2019.

[57] 杨怀军, 徐国安, 张杰, 等. 空气及空气泡沫驱油机理 [M]. 北京: 石油工业出版社, 2018.

[58] YANG K, LI S, ZHANG K, et al. Synergy of hydrophilic nanoparticle and nonionic surfactant

[59] 苏玉亮. 油藏驱替机理 [M]. 北京: 石油工业出版社, 2009.

[60] CAO M, GU Y. Oil recovery mechanisms and asphaltene precipitation phenomenon in immiscible and miscible CO_2 flooding processes [J]. Fuel, 2013, 109: 157-166.

[61] 程佳. 不同气体驱油效果室内实验研究 [D]. 大庆: 东北石油大学, 2014.

[62] 崔茂蕾, 王锐, 吕成远, 等. 高压低渗透油藏回注天然气驱微观驱油机理 [J]. 油气地质与采收率, 2020, 27 (1): 62-68.

[63] 单连同. 致密油藏微纳米孔隙渗吸作用与驱油机理研究 [D]. 北京: 中国地质大学 (北京), 2021.

[64] 谷潇雨, 蒲春生, 黄海, 等. 渗透率对致密砂岩储集层渗吸采油的微观影响机制 [J]. 石油勘探与开发, 2017, 44 (6): 948-954.

[65] 钟孚勋. 气藏工程 [M]. 北京: 石油工业出版社, 2001.

[66] 周玉萍, 杨文新, 郑爱维, 等. 页岩气衰竭开采规律影响因素室内模拟 [J]. 天然气勘探与开发, 2021, 44 (4): 115-122.

[67] 万玉金等. 多层疏松砂岩气田开发 [M]. 北京: 石油工业出版社, 2016.

[68] LIU G, MENG Z, LUO D, et al. Experimental evaluation of interlayer interference during commingled production in a tight sandstone gas reservoir with multi-pressure systems [J]. Fuel, 2020, 262: 116557.

[69] 郭平, 汪周华, 朱忠谦. 凝析气藏提高采收率技术与实例分析 [M]. 北京: 石油工业出版社, 2015.

[70] 胡伟, 吕成远, 伦增珉, 等. 致密多孔介质中凝析气定容衰竭实验及相态特征 [J]. 石油学报, 2019, 40 (11): 1388-1395.

[71] 陈文滨, 姜汉桥, 李俊键, 等. 基于二维谱技术的低矿化度水驱孔隙动用规律 [J]. 中国海上油气, 2018, 30 (3): 95-102.

[72] 张锋. 核地球物理基础 [M]. 北京: 石油工业出版社, 2015.

[73] 高强勇, 王昕, 高建英, 等. 致密岩心核磁共振孔隙度影响因素分析 [J]. 测井技术, 2021, 45 (4): 424-430.

[74] 刘景东, 邹海霞, 刘俊田, 等. 岩石核磁共振分析仪采集参数设置优化 [J]. 石油地质与工程, 2019, 33 (5): 50-53.

[75] 高明哲, 邹长春, 彭诚, 等. 页岩储层岩心核磁共振实验参数选取方法研究 [J]. 工程地球物理学报, 2016, 13 (3): 263-270.

[76] 李艳. 复杂储层岩石核磁共振特性实验分析与应用研究 [D]. 东营: 中国石油大学 (华东), 2007.

[77] 彭石林, 叶朝辉, 刘买利. 多孔介质渗透率的NMR测定 [J]. 波谱学杂志, 2006 (2): 271-282.

[78] XU H, TANG D, ZHAO J, et al. A precise measurement method for shale porosity with low-field nuclear magnetic resonance: A case study of the Carboniferous-Permian strata in the Linxing area, eastern Ordos Basin, China [J]. Fuel, 2015, 143: 47-54.

[79] 李新, 刘鹏, 罗燕颖, 等. 页岩气储层岩心孔隙度测量影响因素分析 [J]. 地球物

理学进展，2015，30（5）：2181-2187.
[80] 廖广志，肖立志，谢然红，等. 内部磁场梯度对火山岩核磁共振特性的影响及其探测方法［J］. 中国石油大学学报（自然科学版），2009，33（5）：56-60.
[81] 于荣泽，卞亚南，张晓伟，等. 页岩储层非稳态渗透率测试方法综述［J］. 科学技术与工程，2012，12（27）：7019-7027，7035.
[82] PRAMMER M G，DRACK E，BOUTON J C，et al. Measurements of Clay-Bound Water and Total Porosity by Magnetic Resonance Logging［M］. Colorado：SPEOnePetro，1996.
[83] 姚艳斌，刘大锰. 基于核磁共振弛豫谱技术的页岩储层物性与流体特征研究［J］. 煤炭学报，2018，43（1）：181-189.
[84] YAO Y，LIU D，CHE Y，et al. Petrophysical characterization of coals by low-field nuclear magnetic resonance（NMR）［J］. Fuel，2010，89（7）：1371-1380.
[85] SKJETNE T，SOUTHON T E，HAFSKJOLD B，et al. Nuclear magnetic resonance studies of reservoir core plugs：A preliminary investigation of the influence of mineralogy on T1［J］. Magnetic Resonance Imaging，1991，9（5）：673-679.
[86] KLEINBERG R，STRALEY C，KENYON W E，et al. Nuclear Magnetic Resonance of Rocks：T1 vs. T2［M］. Houston：SPEOnePtro，1993.
[87] TAICHER Z，COATES G，GITARTZ Y，et al. A comprehensive approach to studies of porous media（rocks）using a laboratory spectrometer and logging tool with similar operating characteristics［J］. Magnetic Resonance Imaging，1994，12（2）：285-289.
[88] 王为民. 核磁共振岩石物理研究及其在石油工业中的应用［D］. 武汉：中国科学院研究生院（武汉物理与数学研究所），2001.
[89] KUBICA P. Statistical Tests Of Permeability Estimates Based On Nmr Measurements；proceedings of the SPWLA 36th Annual Logging Symposium，F，1995［C］. SPWLA，1995.
[90] 范宜仁，刘建宇，葛新民，等. 基于核磁共振双截止值的致密砂岩渗透率评价新方法［J］. 地球物理学报，2018，61（4）：1628-1638.
[91] 周尚文，薛华庆，郭伟，等. 川南龙马溪组页岩核磁渗透率新模型研究［J］. 中国石油大学学报（自然科学版），2016，40（1）：56-61.
[92] 王振华，陈刚，李书恒，等. 核磁共振岩芯实验分析在低孔渗储层评价中的应用［J］. 石油实验地质，2014，36（6）：773-779.
[93] COATES G R，GALFORD J，MARDON D，et al. A New Characterization Of Bulk-volume Irreducible Using Magnetic Resonance［J］. The Log Analyst，1998，39（1）：51-63.
[94] CHEN S，ARRO R，MINETTO C，et al. Methods For Computing Swi And Bvi From Nmr Logs；proceedings of the SPWLA 39th Annual Logging Symposium，F，1998［C］. SPWLA，1998.
[95] 张烨，罗程. 核磁共振测井 T2 截止值的确定方法研究［J］. 中国石油和化工标准与质量，2012，33（14）：249.
[96] 朱明，贾春明，穆玉庆，等. 基于正态分布拟合的致密砂砾岩储层核磁共振测井可变 T2 截止值计算方法［J］. 石油地球物理勘探，2021，56（3）：612-621+416.
[97] 李闽，王浩，陈猛. 致密砂岩储层可动流体分布及影响因素研究——以吉木萨尔凹陷芦草沟组为例［J］. 岩性油气藏，2018，30（1）：140-149.

[98] 李鹏举, 陈安琦, 付勇路, 等. 结合油驱水实验确定核磁共振 $T2$ 截止值方法研究 [J]. 地球物理学进展, 2019, 34 (3): 1050-1054.

[99] 李硕, 郭和坤, 刘卫, 等. 利用核磁共振技术研究岩心含油饱和度恢复 [J]. 石油天然气学报, 2007 (2): 62-65+149.

[100] 王军, 孟小海, 王为民, 等. 微观剩余油核磁共振二维谱测试技术 [J]. 石油实验地质, 2015, 37 (5): 654-659.

[101] 顾兆斌, 刘卫, 孙佃庆, 等. 2D NMR 技术在石油测井中的应用 [J]. 波谱学杂志, 2009, 26 (4): 560-568.

[102] VASHAEE S, NEWLING B, MACMILLAN B, et al. Local diffusion and diffusion-T2 distribution measurements in porous media [J]. Journal of Magnetic Resonance, 2017, 278: 104-112.

[103] 李爱芬, 任晓霞, 王桂娟. 核磁共振研究致密砂岩孔隙结构的方法及应用 [J]. 中国石油大学学报 (自然科学版), 2015, 39 (6): 92-98.

[104] 张磊, 乔向阳, 张亮, 等. 鄂尔多斯盆地旬邑探区延长组储层特征和开发效果 [J]. 石油学报, 2020, 41 (1): 88-95.

[105] 吕伟峰. CT 技术在油田开发实验中的应用 [M]. 北京: 石油工业出版社, 2020.

[106] 查明, 尹向烟, 姜林, 等. CT 扫描技术在石油勘探开发中的应用 [J]. 地质科技情报, 2017, 36 (4): 228-235.

[107] 黄振凯, 陈建平, 王义军, 等. 微米 CT 在烃源岩微观结构表征方面的应用 [J]. 石油实验地质, 2016, 38 (3): 418-422.

[108] 赵建鹏, 崔利凯, 陈惠, 等. 基于 CT 扫描数字岩心的岩石微观结构定量表征方法 [J]. 现代地质, 2020, 34 (6): 1205-1213.

[109] 苟启洋, 徐尚, 郝芳, 等. 纳米 CT 页岩孔隙结构表征方法: 以 JY-1 井为例 [J]. 石油学报, 2018, 39 (11): 1253-1261.

[110] 熊健, 唐勇, 刘向君, 等. 应用微 CT 技术研究砂砾岩孔隙结构特征: 以玛湖凹陷百口泉组储集层为例 [J]. 新疆石油地质, 2018, 39 (2): 236-243.

[111] 郭慧英, 杨龙, 王子强, 等. 基于数字岩心的砂砾岩中聚合物驱油的模拟研究 [J]. 地球物理学进展, 2021, 36 (3): 1062-1069.

[112] 谢明英, 戴宗, 罗东红, 等. 基于微米 CT 扫描驱替实验的稠油油藏剩余油特征分析新方法 [J]. 非常规油气, 2020, 7 (5): 102-107.

[113] LI J, JIANG H, WANG C, et al. Pore-scale investigation of microscopic remaining oil variation characteristics in water-wet sandstone using CT scanning [J]. Journal of Natural Gas Science and Engineering, 2017, 48: 36-45.

[114] 郑波, 侯吉瑞, 张蔓, 等. 应用 CT 技术研究交联聚合物驱油机理 [J]. 新疆石油地质, 2016, 37 (1): 97-101.

[115] 刘进祥, 卢祥国, 刘敬发, 等. 交联聚合物溶液在岩心内成胶效果及机理 [J]. 石油勘探与开发, 2013, 40 (4): 474-480.

[116] 高建, 韩冬, 王家禄, 等. 应用 CT 成像技术研究岩心水驱含油饱和度分布特征 [J]. 新疆石油地质, 2009, 30 (2): 269-271.

[117] 高兴军, 齐亚东, 宋新民, 等. 数字岩心分析与真实岩心实验平行对比研究 [J].

特种油气藏,2015,22(6):93-96,145.

[118] 张丽,孙建孟,孙志强. 数字岩心建模方法应用[J]. 西安石油大学学报(自然科学版),2012,27(3):35-40,34.

[119] 刘学锋,张伟伟,孙建孟. 三维数字岩心建模方法综述[J]. 地球物理学进展,2013,28(6):3066-3072.

[120] 赵玉龙,周厚杰,李洪玺,等. 基于水平集方法的低渗砂岩数字岩心气水两相渗流模拟[J]. 计算物理,2021,38(5):585-594.

[121] 冷振鹏,吕伟峰,马德胜,等. 利用CT技术研究重力稳定注气提高采收率机理[J]. 石油学报,2013,34(2):340-345.

[122] 冷振鹏,马德胜,吕伟峰,等. CT扫描技术在水敏伤害评价中的应用[J]. 特种油气藏,2015,22(5):100-103,155-156.

[123] 胡心玲,雷浩. 基于CT扫描技术的低渗油藏水敏效应后微观孔隙结构特征研究[J]. 地质科技通报:1-8.

[124] 黄小亮,李继强,雷登生,等. 应力敏感性对低渗透气井产能的影响[J]. 断块油气田,2014,21(6):786-789.

[125] 李荣强,高莹,杨永飞,等. 基于CT扫描的岩心压敏效应实验研究[J]. 石油钻探技术,2015,43(5):37-43.